Go语言与云原生系列

云原生构建

微服务、容器化与容器编排

邹　炎　谢邵虎　朱明杰◎编著

中国铁道出版社有限公司
CHINA RAILWAY PUBLISHING HOUSE CO., LTD.

内 容 简 介

本书力求对构建云原生应用做一个较为完整的梳理，意在建立云原生应用编程技术的知识体系和对云原生的理解。

本书从单体应用编程基础开始，带领读者一步步地完成单体应用并将单体应用改造成微服务，然后进行容器化以及容器编排，循序渐进地构造云原生应用。本书着重于经验分享和总结，同时也会有相关的概念解析以及代码示例，希望能够帮助大家少走弯路，共同学习与进步。

本书主要面向有一定基础和工作经验的软件工程师和架构师，旨在通过梳理云原生应用编程中的关键和实用知识点，并伴有相应的概念解析及实践案例，进而更快地建立起自身对云原生应用的理解以及感受传统应用演变为云原生应用的过程变化。

图书在版编目（CIP）数据

云原生构建：微服务、容器化与容器编排 / 邹炎，谢邵虎，朱明杰编著. —北京：中国铁道出版社有限公司，2021.11

ISBN 978-7-113-28411-4

Ⅰ. ①云… Ⅱ. ①邹… ②谢… ③朱… Ⅲ. ①云计算-系统开发 Ⅳ. ①TP393.027

中国版本图书馆 CIP 数据核字（2021）第 196351 号

书　　名：云原生构建：微服务、容器化与容器编排
　　　　　YUNYUANSHENG GOUJIAN：WEIFUWU，RONGQIHUA YU RONGQIBIANPAI

作　　者：邹　炎　谢邵虎　朱明杰

责任编辑：荆　波　　编辑部电话：（010）51873026　　邮箱：the-tradeoff@qq.com

封面设计：MXK DESIGN STUDIO

责任校对：孙　玫

责任印制：赵星辰

出版发行：中国铁道出版社有限公司（100054，北京市西城区右安门西街 8 号）

印　　刷：国铁印务有限公司

版　　次：2021 年 11 月第 1 版　2021 年 11 月第 1 次印刷

开　　本：787 mm×1 092 mm 1/16　印张：20　字数：430 千

书　　号：ISBN 978-7-113-28411-4

定　　价：99.00 元

前　言

随着云计算的飞速发展，近年来，“云原生”这三个字不断地出现在我们的视线内。对于云原生，我们可能存在着一系列的问题，如什么是云原生、什么是云原生应用、为什么要云原生、应该如何构建云原生应用、云原生未来的发展趋势是什么等。对于这些问题，通过本书，都可以找到相关的答案。

本书以现代软件行业的需求以及软件架构的变化为出发点介绍了云原生的相关概念，并在此基础上进行了云原生应用的构建实践。在构建实践的过程中秉承着先概念解析后代码示例的原则，详细地记录了如何从单体应用一步步地变为微服务，然后如何进行容器化以及容器编排，循序渐进地为大家展示了整个构建之路。

本书着重于云原生技术落地实践的经验分享和总结，笔者力求在把云原生相关关键技术和实践案例讲解清楚的同时，能将自己在实际工作中“走过的路”甚至“踩过的坑”凝练成具体的经验，融入其中，以期帮助读者少走弯路，共同学习和进步。

除此之外，笔者更希望通过本书写作中对云原生整体架构的梳理，帮助读者理清云原生这个大体系中各个组成部分之间的内在关联，找到它们之间相扣的环；若能做到这一点，那么读者心中的云原生体系就不再模糊和散乱，而是一个有条不紊、各司其职的有机整体了。

本书为谁而写

鉴于在实际工作中积累而得的浅见以及对云原生从业岗位的了解，笔者深切地希望以下三类读者能从本书的写作架构和工作经验中获益。

（1）软件开发初学者和在校学生

云原生技术体系庞大，知识点较多，软件开发初学者及在校学生往往不知从何学起，希望通过本书可以帮助初学者及在校学生理清知识脉络，找到适合自己的学习路线。

（2）有一定开发经验的软件工程师和架构师

随着云原生的发展，云原生技术逐渐成为目前的主流，希望通过本书可以帮助软件工程师和架构师更加系统地了解云原生的体系架构与内在关联，继而在实际的工作中能够落地云原生，推动新技术的发展。

（3）非技术人员和项目管理者

随着现今业务的不断上“云”，从“云化”到“云原生化”的转变只是时间问题。希望通过本书可以帮助非技术人员和项目管理者了解行业技术发展以及云原生的相关理念。

本书架构安排

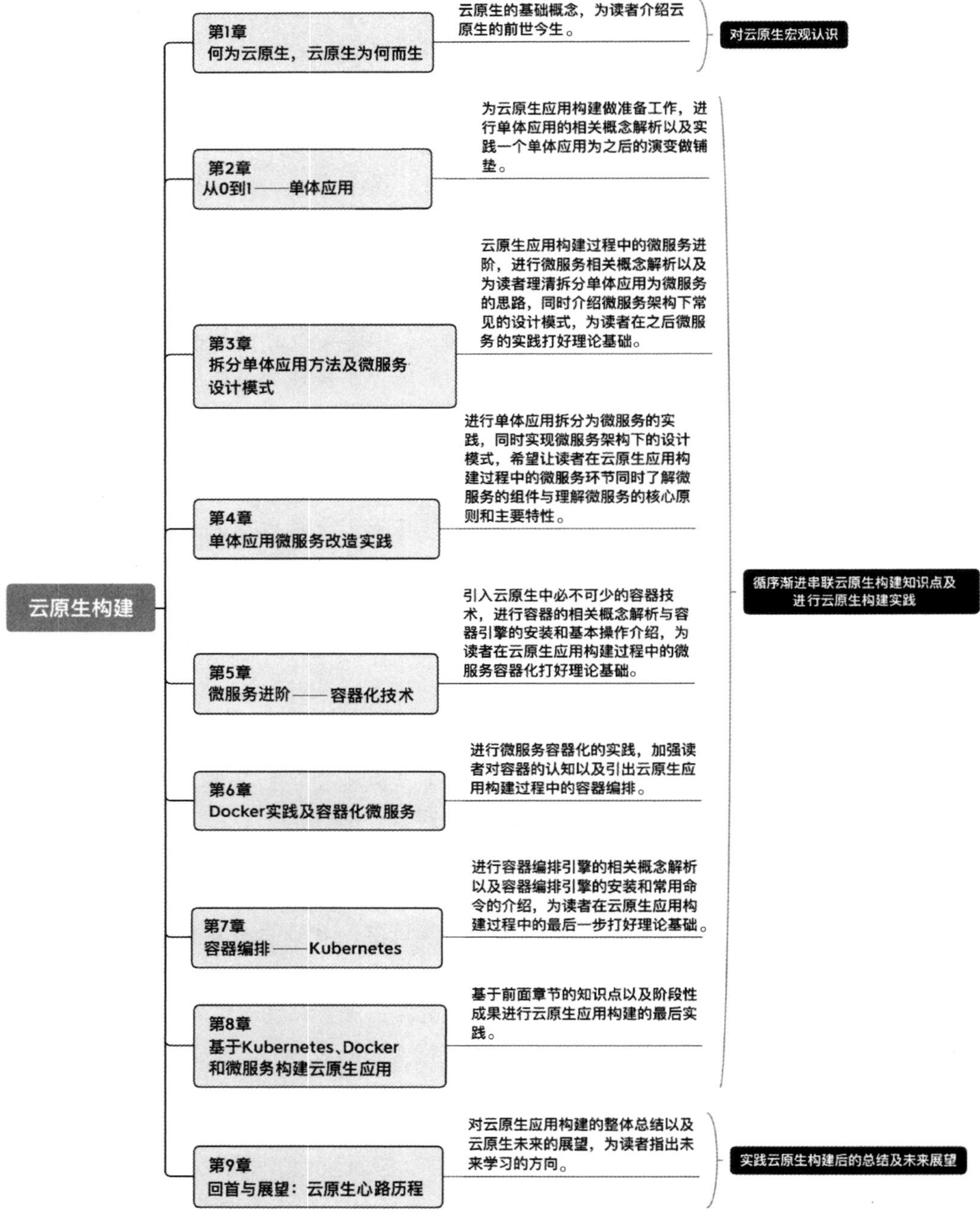
云原生构建
第1章
何为云原生，云原生为何而生
云原生的基础概念，为读者介绍云原生的前世今生。
对云原生宏观认识
第2章
从0到1——单体应用
为云原生应用构建做准备工作，进行单体应用的相关概念解析以及实践一个单体应用为之后的演变做铺垫。
第3章
拆分单体应用方法及微服务设计模式
云原生应用构建过程中的微服务进阶，进行微服务相关概念解析以及为读者理清拆分单体应用为微服务的思路，同时介绍微服务架构下常见的设计模式，为读者在之后微服务的实践打好理论基础。
第4章
单体应用微服务改造实践
进行单体应用拆分为微服务的实践，同时实现微服务架构下的设计模式，希望让读者在云原生应用构建过程中的微服务环节同时了解微服务的组件与理解微服务的核心原则和主要特性。
第5章
微服务进阶——容器化技术
引入云原生中必不可少的容器技术，进行容器的相关概念解析与容器引擎的安装和基本操作介绍，为读者在云原生应用构建过程中的微服务容器化打好理论基础。
第6章
Docker实践及容器化微服务
进行微服务容器化的实践，加强读者对容器的认知以及引出云原生应用构建过程中的容器编排。
第7章
容器编排——Kubernetes
进行容器编排引擎的相关概念解析以及容器编排引擎的安装和常用命令的介绍，为读者在云原生应用构建过程中的最后一步打好理论基础。
第8章
基于Kubernetes、Docker和微服务构建云原生应用
基于前面章节的知识点以及阶段性成果进行云原生应用构建的最后实践。
循序渐进串联云原生构建知识点及进行云原生构建实践
第9章
回首与展望：云原生心路历程
对云原生应用构建的整体总结以及云原生未来的展望，为读者指出未来学习的方向。
实践云原生构建后的总结及未来展望

源代码下载包

为了方便读者更好地学习本书，笔者将书中源代码整理成下载包，读者可通过以下链接下载获取:

http://www.m.crphdm.com/2021/1018/14390.shtml

为了保证读者能更加稳妥地获得本书的源代码下载包，笔者特地制作了如下的备份网盘链接:

链接：https://pan.baidu.com/s/189AwzalaDX3jyyw8uR_okg

提取码：8ugi

交流与感谢

本书的内容大都来源于笔者的工作经验，由于笔者水平有限，编著时间仓促，难免存在遗漏或不准确之处，恳请各位读者多提宝贵意见，可以发送邮件到笔者的工作邮箱cloudnativesmile@163.com，批评指正，以促提高。若在阅读本书的过程中有任何疑惑之处，也欢迎发送邮件到笔者的工作邮箱，笔者都会在看到后第一时间给出回复。

最后，感谢中国铁道出版社有限公司全体工作人员为本书出版所做的努力，尤其感谢责任编辑老师长达数月的付出，对本书架构提出宝贵意见，为本书写作做出持续的指导。

邹　炎

2021 年 3 月于武汉

目　录

第 1 章　何为云原生，云原生为何而生

第 2 章　从 0 到 1——单体应用

第 4 章 单体应用微服务改造实践

第 5 章　微服务进阶——容器化技术

第 6 章　Docker 实践及容器化微服务

第 7 章 容器编排——Kubernetes

第 8 章　基于 Kubernetes、Docker 和微服务构建云原生应用

第 9 章　回首与展望：云原生心路历程

第 1 章　何为云原生，云原生为何而生

过去 10 年是云计算飞速发展的 10 年，基础设施上云之后，应用软件也迎来了上云的变革，随着这些变革，近年来软件架构也在不断在发展，云原生逐渐成为时代的主角，但是什么是云原生，很多人并不清楚，即使在网络上查找相关资料，有时候理解起来依旧感觉云山雾罩。

一个新技术的产生一般都是基于现有技术的不断优化或组合而形成的，一个新技术能够成为主流一定是能够解决一些或某个问题。当我们要更好地使用某个技术时，一定也要清楚了解这个技术是什么，能够为我们解决哪些问题。

本章将从软件需求、软件架构的角度切入，介绍云原生的前世今生以及云原生应用的相关设计理念和构造步骤。

1.1　现代软件行业的需求

说到需求这两个字，对于软件相关工作人员来说一点也不陌生。软件需求是软件工程中非常重要的一部分，没有需求就不存在软件设计、软件研发、软件测试等，所有的项目或者产品都起源于需求。

什么是需求，简言之，就是客户或者用户需要什么、想要什么。

之前，需求分析主要集中在对于客户行业特性的了解以及对客户业务的理解上，有时候开发人员在做完某个软件工程项目后甚至都可以作为某个业务的专家来进行业务问题解答。

随着软件项目或者产品的发展，现代软件行业的需求已经不仅仅局限于解决客户的业务痛点，而是需要对用户心理、用户体验进行更进一步的研究与提升。

比如，在早期的电子商城网站中，主要是保证网站能够有效地展示商品以及网页的排版好看，但是随着时间不断地发展，电子商城网站对于买家与卖家的实时沟通、及时发货、付款的安全性等都有了要求，之后更是对用户的需求进行实时的个性化推荐，以及从用户关注的角度出发及时通知用户感兴趣的信息等。

下面，从软件行业需求的上线交付时间、支持的设备形式以及服务的可靠性等三个不同的角度详细介绍行业需求的变化。

1.1.1　上线交付时间要求越来越短

在介绍上线交付时间的需求变化前，先介绍一下我们平时所接触的应用软件，当我

们下载安装了一个应用软件并使用一段时间后，一般会收到该应用软件新版本的提示更新安装。

作为软件从业人员，其实这样的做法我们应该很好理解，因为我们的应用程序更新最主要的目的有两个：一个是通过更新应用程序来解决上一版本的已知bug；另一个是通过更新应用程序来增加新的功能，这两个目的在很大程度上就是应用软件对于用户的体验及反馈重视的表现。

不过，在如今互联网激烈竞争的快节奏环境下，大家都深知用户是一个产品或者项目生存下去的根本，没有用户的软件几乎谈不上未来，所以为了获取更多的新用户以及稳定老用户，应用软件对于用户的体验及反馈又提升到一个新的高度，这一点在日常的工作生活中应该有很明显的感受。还是以应用软件为例，最直观的体现就是应用软件的更新频率变得越来越高。比如，应用软件更新之前可能是几个月更新一次，现在已经变成了可能一个月更新几次、一周更新几次，更有甚者一天更新几次。

在应用软件高频率更新的情况下，相应而来的就是上线交付时间要求越来越短。但是，在以往的软件系统与架构中，是没有办法做到如此高频率更新的，因为在每一次的上线交付过程中都需要进行整体的集成与测试等，无法在短时间内完成上线交付。

所以，针对这种情况，需要一个新的软件架构以及开发方式来确保软件应用能够满足上线交付时间越来越短的要求。

1.1.2　支持的设备形式越来越多样化

在介绍支持的设备形式的需求变化前，先回想一下我们以前在电商网站上购物的经历，之前一般都是通过台式计算机或者笔记本电脑在电商网站上进行购物，但是现在，很少通过台式计算机或者笔记本电脑在电商网站上进行购物，取而代之的是通过手机进行购物。

另外，随着物联网概念的提出与发展，我们正在从互联网时代跨向物联网时代，在互联网时代中，信息网络连接和服务的对象主要是人，而在物联网时代中，信息网络连接和服务的对象从人扩展到物，以此实现“万物互联”。

从以上两点可以看出，首先，以前的软件应用只需支持计算机桌面系统即可，也就是支持台式计算机或者笔记本电脑，然而现在的软件应用起码得支持计算机桌面系统与移动设备平台，也就是支持台式计算机或者笔记本电脑以及手机。其次，在物联网时代中网络不再仅仅是将人与系统连接起来，还会有越来越多的设备会通过互联网进行连接。简言之，也就是支持的设备形式越来越多样化了。

针对这种情况，需要一个更加完善的应用程序设计理念以及更加强大、灵活的计算基础设施来满足设备形式越来越多样化的要求。

1.1.3 服务可靠性要求越来越高

早期应用程序中如果出现了短暂中断情况时，几乎很少会收到客户的反馈与投诉，但是随着用户体验的提升，当应用程序出现短暂的中断行为时，我们的邮件、电话等几乎被客户进行“轰炸”。

这一点在很大程度上说明了，现在用户对于应用程序出现短暂的中断行为几乎是零容忍的；另外，如果从自身运营的角度出发，其实我们也不希望应用存在不可用的情况，毕竟这可能带来最直接的后果就是用户的流失和收益的受损。

所以对于应用程序来说，首先是要满足用户所需的功能，其次还需要对用户在使用过程中的行为进行容错，再次是满足性能要求，最后要真真实实地做到 7×24 小时的应用不间断。

其实这些都是服务可靠性的体现，这也说明了现在对服务的可靠性要求越来越高了。当然，在这里可能会觉得，维护应用程序的正常运行那是运维的事情，毕竟我们已经开发完应用程序了，其实不然，如果我们的系统是一个松耦合且组件化的系统，那么在应用程序运行过程中就可以通过冗余、熔断等来处理，以此确保应用程序的可靠性。

所以针对这种情况，需要一个容错性好、易于管理和便于观察的松耦合系统来满足服务可靠性越来越高的要求。

软件需求是所有的项目或者产品的根源，现代软件行业的需求越来越重视用户体验，正是因为有了这些新的需求，软件技术也不断发展，随着云计算的发展，云原生也应运而生。

在我们说了现代软件行业的需求后，接下来，我们就从不同的时期来看一下软件架构的变化。

1.2 软件架构的变化

当我们从不同的时期来看软件架构的发展时，会发现差不多在 20 世纪 80 年代，面向对象编程发展起来，那时的软件架构一般分为两层，第一层是用户界面，第二层是业务逻辑和数据存储。到了 20 世纪 90 年代，软件架构演变成比较经典的三层架构，也就是第一层是用户界面，第二层是业务逻辑，第三层是数据存储，其中 SOA，也就是面向服务的架构也是在这个年代出现的。而到了 21 世纪之后，微服务、云原生逐步发展起来。

从软件架构的变化发展过程中，可以发现，软件架构不是永远一成不变的，随着时间的推移，技术的不断创新与发展，新的技术会被应用，软件架构会被重新打磨、迭代改进与完善。软件架构的发展主要经历了集中式架构、分布式架构以及云原生架构这几代架构的发展。

接下来，让我们看一下这几代架构的详细介绍。

1.2.1 集中式架构

集中式架构，也称为单体架构，简单来说，就是系统的所有功能被整体部署到同一个进程中。

在早期的很多软件产品或项目中，由于用户量小、并发量低或者人力资源不足等原因，大多都采用单体架构，并且在使用这种架构中也是采用比较经典的标准的三层分层设计，也就是展现层（presentation）、业务层（business）与持久层（persistence）。单体架构图如图 1-1 所示。

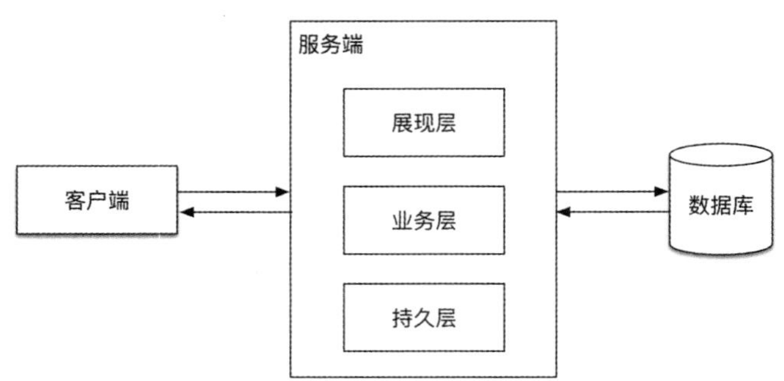

图 1-1 单体架构图

从图 1-1 中可以看到在单体架构下，系统其实就是单个服务端。在单个服务端中虽然进行了分层设计，需要注意的是，系统的所有功能还是都集中在单个服务端中。

在这种架构下，当系统规模增长时，为了应对系统规模增长带来的更高的系统吞吐量等要求，系统从单节点部署变更为集群化部署并加上负载均衡，另外可能还会进行添加数据缓存、读写分离、配置 CDN 加速等。

随着时间的推移，当系统规模继续增长以及业务场景越来越复杂后，系统部署维护等方面就越来越困难，为了更有效地解决问题，需要将复杂的问题进行分解以达到分而治之，比较不错的选择就是将业务进行拆分，所以软件架构的发展也从集中式架构演变为之后的分布式架构。

1.2.2 分布式架构

在介绍分布式架构之前，先说下我们常听到的分布式集群，集群式架构可以理解为在多台服务器上部署同样的应用程序，分布式架构可以理解为同一个应用程序的不同模块部署在不同的服务器上。

简单来说，分布式架构就是将系统内的功能进行划分，分散到不同的服务中，业务由这些不同的服务提供。

在分布式架构中，常听到的是面向服务的架构，也就是前面提到的 SOA，SOA 其实是软件架构设计中的一个模型和方法论，可以简单理解为将应用程序中的不同功能单元进行拆分成不同的服务，然后这些不同的服务通过接口或者规定的协议进行通信，最后提供一系列的功能。

从上面我们可以看出，SOA 其实就是一种理念，不过在这里我们需要注意的是，SOA 并没有为我们定义出具体的实现方式，所以在之前出现了 SOA 的一种实现方式，就是 ESB，也就是企业服务总线。企业服务总线架构如图 1-2 所示。

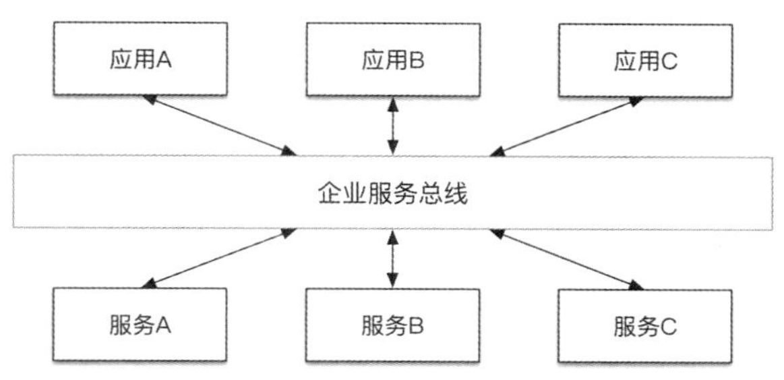

图 1-2　企业服务总线架构图

从图 1-2 中可以看到，在这种架构下，企业服务总线的主要作用是提供网络中最基本的连接中枢，也就是提供了各个服务之间的连接、转换处理等，在实现分布式架构的过程中可以将服务连接到服务总线上，以达到松耦合的目的。

企业服务总线这种中心化的处理方式有一个致命的弱点，随着时间的增加以及应用规模的增长，企业服务总线就可能会成为影响系统瓶颈的重要因素，同时也可能成为影响整个系统正常运行的故障点，毕竟所有的服务都会通过企业服务总线进行连接；如果一个服务出现问题，就可能造成企业服务总线的阻塞。所以这个时候，作为去中心化的微服务架构就出现了。

微服务架构，其实是 SOA 的另外一种实现方式，属于 SOA 的子集。微服务架构如图 1-3 所示。

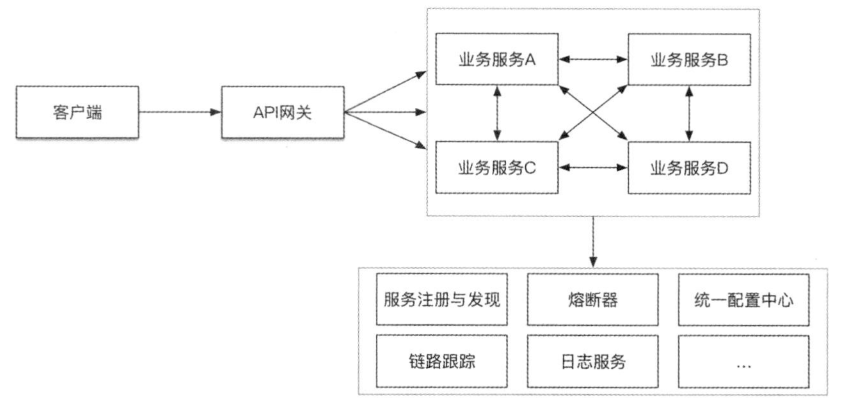

图 1-3　微服务架构图

从图 1-3 可以看到，在微服务架构下，系统中每一个服务都是一个独立的可部署单元，各个服务之间相互解耦并且通过远程通信协议进行通信。另外需要注意的是，在微服务架构中由于分布式架构的内生复杂性，也就是服务通信与服务治理等方面的复杂性，还需要考虑服务注册与发现、统一配置中心、链路追踪等方面的问题，在图 1-3 中除了可以看到各个业务服务外，还会看到一些基础的服务组件。需要注意的是，一个由业务微服务与非业务的基础服务组件组成的微服务架构才能称为一个较为完善的微服务架构。

随着时间的推移和技术的不断发展，特别是容器、容器编排等技术的推进，同时随着云计算的落地实现，在微服务架构的基础上不断进行交付周期、服务可靠性等方面的提升。另外在使用微服务架构的过程中，非业务层面的服务治理等方面的问题也被逐渐解决，软件架构的发展也开始演变为之后的云原生架构。

1.2.3 云原生架构

云原生架构，其实是一个构建和运行应用程序的方法，是一整套技术体系与方法论。

在云原生架构中，应用都是面向云进行架构设计的，也就是生在云上、长在云上；在服务发生故障时可以实现应用服务能力的自我恢复，并且依托于容器等技术，还可以实现毫秒级的弹性伸缩等。另外在日常的开发工作中，还可以依靠云原生架构来实现现代软件行业的需求，就是缩短上线交付周期、支持多样化的设备以及提高服务可靠性。云原生架构组成如图 1-4 所示。

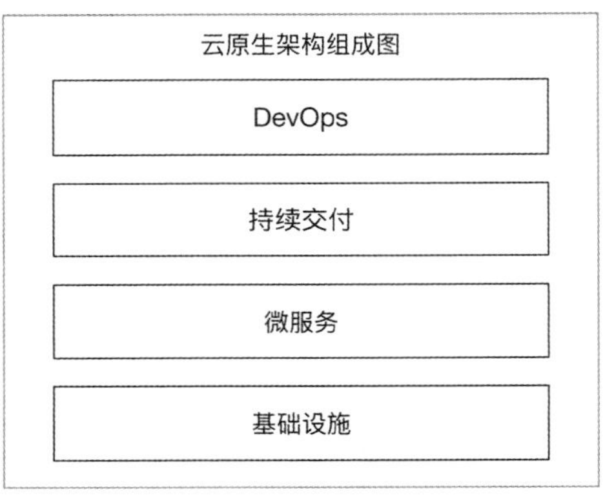

图 1-4　云原生架构组成图

从图 1-4 中可以看到，在云原生架构中，包含基础设施、微服务、持续交付、DevOps 等几部分。

（1）基础设施

基础设施类似于传统云计算中的 IaaS，也就是基础设施即服务，在云原生中基础设施的主要作用就是提供计算、网络、存储等基础资源。需要注意的是，这里的基础资源是可编程、不可变的，可编程可以理解为可以通过声明 API 与策略来实现资源的调配与管理，而不可变可以理解为运行服务的服务器在完成部署后就不能进行更改，也就是说如果要修改，只能创建新的来替换旧的。

（2）微服务

微服务与前面介绍的微服务架构其实是同一个概念，在云原生中微服务的主要作用是将业务进行服务化与组件化，也就是在系统中每一个服务都是一个独立的可部署单元，各个服务之间会相互解耦并且通过远程通信协议进行通信等。

（3）持续交付

持续交付是贯穿整个软件交付生命周期的开发实践方法，主要分为持续集成、持续部署与持续发布等阶段，可以在软件的构建、测试与发布中变得更快、更频繁，在云原生中持续交付的主要作用就是减少软件开发的成本与时间。

（4）DevOps

DevOps 是 Development 和 Operations 两个词的组合，也就是开发和运维这两个词的组合，是一组过程、方法与系统的统称，在云原生中 DevOps 的主要作用是用于促进开发、运维等部门之间的沟通、协作与整合，从而使得软件的整体过程更加快捷与可靠。

在我们介绍了云原生架构后，对于不同时期的软件架构的变化，相信大家也有了一定的了解，对于集中式架构与分布式架构可能我们更容易理解，因为我们日常工作中碰到的较多，而对于云原生架构如果我们暂时不能理解的话，那也不用着急，因为我们会在接下来的内容中详细介绍云原生。

1.3　云原生简介

在刚接触云原生时，对于云原生这个词，如果查询相关资料，会发现云原生的概念在 2010 年左右已经出现，最开始的时候云原生的概念相对来说虽然内涵很丰富，但是定义还是不太明确。

今天，随着容器、容器编排等技术的不断演进，关于云原生的概念越来越具体化，对于云原生也有了明确的定义；接下来，从云原生以及云原生应用的定义这两方面来介绍云原生。

1.3.1　什么是云原生

在我们说什么是云原生之前，我们就不得不提一下我们现在常看到与听到的 CNCF，也就是云原生计算基金会。

云原生计算基金会（Cloud Native Computing Foundation，CNCF）是在 2015 年左右由谷歌牵头并成立的，主要目的是更好地推进云原生相关技术的发展。从 CNCF 成立以来，我们也确实感受到云原生技术的快速发展，特别是当我们看到云原生的相关生态时。除此之外，云原生的相关技术开始不断地进入我们的视线，并且云厂商们也大都加入了 CNCF。

我们为什么要说 CNCF 呢，主要是因为 CNCF 对于云原生为我们给出了比较明确的官方定义。不过呢，在介绍 CNCF 对于云原生的定义前，还需要说明的是，最开始 CNCF 已经对云原生有过一版定义，主要内容包括应用容器化、面向微服务架构以及应用支持容器的编排调度三个方面，后来由于云原生不断地发展壮大，CNCF 最开始定义的云原生相对来说太狭窄了，所以此后 CNCF 又为云原生进行了重定义。

对于云原生，CNCF 最新的定义是云原生技术有利于各组织在公有云、私有云和混合云等新型动态环境中，构建和运行可弹性扩展的应用。云原生的代表技术包括容器、服务网格、微服务、不可变基础设施和声明式 API。这些技术能够构建容错性好、易于管理和便于观察的松耦合系统。结合可靠的自动化手段，云原生技术使工程师能够轻松地对系统做出频繁和可预测的重大变更。

云原生利用了很多现代技术，如果对于官方的定义不能很好的理解，可以先将云原生理解为一种利用云计算交付模式的优势来构建和运行应用程序的方法；简单来说，云原生就是关于如何创建和部署应用程序的。

在介绍了云原生的定义之后，相信云原生在我们的脑海中已经有了一个初步的轮廓，接下来就着这个轮廓，我们来了解下什么是云原生应用。

1.3.2 什么是云原生应用

云原生应用，简单来说，就是面向“云”进行架构设计的应用，即生在云上、长在云上。

可以将云原生应用理解为是专门为在现代云计算平台所要求的弹性以及分布式性质中运行而架构的应用。也就是说，当使用云原生应用时就可以充分利用云平台的弹性与分布式的优势，以此实现快速部署、按需伸缩、不停机交付等。需要注意的是，一般情况下，这些架构使用微服务进行构建，也就是说对于云原生应用可以将其想象为一系列独立的、小型的、松耦合的服务。

通过上面的描述，可以了解到云原生应用的定义，但是不知道大家会不会有疑问，就是云原生应用与我们以往使用过的传统应用有什么区别，接下来我们通过表 1-1 来展示一下云原生应用与传统应用的区别。

表 1-1 云原生应用与传统应用的区别

	云原生应用	传统应用
应用架构	独立的、小型的、松耦合的服务	紧耦合的单体
应用开发	使用云原生 DevOps 敏捷开发	使用瀑布式半敏捷开发
应用上线交付周期	短	长
应用资源使用	按需使用、扩展方便	初期规划、扩展较难
应用部署	快速部署、操作系统抽象化、移植方便、低风险	部署缓慢、操作系统强依赖、移植复杂、高风险
应用故障恢复	恢复快速	恢复缓慢

从表 1-1 中可以看到，云原生应用与传统应用在应用架构、应用开发、应用上线交付周期、应用资源使用、应用部署、应用故障恢复等方面都有着明显的区别。对于云原生应用来说，相较于传统应用，最大的区别就在于如何构建、发布及运维应用程序。

综上，我们对于云原生肯定有了更加清晰的认知。不过，作为开发人员，我们关注的肯定不仅仅于此，我们更加关注的是如何做。接下来介绍如何做，也就是应该如何构造云原生应用。

1.4　如何构造云原生应用

如何构造云原生应用其实没有我们想象中的麻烦，在构造云原生应用之前，我们一定要先理清思路，毕竟磨刀不误砍柴工，否则我们就很容易走弯路或者感觉无从下手。

在本节中我们先介绍云原生应用的设计理念以及云原生应用的 12 要素，之后再介绍云原生应用的构造步骤。

1.4.1　云原生应用设计理念

简单来说云原生应用的设计理念，就是围绕着部署在云平台的应用程序能够充分利用云平台的弹性与分布式的优势来进行的。

对于云原生应用的设计理念，主要从面向分布式设计、面向韧性设计、面向弹性设计等方面进行介绍。

1．面向分布式设计

在面向分布式设计中，需要关注的重点是松耦合的微服务。

松耦合的微服务是指应用在设计时应该根据具体业务需求将整体业务拆分成一系列独立的、小型的、松耦合的服务，整体业务由这些服务来共同完成。另外在拆分这些服务时，需要注意的是这些服务一定是围绕着业务功能进行构建的，同时这些服务可以通过自动化的部署机制进行独立的部署与运行。

除此之外，这些服务之间的通信采用类似于 HTTP 这种轻量级协议进行通信，这就要求开发流程最好是以 API 驱动的，也就是说应用一定要把设计阶段与开发阶段分开，在设计阶段时先定义好 API 规范，这些 API 规范应该在描述其提供功能的基础上尽量简洁，然后在开发阶段严格遵循 API 规范进行相关的开发工作。

2．面向韧性设计

在面向韧性设计中，需要关注的重点是高可用与故障恢复。

高可用是指应该根据具体的业务需求即业务可用性要求，将业务服务进行不同程度的冗余，比如，将同一个业务服务部署在不同的机房、不同的服务器、不同的进程等。

故障恢复是指应用在处理业务时，如果业务服务中断了，应用可以快速恢复以确保业务继续正常运行。

在面向韧性设计的过程中，可以使用容器技术，也就是将业务服务都进行容器化，业务由一组容器化的服务来提供。一方面，可以通过容器快速地将服务移植到相同或不同的操作系统环境上；另一方面可以通过容器平台确保容器实例运行数量保持不变。

3．面向弹性设计

在面向弹性设计中，需要关注的重点是扩展。

扩展是指应用在业务处理的高峰或低谷时间，可以依赖于云平台也就是云的特性进行自动的弹性伸缩。

需要注意的是，业务服务都应该被设计成无状态的，也就是说业务服务的实例可以随时上下线，任何一个业务服务的实例都可以处理业务请求，这样才能使得应用在良好的扩展性方面与生俱来。

在我们看了云原生应用的设计理念后，接下来，我们看一下可以帮助我们构建云原生应用的 12 要素。

1.4.2 云原生应用的 12 要素

云原生应用的 12 要素是 Heroku 公司的 Adam Wiggins 在 2011 年左右根据应用托管及运维的经验提出的，云原生应用的 12 要素为构建云原生应用提供了方法论，是在构建云原生应用的过程中需要遵循的基本原则。

接下来我们详细介绍一下 12 要素中包含的具体内容。

（1）基准代码

基准代码（codebase），可以将其理解为日常工作中存放在版本控制系统中的对应代码库。

在 12 要素中基准代码强调的是一份基准代码多份部署，也就是说应用对应的代码既可以在测试环境部署，也可以在生产环境部署等。需要注意的是，应用与基准代码之间应该是一一对应的关系。

（2）依赖

依赖（dependencies）在日常开发工作中其实经常碰到，比如，软件项目中的一个模块如果需要完成自己的功能必须借助其他模块的能力时，该模块就需要依赖其他模块。

在 12 要素中依赖强调的是显式声明依赖关系，也就是说应用应该显式地声明自己的依赖项。一方面是有利于管理依赖；另一方面当有新的开发人员进入项目组时，只需一个构建命令就可以安装所有的依赖项解决环境配置问题。需要注意的是，一定不要隐式依赖系统级的类库。

（3）配置

对于配置（config）相信大家都很熟悉，比如，在开发编写应用代码时，通常会将项目应用中数据库的链接地址、账号、密码等信息放到一个单独的文本文件中进行保存，然后在代码中引用这个文件中的内容，这个文件一般称为配置文件，对于文件中的内容一般称为配置或者配置信息。

在 12 要素中配置强调的是在环境中存储配置，也就是说需要将应用的配置信息存储到环境变量中，可以很方便地在不同的部署环境中进行配置的修改。需要注意的是，将配置信息存储到环境变量中与平时接触的配置文件不一样，环境变量可以做到与开发语言和系统无关。

（4）后端服务

后端服务（backing services）是指在应用运行时所需的通过网络调用的各种服务，比如，我们日常开发工作中经常用到的关系型数据库 MySQL、缓存系统 Redis、消息中间件 ActiveMQ 等。

在 12 要素中后端服务强调的是把后端服务当作附加资源，也就是说将日常开发工作中经常用到的关系型数据库 MySQL、缓存系统 Redis、消息中间件 ActiveMQ 等都视作一份资源，当部署应用时就按需伸缩这些资源。需要注意的是，不管是第三方服务还是本地服务都应视为附加资源。

（5）构建、发布和运行

构建（build）、发布（release）和运行（run），在日常开发工作中只要动手部署过应用程序，对于这三个步骤应该很熟悉，构建是将应用代码进行打包的过程；发布是在相应的环境中部署应用代码包；运行是在相应的环境中启动应用程序。

在 12 要素中构建、发布、运行强调的是严格分离构建和运行，也就是说不要直接跳过构建、发布这两个阶段而直接去修改运行状态的代码。另外需要注意的是，在日常开发工作中进行发布时，每一次的发布最好都带上唯一的发布版本号。

（6）进程

进程（processes）可以理解为正在运行的应用程序实例。

在 12 要素中进程强调的是以一个或多个无状态进程运行应用，也就是说在日常开发工作中应用程序的运行一般以一个或者多个进程的形式存在。需要注意的是，应用进程应该是无状态的。

（7）端口绑定

端口绑定（port binding）是指可以通过 IP+端口的方式来访问服务。

在 12 要素中端口绑定强调的是通过其来提供服务，也就是当应用程序启动后，应用程序会去监听指定端口的请求。需要注意的是，一般情况下都是通过域名访问服务，但是在向域名发送请求时，请求都会被路由到绑定到端口的进程中。

（8）并发

并发（concurrency）是指应用程序与计算单元不是一一对应的关系，一个应用程序可以有多个计算单元。

在 12 要素中并发强调的是通过进程模型进行扩展，也就是应用应采取多进程的运行方式按需启动。需要注意的是，在 Java 应用中一般采用多线程的运行方式，随着微服务与容器技术的使用也可以更好地实现扩展。

（9）易处理

易处理（disposability）是指应用进程可以快速启动与停止。

在 12 要素中易处理强调的是快速启动和优雅终止，可最大化健壮性，也就是说应用可以通过快速启动与停止来确保应用的稳定性。需要注意的是，当停止应用时应该妥善处理正在运行的任务，比如将该任务退回至后端队列服务中。

（10）开发环境与线上环境等价

开发环境与线上环境等价（dev/prod parity）是指应该减少各个环境、环节之间的差异。

在 12 要素中开发环境与线上环境等价强调的是尽可能地保持开发、预发布、线上环境相同，也就是说应用依赖的基础环境、开发人员等应尽量保持一致。另外需要注意的是，不论是测试、生产等环境下部署的后端服务的版本应该是一样的。

（11）日志

在日常开发工作中一般使用日志（logs）来记录日期、时间、操作者及动作等相关信息。

在 12 要素中日志强调的是把日志当作事件流，也就是说日志应该是按照时间顺序汇总的事件流。需要注意的是，应用一般都有多个进程存在，也就会产生多份日志，可以采用日志索引分析系统以便于对日志进行搜索、分析与展示等。

（12）管理进程

管理进程（admin processes）可以理解为执行的一些管理与维护应用的任务。

在 12 要素中管理进程强调的是后台管理任务当作一次性进程运行，也就是说应该一次性运行需要执行的管理与维护应用的任务。需要注意的是，执行管理与维护应用的任务的环境应与应用的环境保持一致。

12 要素不仅仅适用于构建云原生应用，对于日常工作过程中碰到的一些软件产品或项目的开发也同样适用。在了解了云原生应用的设计理念以及云原生应用的 12 要素后，最后，我们来看一下云原生应用的构造步骤。

1.4.3　云原生应用的构造步骤

从整体上来说，云原生应用的构造步骤与前面介绍的云原生架构的组成相辅相成，从细节上来看，是围绕着云原生应用的设计理念以及云原生应用的 12 要素来进行的。也就是说，在各个步骤中可以看到云原生应用的设计理念以及 12 要素的具体体现。

对于云原生应用的构造步骤，一般情况下，可以分为以下 4 个步骤：思维变革、应用开发、容器革命和持续交付。

接下来，我们来详细看一下每一个步骤。

1．思维变革：宣传 DevOps 文化，增加 DevOps 能力

在云原生应用的构造步骤中第一步的重点就是 DevOps，也就是说，在构建云原生应用前，应改变我们以往的思维，不再是开发只负责开发，运维只负责运维，我们需要促进开发、运维等部门之间的沟通、协作与整合，以便于能够更加高效地协同工作，加快软件交付以及提高整体产出。

2. 应用开发：使用微服务思想设计应用程序

在云原生应用的构造步骤中第二步的重点就是微服务，也就是说，应用程序在设计时就应根据具体业务需求将整体业务设计成松耦合的微服务，需要采用以 API 驱动的开发流程。需要注意的是，在应用的整体开发过程中需要遵循云原生应用的 12 要素，以便于应用可以满足快速扩展与添加功能的基本条件。

3. 容器革命：实现不可变基础设施

在云原生应用的构造步骤中第三步的重点就是容器，在应用开发完毕后，需要为应用提供独立的部署单元与执行环境，通过容器技术可以实现该需求。同时，使用容器技术实现基础设施的实例创建后就不可进行更改，如果需要更改只能通过新的实例进行替换，以便于解决环境差异、大规模运维等问题。

4. 持续交付：应用全生命周期自动化

在云原生应用的构造步骤中第四步的重点就是持续交付，在应用开发、部署、上线运行后，当又有新的业务需求来临时，需要考虑持续集成、持续部署与持续发布，以便于能够在应用的构建、测试与发布中变得更快、更频繁。

1.5 本章小结

本章在前半部分通过现代软件行业的需求与软件架构的变化主要介绍了云原生产生的原因与必要性，后半部分主要介绍了什么是云原生、什么是云原生应用以及如何构造云原生应用。接下来进行构建云原生应用的实践，但是实践并不是直接从微服务开始的，而是从单体应用开始的，因为这样更有利于我们体会应用程序是如何一步一步发展为云原生应用的。

第 2 章　从 0 到 1——单体应用

在我们说了什么是云原生以及云原生为什么而生后，接下来进行构建云原生应用的实践，但是在进行云原生应用的构建实践前，需要先介绍单体应用。

因为构建云原生应用包含的知识点较多，如果一开始就直接构建云原生应用，可能不太好掌握，同时不能更好地理解在构建云原生应用的整个过程中的变化。所以以常见的单体应用为例，从 0 到 1、从 1 到 2 一步步地介绍如何构建云原生应用，以及在构建的整个过程中应用的变化情况。

本章将介绍单体应用的基本概念以及相关的实践，本章中创建的单体应用示例项目将一直伴随着我们一步步地将其改造成云原生应用。

2.1　单体应用介绍

在日常的工作中，单体应用其实比较常见，特别是早期的一些开发项目，大部分都是以单体应用的形式存在。

我们现在一直在说单体应用，但是关于单体应用的定义以及单体应用的优缺点不知道大家清不清楚，接下来我们将为大家介绍什么是单体应用以及单体应用的优缺点，另外还会为大家介绍我们在什么情况下采用单体应用会比较好。

2.1.1　单体应用：不可分割的软件架构

单体应用（Monolithic Application）是指一个包含所有功能的应用程序的归档包，而归档包的格式主要依赖于相关的编程语言和框架。比如，在 Java 中归档包的格式可以是 JAR 归档格式或者 WAR 归档格式，也可以是 EAR 归档格式或者其他归档格式。但是严格意义上来说，单体应用其实是一种软件架构，该架构对软件整体结构以及组件进行了抽象的描述，可以指导软件系统各个方面的设计。

从单体应用的组成上来说，一个单体应用包含了很多逻辑与服务，由多个部分组成，这些组成部分缺一不可。比如，负责用户鉴权的部分、负责处理业务逻辑的部分、负责数据库的数据访问部分以及负责处理 HTTP 请求并进行响应的部分，这些部分共同组成了单体应用，并且不能缺少其中的任何一部分，一旦有部分缺失将导致应用程序不可用。

从代码层面上来说，一个单体应用的所有代码都存在于同一个代码库中，并且当编译代码时也会将单体应用的所有代码编译到一起。虽然单体应用的所有代码都在一起，但是在进行单体应用的开发时，一般会遵循分层的原则，比如，将业务逻辑抽象出来构建业务层，在数据库之上构建数据访问层等。

2.1.2　单体应用的优缺点

关于单体应用的优缺点，可以从单体应用规模大和小这两角度来介绍。

当应用程序规模较小时，比如说应用程序功能单一简单、用户数量少。在这种情况下，使用单体应用的架构有很多好处，主要体现在以下几个方面。

（1）易于开发

在单体应用初始阶段，可以很方便及快速地搭建好单体应用基本框架，同时目前主流的 IDE 即集成开发环境，如 IntelliJ IDEA、Eclipse、NetBeans 等，对开发、调式单体应用支持较好。

（2）部署方便

当需要部署单体应用时，只需把对应的归档文件复制到对应的目录中即可完成部署。

（3）测试简单

由于单体应用一般不会有其他额外的依赖项，当单体应用一旦部署后，对应的单体应用项目的所有功能就可以使用了。所以，对于单体应用的各功能测试来说，可以直接在单体应用部署完毕后就开始进行测试。

（4）容易扩展

当对单体应用进行扩展时，只需在对应的负载均衡后部署多个应用实例即可。

当应用程序规模逐渐变大时，比如应用程序功能越来越复杂、用户数量越来越多。在这种情况下，使用单体应用的架构就会出现一些问题，主要体现在以下几个方面。

（1）应用不可靠

当应用程序越来越大时，在应用程序中任何功能的错误如某个功能模块导致的内存泄漏都可能影响整个应用程序的可靠性。

（2）持续部署困难

在单体应用上线后，如果应用程序出现了 bug，需要对这些 bug 进行修复，或者应用程序需要新增一些功能。这时，每次的缺陷修复或者功能变更都需要重新部署整个应用才能生效，而全量部署的方式需要每次都对整个应用程序做全面的测试，如果测试的不够充分，那么全量部署的方式可能会造成一些未知的影响，比如虽然修复了某个缺陷，但导致另外某个功能不可用。

（3）复杂

当应用程序越来越大时，从代码层面来说，应用程序的单个代码库的代码会越来越多。而对于团队开发来说，每当有新的团队成员加入时，单体应用庞大的代码库会让人觉得很复杂，并且也可能让新成员望而生畏。

（4）阻碍技术创新

当单体应用基本框架搭建完毕后，在该应用程序往后的开发过程中，单体架构会迫使所有开发人员必须长期地使用在开发初期时选定的技术栈，团队成员都必须使用相同的开发语言和架构，如果某些功能通过引入新的框架或者技术平台可以快速地完成，这时想要引入新的框架或者技术平台非常困难且风险很高。

2.1.3 单体应用的适用场景

单体应用有优点也有缺点，我们不能因为单体应用有缺点就直接否决单体应用，在实际的工作中要根据具体情况进行具体的分析，然后再决定是否采用单体应用。在有些情况下使用单体应用反而会比较好；下面介绍比较适合单体应用的场景。

（1）业务场景简单

在项目对应的业务场景较简单的情况下，功能也不复杂，这时可以直接使用单体应用，以便于快速的开发、测试与部署。

（2）小团队

一般情况下，如果项目是由少数几个开发人员进行开发，这种项目对应的应用程序一般都不会有很大的规模及很复杂的功能。这时可以考虑使用单体应用，对于小团队的单体应用开发来说应用程序的维护比较容易。

（3）性能要求严格

对于有些项目来说，比如嵌入式应用程序，一般情况下对应用程序的响应时间以及资源的使用限制方面都有严格的要求，这时可以考虑使用单体应用。对于嵌入式开发的应用程序来说，各功能模块的紧密集成以及处理速度和后期维护非常重要。

接下来我们动手做一个单体应用来实践，这也是为了我们后期进行云原生应用的构建做准备。

2.2 单体应用实践——微商城项目介绍与设计

当我们新接手一个全新的项目前，一定不是直接动手开始做，而是先看这个项目是什么，要做什么，之后根据对应的需求进行相应的设计后，才会开始动手做，所以在直接动手做一个单体应用实践之前，需要先对我们的单体应用进行了解。

接下来，介绍单体应用实践项目的一个背景介绍以及针对需求进行相应的设计。

2.2.1 项目背景

在进行项目背景介绍前，先解释一下为什么要选择微商城这个项目来做单体应用，原因如下：

（1）关于单体应用的实践，我们考虑过很多个实践项目，不过最后选择了以一个电子商城项目为例，因为电子商城大家都不陌生，便于在后续的项目应用变化过程中更好的理解；

（2）由于单体应用的实践项目主要是为了后续的章节将单体应用一步步演变成云原生应用做准备，重点在于演变成云原生应用的过程，所以要实践的示例单体应用会一切从简，代码及逻辑层面相较于实际的商业应用来说肯定会有很多纰漏，望大家多多包涵，毕竟我们的目的不是构建一个功能齐全且可商用的单体应用。

那好，了解了原因，我们接下来就对微商城这个实践项目做背景介绍。

一般情况下，我们都接触过电子商城，如淘宝、京东、拼多多等。这些电子商城随着时间的推移，包含的功能越来越齐全，越来越强大，但是最基本的功能一定是可以让我们在上面进行购物。

结合前面的解释以及电子商城的基本功能，假设我们需要开发一个只包含最基本功能的微商城后端应用程序，这个后端应用程序的主要作用就是提供相关的 API 接口给微商城前端使用。

（1）整体功能架构

我们先来看一下项目的整体功能图，建立一个直观的轮廓，如图 2-1 所示。

从图 2-1 中可以看到，微商城整体功能主要分为用户模块、地址模块、商品分类模块、商品模块、购物车模块、订单模块、评论模块这几大模块，而我们要做的就是实现这几大类模块相关的 API 接口给微商城前端使用。

归根结底，我们的业务简单来说就是用户通过浏览商品以及商品评论来购买一个或者多个商品。

（2）时序设计图与类图

在准备开发项目前，再看一下项目的时序设计图与类图，磨刀不误砍柴工，我们对项目梳理得越清楚，准备工作越充分，实际开发起来思路就会越清晰，同时开发效率也会提升不少。

时序图是用来做什么的呢，时序图是展示按时间顺序排列的对象之间交互的图。微商城项目时序图如图 2-2 所示。

从图 2-2 可以看到，微商城项目中用户进行购买商品的一个整体流程，通过这个图项目的业务更加清晰，也提高了之后的开发效率。

在看完了时序设计图后，我们再来看一下项目的类图。

类图是用来做什么的呢，类图是一种静态的结构图，主要是描述系统的类的集合、类的属性以及类之间的关系。微商城项目类图如图 2-3 所示。

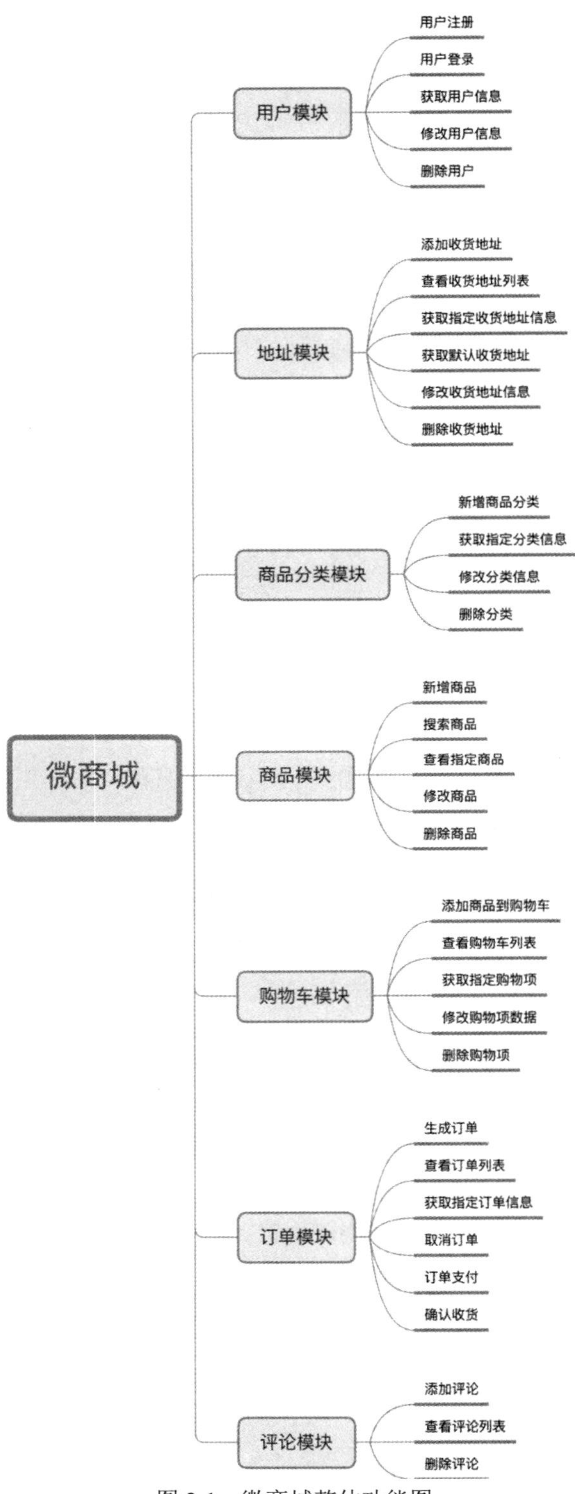

图 2-1　微商城整体功能图

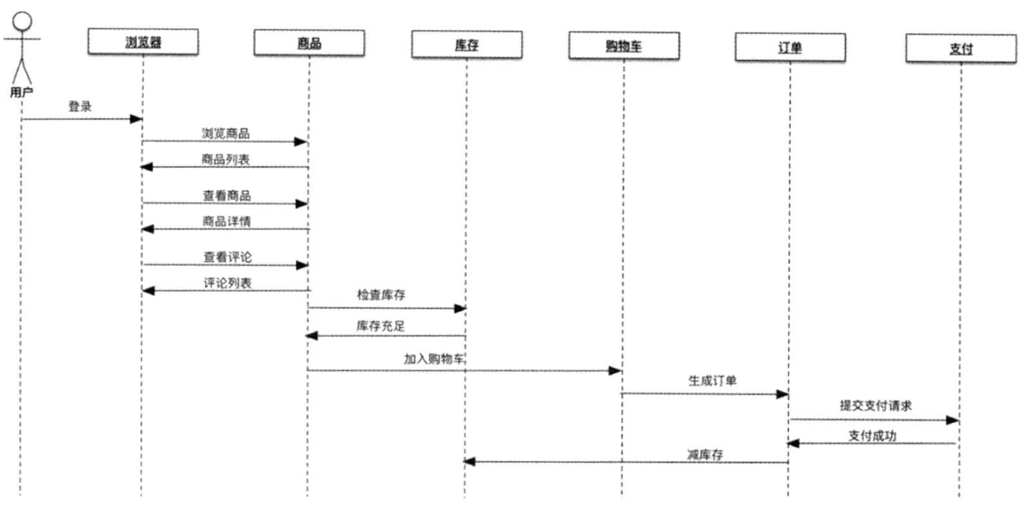

图 2-2　微商城时序图

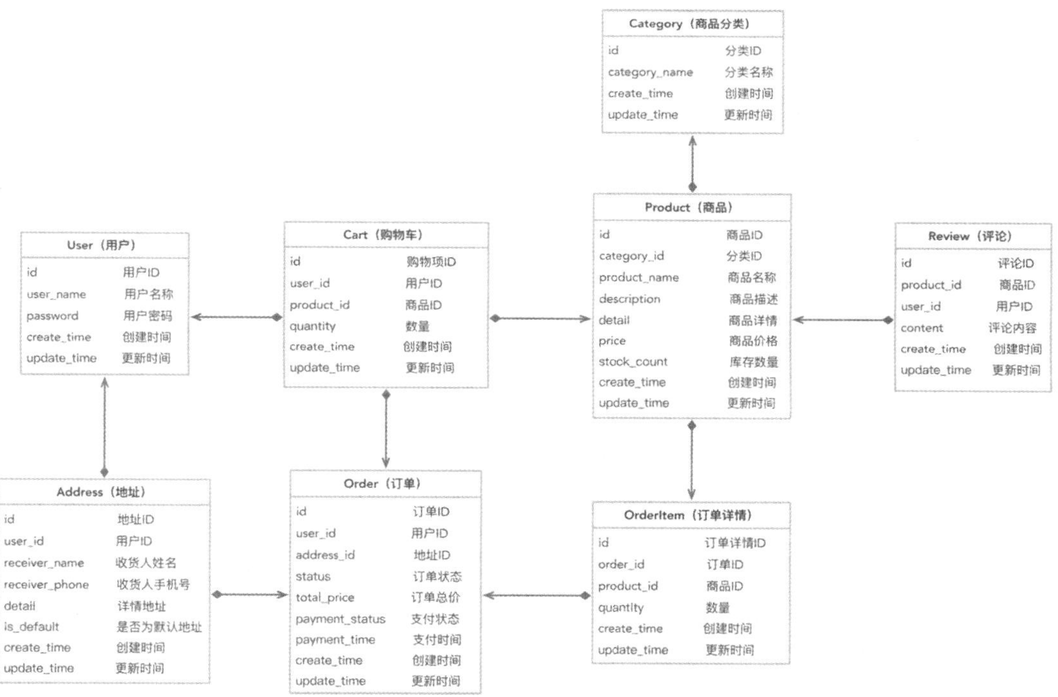

图 2-3　微商城类图

类图其实只抽象了数据资源，这样做的原因主要是为了便于大家可以明白数据库表结构，对于我们要实践的示例单体应用来说，相当于提前做了部分数据库表设计的准备工作。

2.2.2 开发工具与技术栈

关于开发工具，也就是 Java 编程语言开发的集成环境，可能早些年大部分使用 Eclipse 较多，不过在 IntelliJ IDEA 出现之后，在使用过程中 IntelliJ IDEA 对编译、调试的友好性等方面明显优于 Eclipse，IntelliJ IDEA 也是目前主流的开发工具。所以在开发工具的选择上主要使用 IntelliJ IDEA，读者可以根据自身的需求及喜好选择适合自己的开发工具。

关于技术栈的选择，从行业的发展情况来看，我们使用以下主流技术来完成我们的示例项目开发，读者在实际工作中也可以根据实际的情况选用其他技术栈或者以下技术栈的更高的版本，以下是选用的技术栈以及对应的版本号。

- Java 1.8+
- Maven 3.0+
- Spring Boot 2.x

对于开发人员来说，这些技术栈都是比较熟悉的，关于 JDK、Maven 这里就不做介绍了，关于 Spring Boot 接下来还是会为大家进行一些介绍。

2.3 项目开发前——Spring Boot 概念

在使用的技术栈里，为什么要单独介绍 Spring Boot 呢？

因为在日常工作中，JDK、Maven 接触和使用的时间更长，而 Spring Boot 则是近些年来非常流行的，并且后续章节中的项目也是采用了 Spring Boot，所以有必要单独介绍 Spring Boot。

2.3.1 Spring Boot：快速配置开发的脚手架

Spring Boot 由 Pivotal 团队于 2013 年开始研发并于 2014 年 4 月发布全新、开源的轻量级框架，Spring Boot 基于 Spring 4.0 设计，该框架继承了 Spring 框架原有的优秀特性，并且还通过简化配置进一步简化了 Spring 应用的整个搭建和开发过程。比如，当使用 Spring Boot 时可以使用特定的方式进行配置，不再需要定义一些样板化的配置，Spring Boot 的设计目的是用来简化新的 Spring 应用的初始搭建以及开发过程。

Spring Boot 的核心功能有很多，具体如下：

- 创建独立的 Spring 应用程序；
- 基于其 Maven 或 Gradle 插件创建可执行的 jar 或 war；
- 使用内嵌的 Tomcat、Jetty 或 Undertow；
- 提供如指标、健康检查和外部化配置等功能；
- 不需要 XML 配置；
- 通过提供的 starter 来简化 Maven 配置。

关于 Spring Boot 的核心功能的描述，我们很好理解，不过如果没有接触过 Spring Boot 的话，对于刚刚说的 Starter 可能会有疑问，这也是接下来我们要介绍的 Spring Boot Starter。

2.3.2　Spring Boot Starters：依赖关系描述符

Spring Boot Starter 是在 Spring Boot 中提出的一个概念，可以理解为是一个依赖关系描述符，它包含一组依赖关系，通过这些依赖关系可以减少手动添加的依赖数量。

当使用 Spring Boot 时，可以省略很多烦琐的配置。比如，当想要构建 rest webservice 时，只需添加 spring-boot-starter-web 依赖；当想要使用 Spring 和 JPA 进行数据库访问时我们只需添加 spring-boot-starter-data-jpa 依赖。

Spring Boot 官方提供了很多 Starter，官方提供的 Starter 以"spring-boot- starter-*"的方式来命名，如果要创建自己的 Starter，建议的命名方式是"*-spring-boot-starter"。

表 2-1 所示为比较常见的官方提供的 Starter。

表 2-1　比较常见的官方提供的 Starter 及描述

名　称	描　述
spring-boot-starter	核心 starter，包含自动配置、日志和 YAML
spring-boot-starter-actuator	提供管理和监控应用程序支持
spring-boot-starter-activemq	提供 Apache ActiveMQ 消息队列支持
spring-boot-starter-amqp	提供 Spring AMQP、Rabbit MQ 消息队列支持
spring-boot-starter-aop	提供 Spring AOP 和 AspectJ 进行切面编程支持
spring-boot-starter-batch	提供 Spring Batch 支持
spring-boot-starter-cache	提供 Spring Framework 缓存支持
spring-boot-starter-data-jdbc	提供 Spring Data JDBC 支持
spring-boot-starter-data-jpa	提供使用 Hibernate 的 Spring Data JPA 支持
spring-boot-starter-data-ldap	提供 Spring Data LDAP 支持
spring-boot-starter-data-mongodb	提供 MongoDB 支持
spring-boot-starter-data-redis	提供 redis 支持
spring-boot-starter-data-solr	提供 Apache Solr 支持
spring-boot-starter-freemarker	提供 freemarker 支持
spring-boot-starter-jdbc	提供使用 HikariCP 连接池的 JDBC 支持
spring-boot-starter-logging	默认的日志 starter，提供使用 Logback 的日志支持
spring-boot-starter-log4j2	提供使用 Log4j2 的日志支持
spring-boot-starter-mail	提供邮件发送支持
spring-boot-starter-quartz	提供 Quartz 支持
spring-boot-starter-security	提供 Spring Security 支持
spring-boot-starter-test	提供 JUnit、Hamcrest、Mockito 测试支持

续表

名　称	描　述
spring-boot-starter-tomcat	默认的 servlet 容器，提供使用 Tomcat 作为嵌入式 servlet 容器支持
spring-boot-starter-thymeleaf	提供 Thymeleaf 支持
spring-boot-starter-undertow	提供使用 Undertow 作为嵌入式 servlet 容器支持
spring-boot-starter-validation	提供使用 Hibernate 验证器进行 Java Bean 验证支持
spring-boot-starter-web	提供使用 Spring MVC 构建 Web（包括 RESTful）应用程序支持，使用 Tomcat 作为默认的嵌入式容器
spring-boot-starter-websocket	提供使用 Spring Framework 的 WebSocket 支持

2.3.3　Spring Cloud：系列框架的有序集合

介绍了 Spring Boot 后，我们不得不介绍一下 Spring Cloud，因为 Spring Cloud 的很多功能插件都是基于 Spring Boot 来实现的，另外后面也会使用到 Spring Cloud。

Spring Cloud 是一系列框架的有序集合，主要提供了快速构建分布式系统中一些常见模式的工具。

Spring Cloud 提供的工具有很多，具体描述如表 2-2 所示。

表 2-2　常见模式的工具

名　称	描　述
Spring Cloud Config	为分布式系统中的外部化配置提供服务器和客户端支持，通过配置服务器，就可以通过一个集中的地方来管理所有环境中的应用程序的外部属性
Spring Cloud Netflix	通过自动配置和绑定到 Spring 环境，以及其他 Spring 编程模型惯用语法为 Spring Boot 应用程序提供 Netflix OSS 集成，Spring Cloud Netflix 提供的组件包括 Eureka（服务发现）、Hystrix（断路器）、路由（Zuul）、Ribbon（负载均衡）等
Spring Cloud OpenFeign	为 Spring Boot 应用程序提供 OpenFeign 集成，Feign 是一个声明式的 Web 服务客户端，只需创建一个接口并在接口上添加对应注解就可以使用 Feign，Spring Cloud OpenFeign 在 Feign 的基础上增加了对 Spring MVC 注解的支持，Spring Cloud 集成了 Eureka、Spring Cloud Circuit Breaker 以及 Spring Cloud LoadBalancer，以便于在使用 Feign 时提供一个负载均衡的 http 客户端
SpringCloudCircui Breaker	为应用程序提供了一个抽象 API，用于为应用添加断路器，支持 Netfix Hystrix、Resilience4J、Sentinel、Spring Retry 多种方式实现
Spring Cloud Gateway	Spring Cloud Gateway 是基于 Spring Framework 5、Project Reactor 以及 Spring Boot 2.0 构建的 API 网关，Spring Cloud Gateway 旨在提供一种简单而有效的方法来路由到 API，并且为它们提供跨领域的关注点，如安全性、监视/指标和弹性
Spring Cloud Bus	Spring Cloud Bus 主要用来链接分布式系统的节点与轻量级消息代理，可以将其用于广播状态更改（如配置中心更改配置）或其他管理指令

2.3.4　Spring、Spring MVC、Spring Boot、Spring Cloud 之间的联系与区别

如果读者工作时间相对较长，在没使用 Spring Boot 前，肯定使用过 Spring，所以在讲解 Spring Boot、Spring Cloud 之间的联系与区别时，我们将 Spring、Spring MVC 也拿进来一起做比较，那么 Spring、Spring MVC、Spring Boot、Spring Cloud 之间有什么联系与区别呢？接下来通过表 2-3 简单地概括一下。

表 2-3　Spring、Spring MVC、Spring Boot、Spring Cloud 之间的联系与区别

名　称	描　述
Spring	Spring 是一个一站式的轻量级的 Java 开发框架，Spring 的核心是控制反转（IOC）和面向切面（AOP）
SpringMVC	SpringMVC 是在 Spring 基础上的一个 MVC 框架，主要用来处理 Web 开发的路径映射和视图渲染，SpringMVC 属于 Spring 框架中 Web 层开发的一部分 SpringMVC 的涵盖面主要包括前端视图开发、文件配置、后台接口逻辑开发等，在使用 SpringMVC 时，xml、config 等配置相对比较烦琐
Spring Boot	Spring Boot 是一个全新开源的轻量级框架，相对于 SpringMVC 框架来说，Spring Boot 可以更专注于开发微服务后台接口，并且 Spring Boot 使用默认大于配置的理念，可以快速集成 Spring 相关插件，同时自动过滤掉不需要配置的多余插件，简化了项目的开发配置流程，并在一定程度上取消了 xml 配置，能够快速开发单个微服务
Spring Cloud	Spring Cloud 是一系列框架的有序集合，在 Spring Cloud 中大部分的功能插件都基于 Spring Boot 来实现，对于 Spring Boot 与 Spring Cloud，可以理解为 Spring Cloud 依赖于 Spring Boot 开发，而 Spring Boot 可以用来独立开发，Spring Cloud 可以将多个 Spring Boot 单体微服务进行整合以及管理。对于 Spring Cloud 来说，Spring Cloud 更关注全局的微服务整合和管理

2.3.5　Spring Initializr：项目结构创建工具

在介绍了 Spring Boot 相关概念后，在准备使用 Spring Boot 进行我们的单体应用开发前，我们还得介绍一个工具：Spring Initializr，它可以帮助我们轻松地创建项目实例。

1．Spring Initializr 功能

Spring Initializr 提供了快速进行框架初始化配置的能力，通过 Spring Initializr 可以选择即将初始化项目的发布部署方式、扩展依赖包等，全部选择完毕后，就可以自动生成对应的项目结构。

在使用 Spring Boot 进行单体应用开发时会采用 Spring Initializr 创建 Spring Boot 项目结构，通过前面的描述，可以将其理解为是一个工具，可以构建 Spring Boot 项目结构，并且当使用 Spring Initializr 构建时可以选择 Spring Boot 的版本，同时还可以选择构建的项目是基于 Maven 或者 Gradle。

2．Spring Initializr 的常用用法

关于 Spring Initializr 的用法主要有三种方式：通过 Web 界面使用、通过集成开发工具

如 IntelliJ IDEA 使用以及通过 Spring Boot CLI 使用。这三种方式中的通过 Web 界面及集成开发工具使用都由可视化界面来操作，而通过 Spring Boot CLI 使用更适合于习惯命令行操作的开发人员，不过通过 Web 界面使用以及通过 Spring Boot CLI 使用还需要将生成的项目再导入集成开发工具中，接下来介绍使用 Spring Initializr 的三种用法。

（1）通过 Web 界面使用

通过 https://start.spring.io/进行使用时，访问该地址会出现如图 2-4 所示的界面。

图 2-4　start.spring.io 图

只需选择好、填写好相关项目信息及依赖后，单击 GENERATE 按钮，下载一个 zip 文件，该文件包含生成的 Spring Boot 项目结构。

比如，选择的是基于 Maven 的项目，即可看到以下结构：

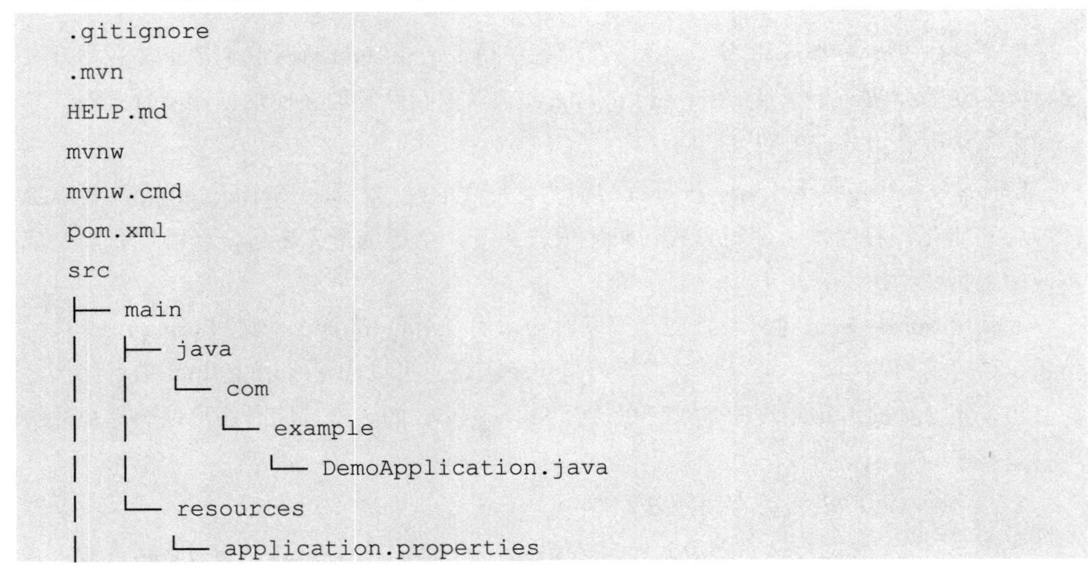

```
.gitignore
.mvn
HELP.md
mvnw
mvnw.cmd
pom.xml
src
├── main
│   ├── java
│   │   └── com
│   │       └── example
│   │           └── DemoApplication.java
│   └── resources
│       └── application.properties
│
```

```
└── test
    └── java
        └── com
            └── example
                └── DemoApplicationTests.java
```

当然，也可以通过使用 cURL 在 shell 中生成，比如基于 Spring Boot 2.3.9.RELEASE 版本生成一个 demo-project，该项目使用 web 和 devtools 依赖，生成命令如下：

```
$ curl https://start.spring.io/starter.zip \
        -d dependencies=web,devtools \
        -d bootVersion=2.3.9.RELEASE -o demo-project.zip
```

（2）通过集成开发工具 IntelliJ IDEA 使用

当使用 IntelliJ IDEA 新建项目时，即可选择使用 Spring Initializr，如图 2-5 所示。

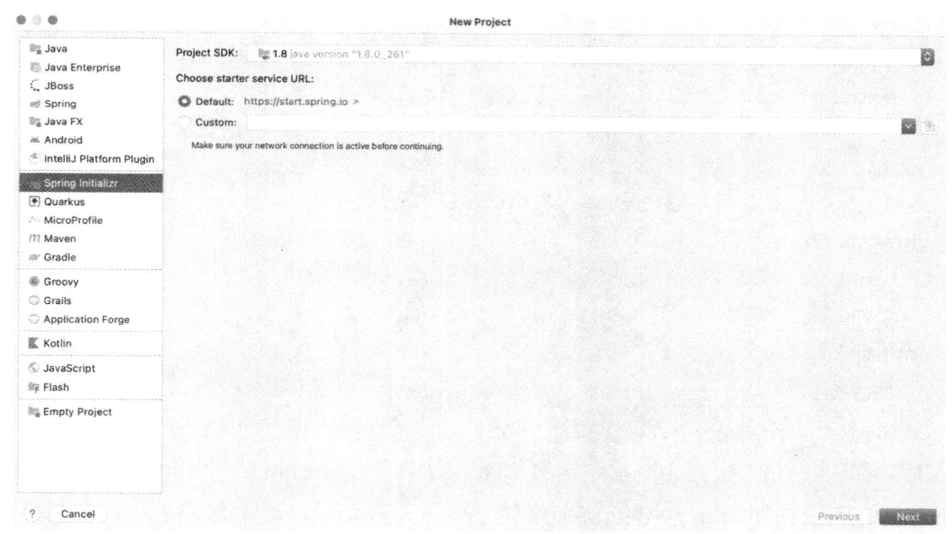

图 2-5　IntelliJ IDEA 使用

只需单击 Next 按钮选择和填写好相关项目信息及依赖，最后会自动生成一个 Spring Boot 项目结构。

（3）通过 Spring Boot CLI 使用

Spring Boot CLI 是一个命令行工具，使用 Spring Boot CLI 时需要先安装 Spring Boot CLI，安装的方法有多种，比如，直接从 Spring 的软件仓库中（https://repo.spring.io/release/org/springframework/boot/spring-boot-cli/2.3.9.RELEASE/spring-boot-cli-2.3.9.RELEASE-bin.zip）下载二进制压缩包，或者使用 SDKMAN!（软件开发工具管理器）通过命令行工具来安装，如果使用的是 Mac OS 还可以通过 Homebrew 来安装。

这里以使用直接下载二进制压缩包为例，下载压缩包完毕，解压缩后可以看到如下内容：

```
[root@vm225 test]# ls
spring-boot-cli-2.3.9.RELEASE-bin.zip
[root@vm225 test]# unzip spring-boot-cli-2.3.9.RELEASE-bin.zip
Archive:  spring-boot-cli-2.3.9.RELEASE-bin.zip
   creating: spring-2.3.9.RELEASE/
   creating: spring-2.3.9.RELEASE/lib/
  inflating: spring-2.3.9.RELEASE/lib/spring-boot-cli-2.3.9.RELEASE.jar
  inflating: spring-2.3.9.RELEASE/INSTALL.txt
   creating: spring-2.3.9.RELEASE/bin/
  inflating: spring-2.3.9.RELEASE/bin/spring.bat
   creating: spring-2.3.9.RELEASE/shell-completion/
   creating: spring-2.3.9.RELEASE/shell-completion/bash/
  inflating: spring-2.3.9.RELEASE/shell-completion/bash/spring
   creating: spring-2.3.9.RELEASE/shell-completion/zsh/
  inflating: spring-2.3.9.RELEASE/shell-completion/zsh/_spring
   creating: spring-2.3.9.RELEASE/legal/
  inflating: spring-2.3.9.RELEASE/legal/open_source_licenses.txt
  inflating: spring-2.3.9.RELEASE/LICENCE.txt
  inflating: spring-2.3.9.RELEASE/bin/spring
[root@vm225 test]# ls
spring-2.3.9.RELEASE  spring-boot-cli-2.3.9.RELEASE-bin.zip
[root@vm225 test]# cd spring-2.3.9.RELEASE/
[root@vm225 spring-2.3.9.RELEASE]# ls
bin  INSTALL.txt  legal  lib  LICENCE.txt  shell-completion
[root@vm225 spring-2.3.9.RELEASE]#
```

之后，可以根据使用的操作系统选择到 bin 目录使用 spring 或者 spring.bat 使用 Spring Initializr，如生成使用 web 和 devtools 依赖的 demo-project，示例如下：

```
[root@vm225 bin]# ./spring init --dependencies=web,devtools demo-project
Using service at https://start.spring.io
Project extracted to '/xxx/test/spring-2.3.9.RELEASE/bin/demo-project'
[root@vm225 bin]#
```

关于 Spring Initializr 的常用用法就介绍这几种，在日常工作中使用 Spring Initializr 一般通过 Web 界面或集成开发工具 IntelliJ IDEA 较多，通过 Spring Boot CLI 较少。

在介绍完这些基本的理论知识后，接下来开始进行单体应用的开发。

2.4 项目开发——微商城搭建实践

关于微商城项目的开发，首先需要构建 Spring Boot 项目结构，这样有了基本的项目结构后便于后期的开发，使用前面介绍的 Spring Initializr 构建项目结构。

2.4.1　使用 Spring Initializr 初始化项目

在 2.3.5 小节中介绍了 Spring Initializr 的几种常用用法，在示例项目中，将直接通过 IntelliJ IDEA 使用 Spring Initializr 初始化项目，如图 2-6 所示。

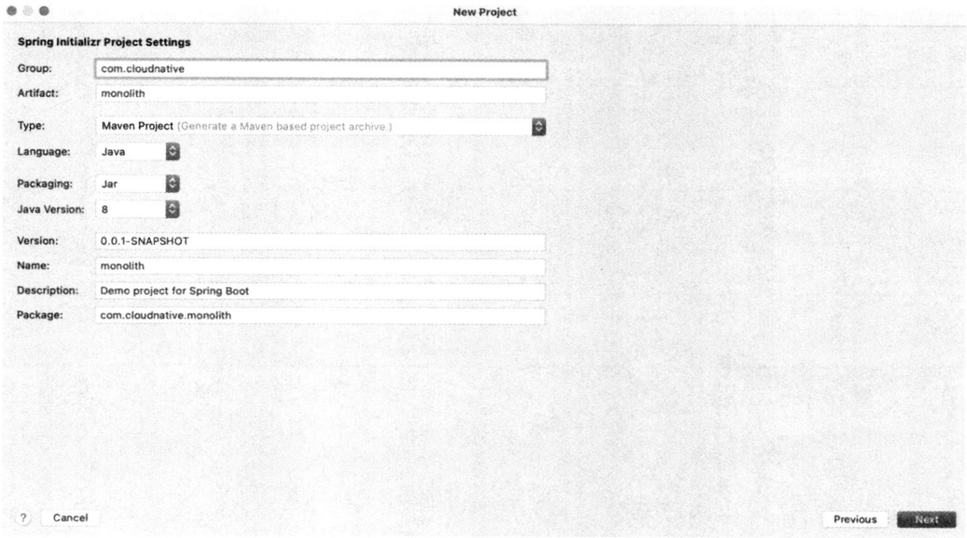

图 2-6　初始化项目

之后，在初始化 Spring Boot 项目时选择相应的依赖，如图 2-7 所示。

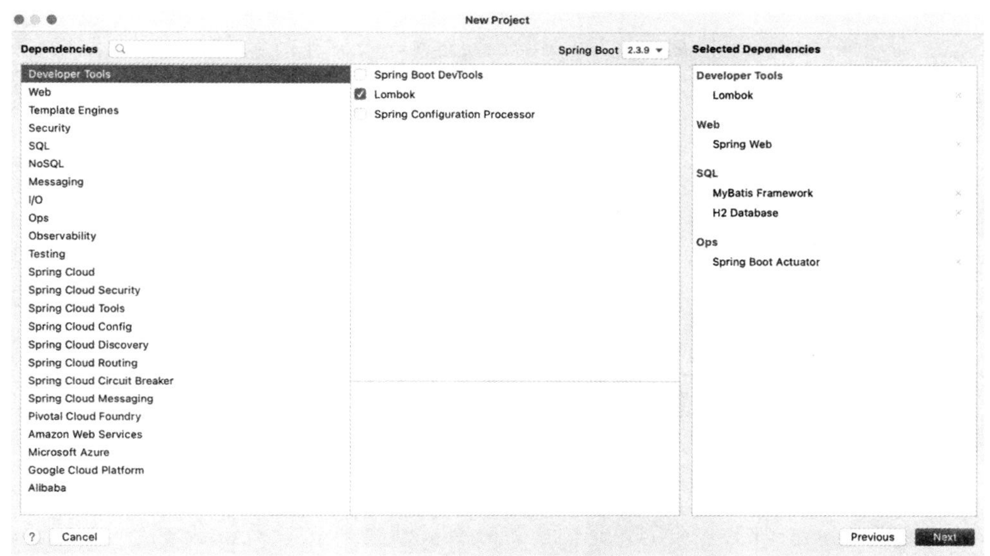

图 2-7　选择相关依赖

接下来，我们介绍添加的各个依赖分别是什么，如表 2-4 所示。

表 2-4　各个依赖的名称及描述

名　　称	描　　述
Lombok	Lombok 是一个可以通过简单的注解形式简化消除一些必须有但显得很臃肿的 Java 代码的工具，比如 POJO 的 getter、setter 方法，可以通过@Getter、@Setter 注解来消除
Spring Web	Spring Web 是使用 Spring MVC 构建 Web 应用程序的，默认使用 tomcat 作为默认的嵌入式容器
MyBatis Framework	MyBatis Framework 是一个基于 Java 的持久层框架，该框架支持定制化 SQL、存储过程以及高级映射，可以使用简单的 XML 或注解配置和映射原生信息，将接口和 Java 中的 POJO 映射成数据库中的记录
H2 Database	H2 Database 是一个用 Java 开发的开源的短小精干的嵌入式数据库引擎，可以提供 JDBC、ODBC 访问接口以及基于浏览器的控制台管理程序，在本例中将其用作内存数据库
Spring Boot Actuator	Spring Boot Actuator 可以管理和监控应用程序，比如可以对应用程序进行健康检查、查看应用信息等

在选择好相应的依赖后，下一步定义好项目名称及项目路径后就可以生成项目结构，接下来对项目进行分层设计，然后根据分层实现对应的开发。

2.4.2　项目分层——持久层

关于项目的分层设计，采用常见的符合高内聚。低耦合思想的三层架构，将项目分为控制层、业务逻辑层和持久层。

在前面的章节中已经整理好了项目的类图，根据类图可以思路清晰地创建好相关实体类，进而快速完成整个持久层，所以开发首先从持久层开始，在进行持久层的开发设计前，回顾之前的类图，从之前的类图中，可以知道需要创建表 2-5 所示的实体类。

表 2-5　实体类名称及说明

类 名 称	说　　明	类 名 称	说　　明
User	用户	OrderItem	订单详情
Address	地址	Product	商品
Cart	购物车	Category	商品分类
Order	订单	Review	评论

下面我们看一下实体的实现步骤。

（1）公共属性提取

在设计实体类的过程中，可以把一些公共的属性提取出来，比如 id（主键）、create_time（创建时间）、update_time（更新时间），将这些公共属性建立在 AbstractEntity 中，其他的实体类继承 AbstractEntity；AbstractEntity 代码示例如下：

```
@Data
```

```
public abstract class AbstractEntity implements Serializable {

    private static final long serialVersionUID = 1L;

    /**
     * 主键 ID
     */
    private String id;

    /**
     * 创建时间
     */
    @JsonFormat(pattern = "yyyy-MM-dd HH:mm:ss", timezone = "GMT+8")
    private Date createTime;

    /**
     * 更新时间
     */
    @JsonFormat(pattern = "yyyy-MM-dd HH:mm:ss", timezone = "GMT+8")
    private Date updateTime;

}
```

AbstractEntity 代码示例说明如下：

- @Data 注解主要是提供类的 get、set、equals、hashCode、canEqual、toString 方法；
- @JsonFormat 注解是时间格式化的注解，其中 pattern 表示需要转换的日期格式，timezone 默认是格林尼治标准时间，示例中设置为东八区，避免时间转换时出现时区问题。

（2）用户实体类（User）的创建

创建用户的实体类，User 代码示例如下：

```
@Getter
@Setter
@NoArgsConstructor
@AllArgsConstructor
public class User extends AbstractEntity{

    /**
     * 用户名称
     */
```

```
    private String userName;

    /**
     * 用户密码
     */
    private String password;

}
```

User 代码示例说明如下：

- @Getter、@Setter 注解表示自动生成默认的 getter、setter 方法，在类上使用则表示所有字段都生成 getter、setter 方法；
- @NoArgsConstructor 注解表示自动生成一个无参的构造方法；
- @AllArgsConstructor 注解表示自动生成一个全参的构造方法。

创建完用户的实体类后，然后将用户的 dao 及 mapper.xml 创建完成，其中 dao 代码示例如下：

```
@Mapper
public interface UserMapper {

    /**
     * 新增用户，用于用户注册
     * @param user
     * @return
     */
    int insert(User user);

    /**
     * 查询条件查询用户信息，用于用户登录校验及获取用户信息
     * @param user
     * @return
     */
    User filter(User user);

    /**
     * 修改用户信息
     * @param user
     * @return
     */
    int update(User user);
```

```
    /**
     * 通过用户 ID 删除用户
     * @param userId
     * @return
     */
    int deleteById(String userId);

}
```

对应 dao 的 mapper.xml 代码示例如下：

```
<sql id="Base_Column_List">
    id, user_name, password, create_time, update_time
</sql>

<insert id="insert"parameterType="com.cloudnative.monolith.mall.entity.
User">
    insert into 'user'
    <trim prefix="(" suffix=")" suffixOverrides=",">
        <if test="id != null">
            id,
        </if>
        <if test="userName != null">
            user_name,
        </if>
        <if test="password != null">
            password,
        </if>
        <if test="createTime != null">
            create_time,
        </if>
        <if test="updateTime != null">
            updateTime,
        </if>
    </trim>
    <trim prefix="values (" suffix=")" suffixOverrides=",">
        <if test="id != null">
            #{id},
        </if>
        <if test="userName != null">
```

```
            #{userName},
        </if>
        <if test="password != null">
            #{password},
        </if>
        <if test="createTime != null">
            #{createTime},
        </if>
        <if test="updateTime != null">
            #{updateTime},
        </if>
    </trim>
</insert>

<select id="filter"parameterType="com.cloudnative.monolith.mall.entity.
User" resultType="com.cloudnative.monolith.mall.entity.User">
    select
    <include refid="Base_Column_List"/>
    from 'user'
    <where>
        <if test="userName != null and userName != ''">
            and user_name = #{userName}
        </if>
        <if test="password != null and password != ''">
            and password = #{password}
        </if>
        <if test="id != null and id != ''">
            and id = #{id}
        </if>
    </where>
</select>

<update                                                    id="update"
parameterType="com.cloudnative.monolith.mall.entity.User">
    update `user`
    <set>
        <if test="userName != null">
            user_name = #{userName},
        </if>
```

```
        <if test="password != null">
            password = #{password},
        </if>
        <if test="updateTime != null">
            update_time = #{updateTime},
        </if>
    </set>
    where id = #{id}
</update>

<delete id="deleteById" parameterType="string">
    delete from `user`
    where id = #{id}
</delete>
```

至此，用户的持久层创建完毕。

（3）地址实体类（Address）的创建

创建地址的实体类，Address 代码示例如下：

```
@Getter
@Setter
@NoArgsConstructor
@AllArgsConstructor
public class Address extends AbstractEntity{

    /**
     * 用户 ID
     */
    private String userId;

    /**
     * 收货人姓名
     */
    private String receiverName;

    /**
     * 收货人手机号
     */
    private String receiverPhone;
```

```
    /**
     * 详细地址
     */
    private String detail;

    /**
     * 是否为默认地址 0 不是 1 是
     */
    private Integer isDefault;

}
```

创建完地址的实体类后，还需要将地址的 dao 及 mapper.xml 创建完成，由于地址对应的 dao 及 mapper.xml 代码与用户的 dao 及 mapper.xml 代码类似，这里不再赘述，具体可以参考随书提供的源代码。

（4）购物车实体类（Cart）的创建

创建购物车的实体类，Cart 代码示例如下：

```
@Getter
@Setter
@NoArgsConstructor
@AllArgsConstructor
public class Cart extends AbstractEntity{

    /**
     * 用户 ID
     */
    private String userId;

    /**
     * 商品 ID
     */
    private String productId;

    /**
     * 数量
     */
    private Long quantity;

}
```

创建完购物车的实体类后，还需要将购物车的 dao 及 mapper.xml 创建完成，由于购物车对应的 dao 及 mapper.xml 代码与用户的 dao 及 mapper.xml 代码类似，这里不再赘述，具体可以参考随书提供的源代码。

（5）订单实体类（Order）的创建

创建订单的实体类，Order 代码示例如下：

```
@Getter
@Setter
@NoArgsConstructor
@AllArgsConstructor
public class Order extends AbstractEntity{

    /**
     * 用户 ID
     */
    private String userId;

    /**
     * 地址 ID
     */
    private String addressId;

    /**
     * 订单状态
     */
    private Integer status;

    /**
     * 订单总价
     */
    private BigDecimal totalPrice;

    /**
     * 支付状态
     */
    private Integer paymentStatus;

    /**
     * 支付时间
```

```
    */
    private Date paymentTime;

}
```

创建完订单的实体类后，再创建一个订单关联的订单状态枚举类以及订单支付状态枚举类，其中订单状态枚举类代码示例如下：

```
@Getter
@AllArgsConstructor
public enum OrderStatus {

    AWAITING_PAYMENT(0, "待支付"),
    PENDING(1, "已支付，待处理"),
    SHIPPED(2, "已发货"),
    ARRIVED(3, "已送达"),
    CANCELED(-1, "取消订单");

    private int status;

    private String name;

}
```

订单支付状态枚举类代码示例如下：

```
@Getter
@AllArgsConstructor
public enum PaymentStatus {

    AWAITING_PAYMENT(0, "待支付"),
    PAID(1, "已支付"),
    CANCELED(-1, "取消支付");

    private int status;

    private String name;
}
```

创建完订单的实体类、订单关联的订单状态枚举类以及订单支付状态枚举类后，还需要将订单的 dao 及 mapper.xml 创建完成，由于订单对应的 dao 及 mapper.xml 代码与用户的 dao 及 mapper.xml 代码类似，这里不再赘述，具体可以参考随书提供的源代码。

（6）订单详情实体类（OrderItem）的创建

创建订单详情的实体类，OrderItem 代码示例如下：

```
@Getter
@Setter
@NoArgsConstructor
@AllArgsConstructor
public class OrderItem extends AbstractEntity{

    /**
     * 订单 ID
     */
    private String orderId;

    /**
     * 商品 ID
     */
    private String productId;

    /**
     * 数量
     */
    private Long quantity;

}
```

创建完订单详情的实体类后，还需要将订单详情的 dao 及 mapper.xml 创建完成，由于订单详情对应的 dao 及 mapper.xml 代码与用户的 dao 及 mapper.xml 代码类似，这里不再赘述，具体可以参考随书提供的源代码。

（7）商品实体类（Product）的创建

创建商品的实体类，Product 代码示例如下：

```
@Getter
@Setter
@NoArgsConstructor
@AllArgsConstructor
public class Product extends AbstractEntity{

    /**
     * 分类 ID
```

```
     */
    private String categoryId;

    /**
     * 商品名称
     */
    private String productName;

    /**
     * 商品描述
     */
    private String description;

    /**
     * 商品详情
     */
    private String detail;

    /**
     * 商品价格
     */
    private BigDecimal price;

    /**
     * 库存数量
     */
    private Long stockCount;

}
```

创建完商品的实体类后，还需要将商品的 dao 及 mapper.xml 创建完成，由于商品对应的 dao 及 mapper.xml 代码与用户的 dao 及 mapper.xml 代码类似，这里不再赘述，具体可以参考随书提供的源代码。

（8）商品分类实体类（Category）的创建

创建商品分类的实体类，Category 代码示例如下：

```
@Getter
@Setter
@NoArgsConstructor
@AllArgsConstructor
```

```
public class Category extends AbstractEntity {

    /**
     * 分类名称
     */
    private String categoryName;

}
```

创建完商品分类的实体类后，还需要将商品分类的 dao 及 mapper.xml 创建完成，由于商品分类对应的 dao 及 mapper.xml 代码与用户的 dao 及 mapper.xml 代码类似，这里不再赘述，具体可以参考随书提供的源代码。

（9）评论实体类（Review）的创建

创建评论的实体类，Review 代码示例如下：

```
@Getter
@Setter
@NoArgsConstructor
@AllArgsConstructor
public class Review extends AbstractEntity{

    /**
     * 商品 ID
     */
    private String productId;

    /**
     * 用户 ID
     */
    private String userId;

    /**
     * 评论内容
     */
    private String content;

}
```

创建完评论的实体类后，还需要将评论的 dao 及 mapper.xml 创建完成，由于评论对应的 dao 及 mapper.xml 代码与用户的 dao 及 mapper.xml 代码类似，这里不再赘述，具体可以参考随书提供的源代码。

至此，持久层全部创建完毕了，接下来需要完成我们的业务层。

2.4.3 项目分层——业务逻辑层

业务逻辑层主要用来封装业务，业务逻辑层介于持久层与控制层之间。在这个项目中业务会一切从简，所以业务逻辑层不会复杂。

（1）创建用户的业务层

在创建用户的 Service 前，先定义一个用户的数据传输对象，定义这个数据传输对象的原因在于不希望前端页面直接引用实体类，通过定义的数据传输对象实现前端页面与实体类之间进行解耦。

接下来，我们先看下用户的数据传输对象，UserDto 代码示例如下：

```
@Data
@AllArgsConstructor
@NoArgsConstructor
public class UserDto {

    /**
     * 用户名称
     */
    private String userName;

    /**
     * 用户密码
     */
    private String password;

}
```

创建完用户的数据传输对象后，接着完成用户的 Service，用户的 Service 代码示例如下：

```
@Service
public class UserService {

    @Autowired
    private UserMapper userMapper;

    /**
     * 用户注册，成功返回 true，失败返回 false
     * @param userDto
```

```
 * @return
 */
public boolean register(UserDto userDto) {
    //未被使用的用户名才能注册成功
    User user = new User();
    user.setUserName(userDto.getUserName());
    if (userMapper.filter(user) == null) {
        BeanUtils.copyProperties(userDto, user);
        user.setId(UUID.randomUUID().toString());
        userMapper.insert(user);
        return true;
    }
    return false;
}

/**
 * 用户登录，校验登录名、密码，正确返回 token，错误返回 null
 * @param userDto
 * @return
 */
public String login(UserDto userDto) {
    User userFilter = new User();
    BeanUtils.copyProperties(userDto, userFilter);
    User user = userMapper.filter(userFilter);
    if (user != null) {
        return JwtUtils.generateToken(user.getId());
    }
    return null;
}

/**
 * 根据用户 ID 获取用户信息
 * @param userId
 * @return
 */
public UserDto findById(String userId) {
    User userFilter = new User();
    userFilter.setId(userId);
    User user = userMapper.filter(userFilter);
```

```
        if (user != null) {
            return new UserDto(user.getUserName(), user.getPassword());
        }
        return null;
    }

    /**
     * 修改用户信息
     * @param userDto
     * @param userId
     * @return
     */
    public Boolean update(UserDto userDto, String userId) {
        User user = new User();
        BeanUtils.copyProperties(userDto, user);
        user.setId(userId);
        user.setUpdateTime(new Date());
        return userMapper.update(user) > 0;
    }

    /**
     * 删除用户
     * @param userId
     * @return
     */
    public Boolean delete(String userId) {
        return userMapper.deleteById(userId) > 0;
    }

}
```

在用户的业务中包含用户登录的业务，而用户登录定义返回的是一个 token，所以要新建一个简易的 jwt 工具类，用来处理生成及解析 token，JwtUtils 代码示例如下：

```
public class JwtUtils {

    private static String secret = "CnYTeFUZcQZ0$wWAY_6wY";

    public static String generateToken(String userId) {
        Map<String, Object> claims = new HashMap<>();
```

```
        claims.put("userId", userId);
        String token = Jwts.builder()
                .setClaims(claims)
                .setExpiration(Date.from(ZonedDateTime.now().plusHours(24
).toInstant()))
                .signWith(SignatureAlgorithm.HS512, secret)
                .compact();
        return token;
    }

    public static Claims getClaims(String token) {
        try {
            return Jwts.parser()
                    .setSigningKey(secret)
                    .parseClaimsJws(token)
                    .getBody();
        } catch (Exception e) {
            return null;
        }
    }

    public static String getUserId(String token) {
        Claims claims = getClaims(token);
        return (claims == null) ? null : String.valueOf(claims.get("userI
d"));
    }

}
```

在新建 jwt 工具类时还需要在 pom.xml 中添加 jwt 的相关依赖。

jwt 依赖示例如下：

```
<dependency>
    <groupId>io.jsonwebtoken</groupId>
    <artifactId>jjwt</artifactId>
    <version>0.9.1</version>
</dependency>
```

至此，用户的业务逻辑层创建完成。

（2）创建地址的业务逻辑层

创建地址的业务逻辑层要首先定义地址的数据传输对象，AddressDto 代码示例如下：

```
@Data
@AllArgsConstructor
@NoArgsConstructor
public class AddressDto {

    /**
     * 地址 ID
     */
    private String id;
    /**
     * 收货人姓名
     */
    private String receiverName;

    /**
     * 收货人手机号
     */
    private String receiverPhone;

    /**
     * 详细地址
     */
    private String detail;

    /**
     * 是否为默认地址 0 不是 1 是
     */
    private Integer isDefault;

}
```

创建完地址的数据传输对象后，还需要完成地址的 Service，地址的 Service 主要是围绕添加、修改、删除地址以及根据用户 ID、地址 ID 获取地址信息展开，这里不再赘述，具体可以参考随书提供的源代码。

（3）创建评论的业务逻辑层

创建评论的业务逻辑层要首先定义评论的数据传输对象，ReviewDto 代码示例如下：

```
@Data
@AllArgsConstructor
@NoArgsConstructor
```

```
public class ReviewDto {

    /**
     * 评论 ID
     */
    private String id;

    /**
     * 商品 ID
     */
    private String productId;

    /**
     * 评论内容
     */
    private String content;

}
```

创建完评论的数据传输对象后，还需要完成评论的 Service，评论的 Service 主要围绕添加、删除、查看评论展开，这里不再赘述，具体可以参考随书提供的源代码。

（4）创建商品分类的业务逻辑层

创建商品分类的业务逻辑层要首先定义商品分类的数据传输对象，CategoryDto 代码示例如下：

```
@Data
@AllArgsConstructor
@NoArgsConstructor
public class CategoryDto {

    /**
     * 分类 ID
     */
    private String id;

    /**
     * 分类名称
     */
    private String categoryName;
```

```
}
```

创建完商品分类的数据传输对象后，还需要完成商品分类的 Service，商品分类的 service 主要围绕添加、修改、删除商品分类以及获取指定商品分类信息展开，这里不再赘述，具体可以参考随书提供的源代码。

（5）创建商品的业务逻辑层

创建商品的业务逻辑层要首先定义商品的数据传输对象，ProductDto 代码示例如下：

```
@Data
@AllArgsConstructor
@NoArgsConstructor
public class ProductDto {

    /**
     * 商品 ID
     */
    private String id;

    /**
     * 分类 ID
     */
    private String categoryId;

    /**
     * 商品名称
     */
    private String productName;

    /**
     * 分类名称
     */
    private String categoryName;

    /**
     * 商品描述
     */
    private String description;

    /**
     * 商品详情
```

```
     */
    private String detail;

    /**
     * 商品价格
     */
    private BigDecimal price;

    /**
     * 库存数量
     */
    private Long stockCount;

    /**
     * 评论列表
     */
    private List<ReviewDto> reviewDtoList;

}
```

创建完商品的数据传输对象后，还需要完成商品的 Service，商品的 Service 主要围绕新增、查看、修改、删除商品以及搜索商品展开，这里不再赘述，具体可以参考随书提供的源代码。

（6）创建订单的业务逻辑层

创建订单的业务逻辑层要首先定义订单详情与订单的数据传输对象，其中，订单详情的数据传输对象 OrderItemDto 代码示例如下：

```
@Data
@AllArgsConstructor
@NoArgsConstructor
public class OrderItemDto {

    /**
     * 订单详情 ID
     */
    private String id;

    /**
     * 商品 ID
     */
```

```
    private String productId;

    /**
     * 商品名称
     */
    private String productName;

    /**
     * 商品价格
     */
    private BigDecimal price;

    /**
     * 商品数量
     */
    private Long quantity;

}
```

订单的数据传输对象 OrderDto 代码示例如下：

```
@Data
@AllArgsConstructor
@NoArgsConstructor
public class OrderDto {

    /**
     * 订单 ID
     */
    private String id;

    /**
     * 地址 ID
     */
    private String addressId;

    /**
     * 地址信息
     */
    private AddressDto addressDto;
```

```
    /**
     * 订单状态
     */
    private Integer status;

    /**
     * 订单总价
     */
    private BigDecimal totalPrice;

    /**
     * 支付状态
     */
    private Integer paymentStatus;

    /**
     * 支付时间
     */
    private Date paymentTime;

    /**
     * 订单项列表
     */
    private List<OrderItemDto> orderItemDtoList;
}
```

创建完订单详情与订单的数据传输对象后，还需要完成订单的 Service，订单的 Service 主要围绕生成订单、查看订单列表、获取指定订单信息、取消订单、订单支付、确认收货展开，这里不再赘述，具体可以参考随书提供的源代码。

（7）创建购物车的业务逻辑层

创建购物车的业务逻辑层要首先定义购物车的数据传输对象，CartDto 代码示例如下：

```
@Data
@AllArgsConstructor
@NoArgsConstructor
public class CartDto {

    /**
     * 购物项 id
```

```
     */
    private String id;

    /**
     * 商品ID
     */
    private String productId;

    /**
     * 数量
     */
    private Long quantity;

    /**
     * 商品名称
     */
    private String productName;

    /**
     * 商品价格
     */
    private BigDecimal price;

}
```

创建完购物车的数据传输对象后，还需要完成购物车的Service，购物车的Service主要是围绕添加商品到购物车、查看购物车列表、获取指定购物项、修改购物项数据、删除购物项展开，这里不再赘述，具体可以参考随书提供的源码。

在购物车的业务逻辑层创建完成后，项目的业务逻辑层就全部创建完成了，接下来需要完成控制层。

2.4.4 项目分层——控制层

接下来创建控制层。控制层主要是对外暴露接口，以便于Web页面、APP客户端等的访问，在项目中通过RestController注解可以很方便地创建Rest服务，这样就可以对外提供HTTP标准接口服务了。

（1）创建用户的控制层

创建用户的controller，UserController代码示例如下：

```
@RestController
```

```
@RequestMapping("/api/user")
public class UserController {

    private static final Logger logger = LoggerFactory.getLogger(User
Controller.class);

    @Resource
    private UserService userService;

    /**
     * 用户注册，成功返回true，失败返回false
     * @param userDto
     * @return
     */
    @PostMapping("/register")
    public boolean register(@RequestBody UserDto userDto) {
        logger.debug("用户注册请求参数,userDto:{}", userDto);
        return userService.register(userDto);
    }

    /**
     * 用户登录，正确返回token，错误返回null
     * @param userDto
     * @return
     */
    @PostMapping("/login")
    public String login(@RequestBody UserDto userDto) {
        logger.debug("用户登录请求参数,userDto:{}", userDto);
        return userService.login(userDto);
    }

    /**
     * 获取用户信息
     * @param token
     * @return
     */
    @GetMapping("/info")
    public UserDto info(@RequestHeader String token) {
        logger.debug("获取用户信息请求参数,token:{}", token);
```

```
        return userService.findById(JwtUtils.getUserId(token));
    }

    /**
     * 修改用户信息
     * @param userDto
     * @param token
     * @return
     */
    @PutMapping("/update")
    public Boolean update(@RequestBody UserDto userDto, @RequestHeader
String token) {
        logger.debug("修改用户信息请求参数,userDto:{}, token:{}", userDto,
token);
        return userService.update(userDto, JwtUtils.getUserId(token));
    }

    /**
     * 删除用户
     * @param token
     * @return
     */
    @DeleteMapping("/delete")
    public Boolean delete(@RequestHeader String token) {
        logger.debug("删除用户信息请求参数,token:{}", token);
        return userService.delete(JwtUtils.getUserId(token));
    }

}
```

至此，用户的控制层创建完成。

（2）创建地址的控制层

创建地址的 controller，AddressController 代码示例如下：

```
@RestController
@RequestMapping("/api/address")
public class AddressController {

    private static final Logger logger = LoggerFactory.getLogger(Address
Controller.class);
```

```
    @Resource
    private AddressService adressService;

    /**
     * 添加地址
     * @param addressDto
     * @param token
     * @return
     */
    @PostMapping("/add")
    public Boolean add(@RequestBody AddressDto addressDto, @RequestHeader
String token) {
        logger.debug("添加地址请求参数,addressDto:{}, token:{}", addressDto,
token);
        return  adressService.saveAddress(addressDto,  JwtUtils.getUserId
(token));
    }

    /**
     * 查看收货地址列表
     * @param token
     * @return
     */
    @GetMapping("/list")
    public List<AddressDto> list(@RequestHeader String token) {
        logger.debug("查看收货地址列表,token:{}", token);
        return adressService.listAddresses(JwtUtils.getUserId(token));
    }

    /**
     * 获取指定收货地址信息
     * @param addressId
     * @return
     */
    @GetMapping("/detail/{addressId}")
    public AddressDto detail(@PathVariable("addressId") String addressId) {
        logger.debug("获取指定收货地址信息请求参数,addressId:{}", addressId);
        return adressService.getAddressById(addressId);
    }
```

```
    /**
     * 获取默认收货地址
     * @param token
     * @return
     */
    @GetMapping("/default")
    public AddressDto getDefaultAddress(@RequestHeader String token) {
        logger.debug("获取默认收货地址请求参数,token:{}", token);
        return
adressService.getDefaultAddress(JwtUtils.getUserId(token));
    }

    /**
     * 修改收货地址信息
     * @param addressDto
     * @return
     */
    @PutMapping("/update")
    public Boolean update(@RequestBody AddressDto addressDto) {
        logger.debug("修改收货地址信息请求参数,addressDto:{}", addressDto);
        return adressService.updateAddress(addressDto);
    }

    /**
     * 删除收货地址
     * @param addressId
     * @return
     */
    @DeleteMapping("/delete/{addressId}")
    public Boolean delete(@PathVariable("addressId") String addressId) {
        logger.debug("删除收货地址请求参数,addressId:{}", addressId);
        return adressService.deleteAddress(addressId);
    }

}
```

至此，地址的控制层创建完成。

（3）创建购物层的控制层

创建购物车的 controller，CartController 代码示例如下：

```
@RestController
@RequestMapping("/api/cart")
public class CartController {

    private static final Logger logger = LoggerFactory.getLogger(CartCont
roller.class);

    @Resource
    private CartService cartService;

    /**
     * 添加商品到购物车
     * @param cartDto
     * @param token
     * @return
     */
    @PostMapping("/add")
    public Boolean add(@RequestBody CartDto cartDto, @RequestHeader String
token) {
        logger.debug("添加商品到购物车请求参数,cartDto:{}, token:{}", cartDto,
token);
        return cartService.saveCart(cartDto, JwtUtils.getUserId(token));
    }

    /**
     * 查看购物车列表
     * @param token
     * @return
     */
    @GetMapping("/list")
    public List<CartDto> list(@RequestHeader String token) {
        logger.debug("查看购物车列表请求参数,token:{}", token);
        return cartService.list(JwtUtils.getUserId(token));
    }

    /**
     * 获取指定购物项
```

```
     * @param cartId
     * @return
     */
    @GetMapping("/detail/{cartId}")
    public CartDto detail(@PathVariable("cartId") String cartId) {
        logger.debug("获取指定购物项请求参数,cartId:{}", cartId);
        return cartService.getCartById(cartId);
    }

    /**
     * 修改购物项数据
     * @param cartDto
     * @return
     */
    @PutMapping("/update")
    public Boolean update(@RequestBody CartDto cartDto) {
        logger.debug("修改购物项数据请求参数,cartDto:{}", cartDto);
        return cartService.update(cartDto);
    }

    /**
     * 删除购物项
     * @param cartId
     * @return
     */
    @DeleteMapping("/delete/{cartId}")
    public Boolean delete(@PathVariable("cartId") String cartId) {
        logger.debug("删除购物项请求参数,cartId:{}", cartId);
        return cartService.delete(cartId);
    }
}
```

至此，购物车的控制层创建完成。

（4）创建订单的控制层

创建订单的 controller，OrderController 代码示例如下：

```
@RestController
@RequestMapping("/api/order")
public class OrderController {
```

```
    private static final Logger logger = LoggerFactory.getLogger(Cate
goryController.class);

    @Resource
    private OrderService orderService;

    /**
     * 生成订单
     * @param orderDto
     * @param token
     * @return
     */
    @PostMapping("/add")
    public Boolean add(@RequestBody OrderDto orderDto, @RequestHeader
String token) {
        logger.debug("生成订单请求参数,orderDto:{}, token:{}", orderDto,
token);
        returnorderService.saveOrder(orderDto,JwtUtils.getUserId(token));
    }

    /**
     * 查看订单列表
     * @param token
     * @return
     */
    @GetMapping("/list")
    public List<OrderDto> list(@RequestHeader String token) {
        logger.debug("查看订单列表请求参数,token:{}", token);
        return orderService.list(JwtUtils.getUserId(token));
    }

    /**
     * 获取指定订单信息
     * @param orderId
     * @return
     */
    @GetMapping("/detail/{orderId}")
    public OrderDto detail(@PathVariable("orderId") String orderId) {
        logger.debug("获取指定订单信息请求参数,orderId:{}", orderId);
```

```
        return orderService.getOrderById(orderId);
    }

    /**
     * 取消订单
     * @param orderId
     * @return
     */
    @PutMapping("/cancel/{orderId}")
    public Boolean cancel(@PathVariable("orderId") String orderId) {
        logger.debug("取消订单请求参数,orderId:{}", orderId);
        return orderService.cancel(orderId);
    }

    /**
     * 订单支付
     * @param orderId
     * @return
     */
    @PutMapping("/pay/{orderId}")
    public Boolean pay(@PathVariable("orderId") String orderId) {
        logger.debug("订单支付请求参数,orderDto:{}", orderId);
        return orderService.pay(orderId);
    }

    /**
     * 确认收货
     * @param orderId
     * @return
     */
    @PutMapping("/arrived/{orderId}")
    public Boolean arrived(@PathVariable("orderId") String orderId) {
        logger.debug("确认收货请求参数,orderDto:{}", orderId);
        return orderService.arrived(orderId);
    }

}
```

至此，订单的控制层创建完成。

（5）创建商品的控制层

创建商品的 controller，ProductController 代码示例如下：

```
@RestController
@RequestMapping("/api/product")
public class ProductController {

    private static final Logger logger = LoggerFactory.getLogger(Product
Controller.class);

    @Resource
    private ProductService productService;

    /**
     * 新增商品
     * @param productDto
     * @return
     */
    @PostMapping("/add")
    public Boolean add(@RequestBody ProductDto productDto) {
        logger.debug("新增商品请求参数,productDto:{}", productDto);
        return productService.saveProduct(productDto);
    }

    /**
     * 搜索商品
     * @param productDto
     * @return
     */
    @GetMapping("/search")
    public List<ProductDto> search(@RequestBody ProductDto productDto) {
        logger.debug("搜索商品请求参数,productDto:{}", productDto);
        return productService.search(productDto);
    }

    /**
     * 查看指定商品
     * @param productId
     * @return
```

```
    */
    @GetMapping("/detail/{productId}")
    public ProductDto detail(@PathVariable("productId") String productId)
{
        logger.debug("查看指定商品请求参数,productId:{}", productId);
        return productService.getProductById(productId);
    }

    /**
     * 修改商品
     * @param productDto
     * @return
     */
    @PutMapping("/update")
    public Boolean update(@RequestBody ProductDto productDto) {
        logger.debug("修改商品请求参数,productDto:{}", productDto);
        return productService.update(productDto);
    }

    /**
     * 删除商品
     * @param productId
     * @return
     */
    @DeleteMapping("/delete/{productId}")
    public Boolean delete(@PathVariable("productId") String productId) {
        logger.debug("删除商品请求参数,productId:{}", productId);
        return productService.delete(productId);
    }
}
```

至此，商品的控制层创建完成。

（6）创建商品分类的控制层

创建商品分类的 controller，CategoryController 代码示例如下：

```
@RestController
@RequestMapping("/api/category")
public class CategoryController {

    private static final Logger logger = LoggerFactory.getLogger(Cate
goryController.class);
```

```
    @Resource
    private CategoryService categoryService;

    /**
     * 新增商品分类
     * @param categoryDto
     * @return
     */
    @PostMapping("/add")
    public boolean add(@RequestBody CategoryDto categoryDto) {
        logger.debug("新增商品分类请求参数,categoryDto:{}", categoryDto);
        return categoryService.saveCategory(categoryDto);
    }

    /**
     * 获取指定分类信息
     * @param categoryId
     * @return
     */
    @GetMapping("/detail/{categoryId}")
    public CategoryDto detail(@PathVariable("categoryId") String categor
yId) {
        logger.debug("获取指定分类信息请求参数,categoryId:{}", categoryId);
        return categoryService.getCategoryById(categoryId);
    }

    /**
     * 修改分类信息
     * @param categoryDto
     * @return
     */
    @PutMapping("/update")
    public Boolean update(@RequestBody CategoryDto categoryDto) {
        logger.debug("修改分类信息请求参数,categoryDto:{}", categoryDto);
        return categoryService.update(categoryDto);
    }

    /**
```

```
         * 删除分类
         * @param categoryId
         * @return
         */
        @DeleteMapping("/delete/{categoryId}")
        public Boolean delete(@PathVariable("categoryId") String categoryId)
{
            logger.debug("删除分类请求参数,categoryId:{}", categoryId);
            return categoryService.delete(categoryId);
        }

    }
```

至此，商品分类的控制层创建完成。

（7）创建评论的控制层

创建评论的 controller，ReviewController 代码示例如下：

```
    @RestController
    @RequestMapping("/api/review")
    public class ReviewController {

        private static final Logger logger = LoggerFactory.getLogger(Review
Controller.class);

        @Resource
        private ReviewService reviewService;

        /**
         * 添加评论
         * @param reviewDto
         * @param token
         * @return
         */
        @PostMapping("/add")
        public boolean add(@RequestBody ReviewDto reviewDto, @RequestHeader
String token) {
            logger.debug("添加评论请求参数,reviewDto:{}, token:{}", reviewDto,
token);
            return reviewService.saveReview(reviewDto, JwtUtils.getUserId(tok
en));
        }
```

```
    /**
     * 查看评论列表
     * @param productId
     * @return
     */
    @GetMapping("/list/{productId}")
    public  List<ReviewDto>  list(@PathVariable("productId")  String
productId) {
        logger.debug("查看评论列表请求参数,productId:{}", productId);
        return reviewService.list(productId);
    }

    /**
     * 删除评论
     * @param reviewId
     * @return
     */
    @DeleteMapping("/delete/{reviewId}")
    public Boolean delete(@PathVariable("reviewId") String reviewId) {
        logger.debug("删除评论请求参数,reviewId:{}", reviewId);
        return reviewService.delete(reviewId);
    }

}
```

至此，控制层、业务逻辑层、持久层全部创建完毕。

虽然控制层定义了用户的登录与注册，但是在目前的代码层面中用户登不登录都可以访问所有的接口，接下来还需要实现一个用户认证拦截。

2.4.5　添加用户认证拦截

在添加用户认证拦截时，采用最便捷的办法是新增一个拦截器。

首先定义一个不需要进行认证的自定义注解，主要原因是并不是所有的接口都需要进行用户认证。接下来创建一个 AuthIgnore 的自定义注解，AuthIgnore 代码示例如下：

```
@Target({ElementType.METHOD, ElementType.TYPE})
@Retention(RetentionPolicy.RUNTIME)
public @interface AuthIgnore{


}
```

AuthIgnore 的自定义注解主要的作用是在接口上使用该注解，使用该注解的接口在接受请求时会跳过用户认证，比如，可以在用户控制器中的用户登录与注册接口上使用。

在创建完自定义注解后，进行拦截器的配置，代码示例如下：

```
@Configuration
public class InterceptorConfig implements WebMvcConfigurer {
    @Override
    public void addInterceptors(InterceptorRegistry registry) {
        registry.addInterceptor(authenticationInterceptor())
                .addPathPatterns("/api/**");
    }
    @Bean
    public AuthenticationInterceptor authenticationInterceptor() {
        return new AuthenticationInterceptor();
    }
}
```

最后定义拦截器，代码示例如下：

```
public class AuthenticationInterceptor implements HandlerInterceptor {

    @Override
    public boolean preHandle(HttpServletRequest httpServletRequest,
HttpServletResponse httpServletResponse, Object object) throws Exception {
        if (!(object instanceof HandlerMethod) ||
                ((HandlerMethod)
object).getMethodAnnotation(AuthIgnore.class) != null) {
            return true;
        }
        String token = httpServletRequest.getHeader("token");
        if (token == null || JwtUtils.getClaims(token) == null) {
            throw new RuntimeException("forbidden");
        }
        return true;
    }

    @Override
    public void postHandle(HttpServletRequest httpServletRequest,
HttpServletResponse httpServletResponse, Object o, ModelAndView modelAndView)
throws Exception {

    }
```

```
    @Override
    public void afterCompletion(HttpServletRequest httpServletRequest,
HttpServletResponse httpServletResponse, Object o, Exception e) throws
Exception {

    }
}
```

至此，业务代码全部开发完成；下面我们介绍一下项目的相关配置包括配置数据库、自动生成接口文档以及配置日志，这些完成后单体应用就完成了。

2.4.6 配置 H2 数据库

在最开始初始化项目结构时就已经添加了 H2 Database 的相关依赖，并且在项目持久层创建时也准备好了持久层的相关代码，所以在数据库层面，只需添加相关的配置即可直接使用。

关于为什么选择 H2 Database，最主要的原因是希望示例的单体应用工程可以拿来即用，而不是拿来后还得搭建额外的数据库环境以及修改数据库相关环境地址。

接下来，添加 H2 Database 的相关配置，在 application.yml 中添加以下内容即可：

```
spring:
  datasource:
    url: jdbc:h2:mem:dbtest;database_to_upper=false
    username: sa
    password: sa
    driverClassName: org.h2.Driver
    platform: h2
    schema: classpath:db/schema.sql
    data: classpath:db/data.sql
  h2:
    console:
      enabled: true
      path: /h2
      settings:
        web-allow-others: false
```

该配置说明如下：

- 配置的 spring.datasource.schema 表示在每次启动程序后都会运行 resources/db/schema.sql 文件，对数据库的结构进行操作；

- 配置的 spring.datasource.data 表示在每次启动程序后都会运行 resources/db/data.sql 文件，对数据库的数据进行操作；
- 配置的 h2.console.enabled 表示启用 H2 控制台；
- 配置的 h2.console.path 表示访问 H2 控制台的 path；
- 配置的 h2.console.settings.web-allow-others 表示只能在本地访问 H2 控制台，若配置为 true，则可以远程访问 H2 控制台。

在添加完 H2 数据库的相关配置后，由于使用了 MyBatis，所以在配置数据库的同时将 MyBatis 的相关配置也配置好，在 application.yml 中添加以下内容即可：

```
mybatis:
  mapper-locations: classpath:mybatis/*.xml
  configuration:
    map-underscore-to-camel-case: true
```

该配置说明：

- mybatis.mapper-locations 表示指定 mapper.xml 的路径；
- mybatis.configuration.map-underscore-to-camel-case 表示将带有下画线的表字段映射为驼峰格式的实体类属性。

在添加完数据库相关的配置后，由于项目实际上只有后台接口，并没有前端界面，所以接口文档尤为重要。接下来，为项目自动生成接口文档，而生成接口文档采用一个比较常见的接口文档生成工具：Swagger。这个工具适合在团队协作时使用，先写出接口定义的代码和注释，然后通过自动生成的接口文档即可直接交给前端同事进行前端界面的开发与调试。

2.4.7 使用 Swagger 自动生成接口文档

Swagger 是一个功能强大且易于使用的 API 开发工具，可以实现 API 接口从设计、文档到测试与部署上线的全生命周期管理。

在这里，使用 Swagger 自动生成项目的接口文档，接下来，开始集成 Swagger 到项目中。

首先，添加 Maven 依赖，在 pom.xml 中添加以下依赖：

```
<dependency>
    <groupId>io.springfox</groupId>
    <artifactId>springfox-swagger2</artifactId>
    <version>2.9.2</version>
</dependency>
<dependency>
    <groupId>io.springfox</groupId>
    <artifactId>springfox-swagger-ui</artifactId>
```

```
    <version>2.9.2</version>
</dependency>
```

添加完 Swagger 的依赖后，接下来开始配置 Swagger，新建一个 Swagger 的配置类，Swagger2Config 代码示例如下：

```
@Configuration
public class Swagger2Config {

    @Bean
    public Docket docket() {
        return new Docket(DocumentationType.SWAGGER_2)
                .apiInfo(apiInfo())
                .select()
                .apis(RequestHandlerSelectors.basePackage("com.cloudnativ
e.monolith.controller"))
                .paths(PathSelectors.any())
                .build();
    }

    private ApiInfo apiInfo() {
        return new ApiInfoBuilder()
                .title("微商城接口文档")
                .description("swagger 接口文档")
                .contact(new Contact("联系者名称","联系者 url 地址","联系者邮箱
@email.com"))
                .version("1.0")
                .build();
    }

}
```

上述示例代码的 docket()中：

- .apiInfo 主要是定义接口文档的名称、描述、版本号等；
- .apis 表示定义对哪些 API 进行监控；
- .paths 表示定义对哪些路径进行监控

添加完 Swagger 的配置类后，接下来，在启动类添加开启 Swagger 功能的注解，示例如下：

```
@EnableSwagger2
@SpringBootApplication
public class MonolithApplication {
```

```
    public static void main(String[] args) {
        SpringApplication.run(MonolithApplication.class, args);
    }

}
```

至此，可以在IDEA中直接运行MonolithApplication，也可以通过命令行mvn spring-boot:run启动工程，应用会在 8080 端口开启，同时可以通过 http://localhost:8080/swagger-ui.html 来查看接口文档，如图 2-8 所示。

图 2-8 swagger 接口文档

查看接口文档时会发现，接口以及对应的数据传输对象没有中文释义，如果要加上中文释义，则还需要修改对应的接口以及对应的数据传输对象。

现在修改用户的接口以及对应的数据传输对象看看效果，比如修改用户的接口，示例如下：

```
@Api(tags = "用户相关接口")
@RestController
@RequestMapping("/api/user")
public class UserController {

    private static final Logger logger = LoggerFactory.getLogger(User
Controller.class);

    @Resource
    private UserService userService;

    /**
     * 用户注册，成功返回 true，失败返回 false
     * @param userDto
```

```
     * @return
     */
    @ApiOperation(value = "用户注册")
    @AuthIgnore
    @PostMapping("/register")
    public boolean register(@RequestBody UserDto userDto) {
        logger.debug("用户注册请求参数,userDto:{}", userDto);
        return userService.register(userDto);
    }

    /**
     * 用户登录，正确返回 token，错误返回 null
     * @param userDto
     * @return
     */
    @ApiOperation(value = "用户登录")
    @AuthIgnore
    @PostMapping("/login")
    public String login(@RequestBody UserDto userDto) {
        logger.debug("用户登录请求参数,userDto:{}", userDto);
        return userService.login(userDto);
    }

    /**
     * 获取用户信息
     * @param token
     * @return
     */
    @ApiOperation(value = "获取用户信息")
    @GetMapping("/info")
    public UserDto info(@RequestHeader String token) {
        logger.debug("获取用户信息请求参数,token:{}", token);
        return userService.findById(JwtUtils.getUserId(token));
    }

    /**
     * 修改用户信息
     * @param userDto
     * @param token
```

```
         * @return
         */
        @ApiOperation(value = "修改用户信息")
        @PutMapping("/update")
        public Boolean update(@RequestBody UserDto userDto, @RequestHeader
String token) {
            logger.debug("修改用户信息请求参数,userDto:{}, token:{}", userDto,
token);
            return userService.update(userDto, JwtUtils.getUserId(token));
        }

        /**
         * 删除用户
         * @param token
         * @return
         */
        @ApiOperation(value = "删除用户")
        @DeleteMapping("/delete")
        public Boolean delete(@RequestHeader String token) {
            logger.debug("删除用户信息请求参数,token:{}", token);
            return userService.delete(JwtUtils.getUserId(token));
        }

    }
```

通过与UserController代码相比，我们会发现其主要是在类上添加了@Api注解以及在方法上添加了@ApiOperation注解，其中@Api注解是对请求类的说明，@ApiOperation注解是对方法的说明。

接下来修改对应的用户的数据传输对象，示例如下：

```
    @ApiModel(value="用户 DTO")
    @Data
    @AllArgsConstructor
    @NoArgsConstructor
    public class UserDto {

        /**
         * 用户名称
         */
        @ApiModelProperty("用户名称")
```

```
    private String userName;

    /**
     * 用户密码
     */
    @ApiModelProperty("用户密码")
    private String password;

}
```

通过与 UserDto 代码相比，我们会发现其主要是在类上添加了@ApiModel 注解以及在类属性上添加了@ApiModelProperty 注解，其中@ApiModel 注解是对该 JavaBean 的描述，@ApiModelProperty 是对类属性的说明。

在修改完用户的接口以及对应的数据传输对象后，重新启动工程，再查看接口文档，即可看到对应的中文释义，如图 2-9 所示。

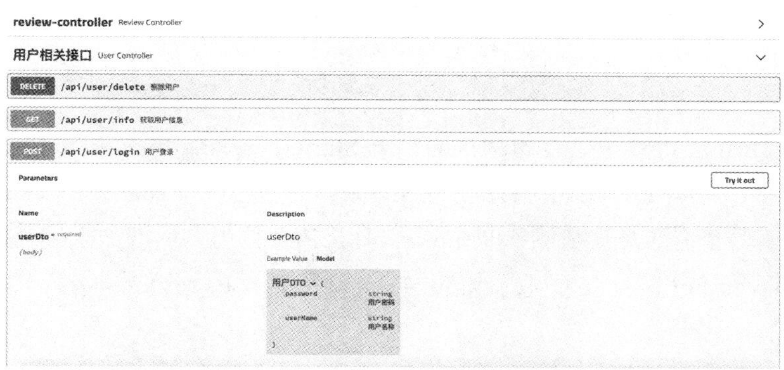

图 2-9　swagger 接口文档中文释义

如果需要其他接口及对应数据传输对象的中文释义，以这种方式继续添加即可。

接下来我们再进行日志相关的配置，我们的单体应用就差不多完整了。

2.4.8 配置 log

其实 Spring Boot 已经内置了日志框架 Logback，可以拿来即用。如果对日志有性能方面的需求，可以考虑使用 Log4j2。当然，在示例项目中完全可以使用内置的 Logback。下面介绍如何替换原有的内置日志框架及配置 Log4j2。

首先，需要添加 Maven 依赖，在 pom.xml 中新增如下内容：

```
<dependency>
    <groupId>org.springframework.boot</groupId>
    <artifactId>spring-boot-starter</artifactId>
    <exclusions>
```

```
            <exclusion>
                <groupId>org.springframework.boot</groupId>
                <artifactId>spring-boot-starter-logging</artifactId>
            </exclusion>
        </exclusions>
    </dependency>

    <dependency>
        <groupId>org.springframework.boot</groupId>
        <artifactId>spring-boot-starter-log4j2</artifactId>
    </dependency>

    <dependency>
        <groupId>com.lmax</groupId>
        <artifactId>disruptor</artifactId>
        <version>3.3.6</version>
    </dependency>
```

pom.xml 中新增说明如下：

- 通过 exclusion 排除了原有的默认的日志 Starter：spring-boot-starter-logging；
- 添加了提供使用 Log4j2 的日志支持 Starter：spring-boot-starter-log4j2；
- 添加了高性能异步处理依赖：disruptor，如果需要使用 Log4j2 的异步输出会使用到。

添加完 Maven 依赖后，接下来添加 log4j2.xml 到工程的 resources 目录中，log4j2.xml 示例内容如下：

```
    <?xml version="1.0" encoding="UTF-8"?>
    <Configuration status="INFO" monitorInterval="120">
        <Appenders>
            <Console name="Console" target="SYSTEM_OUT">
                <PatternLayout pattern="%d %p %c{1.}:%L[%t] %m%n" />
            </Console>
            <RollingRandomAccessFile            name="RollingRandomAccessFile"
fileName= "${log4j:configParentLocation}/../logs/info.log"
filePattern="${log4j: configParentLocation}/../logs/info-%d{MM-dd-yyyy}-%i.log.gz">
                <PatternLayout>
                    <Pattern>%d %p %c{1.} [%t] %m%n</Pattern>
                </PatternLayout>
                <Policies>
                    <OnStartupTriggeringPolicy />
                    <TimeBasedTriggeringPolicy />
```

```
            </Policies>
        </RollingRandomAccessFile>
    </Appenders>
    <Loggers>
        <logger name="com.cloudnative.monolith" level="DEBUG" />
        <Root level="INFO">
            <AppenderRef ref="Console" />
            <AppenderRef ref="RollingRandomAccessFile" />
        </Root>
    </Loggers>
</Configuration>
```

最后，在 application.yml 中添加 logging 配置，示例内容如下：

```
logging:
  config: classpath:log4j2.xml
```

至此，项目就已经集成并配置好了 Log4j2。

为了便捷，在示例项目中还是会使用内置的 Logback，因为重点在于后面的单体应用向云原生应用的变化。在实际的工作中，特别是生产环境中还是建议优先选择 Log4j2，关于 Log4j2 的集成及配置可以参考前面的介绍。

接下来介绍示例项目如何使用内置的 Logback，为了简化，直接在示例项目中的 application.yml 中添加 logging 配置即可，示例内容如下：

```
logging:
  level:
    ROOT: info
    com.cloudnative: debug
```

接下来，启动项目以及进行相关的接口测试。

2.4.9　启动项目并进行接口测试

在做完了前面的这些操作后，此时我们的单体应用就开发完毕了，接下来可以启动项目做一些接口测试，看一下单体应用是否可以正常运行。

在 IDEA 中直接 run MonolithApplication，然后打开 http://localhost:8080/h2 登录数据库，如图 2-10 所示。

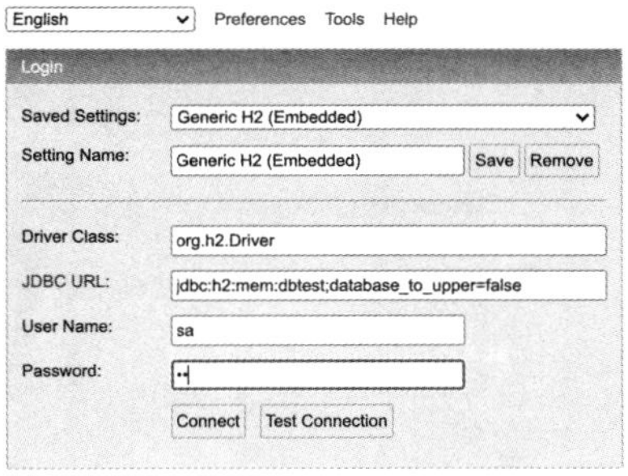

输入密码后，查看一下初始化表和数据，结果如图 2-11 所示。

图 2-10　登录 H2 数据库

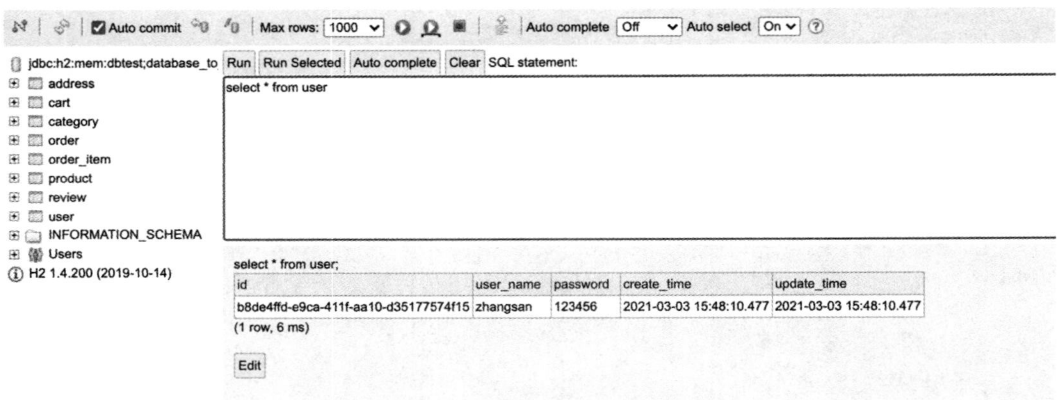

图 2-11　查看初始化数据

接下来，通过 Postman 进行接口测试，结果如图 2-12 所示。

当然，在进行接口测试时可以选择很多类似的工具进行测试，也可以通过 Swagger 进行接口测试，关于测试图中没展示的其他的接口测试不再赘述。

至此，单体应用本地开发及测试完成。很多时候应用程序本地开发及测试完成后并不代表项目就做完了，比如，还得把应用程序部署到线上让用户可以正常访问与使用才行。接下来介绍应用程序如何构建与部署。

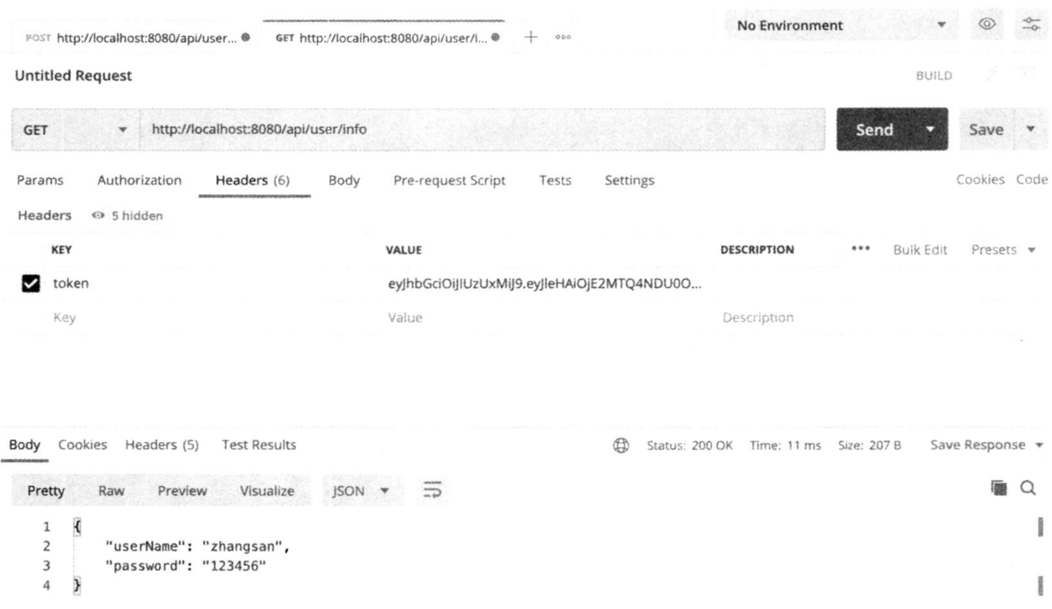

图 2-12　Postman 测试

2.5 项目开发——应用构建与部署

在项目开发完毕后，对于应用程序的整体来说，其实只完成了基础部分，而如果要完整地完成应用程序，还需要进行应用的构建与部署。

构建对于软件开发来说，构建是属于软件开发的主要组成部分，而这里的构建主要集中在应用程序打包上面，在构建打包顺利完成的过程中也是验证基础工作是否完成的工程。

关于应用部署，对于传统的软件工程来说，其实不包括软件部署。随着应用软件的发展，应用程序的复杂度日益增加以及部署应用可能碰到一些问题，应用部署也同样重要。

接下来，将介绍在构建应用时该如何选择打包类型、主流的打包类型应该如何构建以及如何部署打好的包。

2.5.1 打包类型选择——jar 与 war

在技术栈中项目使用 Maven，所以使用 Maven 对项目进行构建和依赖管理。

在对项目进行构建前，先介绍一下打包类型，在项目中可以把项目打包成 jar 或者 war，那么应该选择哪种打包类型呢？

在进行选择前，必须了解 jar 与 war 之间的区别才行，jar 与 war 的区别简单地说就是：war 是 Web 应用程序的归档，一般部署在一个单独的 Servlet 容器中，比如 Tomcat、Jetty 等；而 jar 是 Java 归档，可以包含嵌入式容器，比如 Tomcat、Undertow 等。

jar 与 war 这两种打包类型在部署方式上不一样，Spring 团队推荐 jar 包类型，接下来分别介绍如何构建 jar 与 war。

2.5.2 使用 Maven 构建可运行的 jar 包

对于项目来说，构建 jar 包很简单，只需执行 mvn clean package 即可，其中 clean 表示清除上一次 maven 执行的结果，package 表示完成项目的编译、单元测试以及打包功能。这里需要注意的是，package 不会将打好的包部署到本地 maven 仓库和远程 maven 私服仓库，如果使用 install 会将打好的包部署到本地 maven 仓库。如果使用 deploy 会将打好的包部署到本地 maven 仓库以及远程 maven 私服仓库。对于目前的构建来说，只需打包，所以直接使用 mvn clean package，示例如下：

```
mvn clean package -Dmaven.test.skip=true
[INFO] Scanning for projects...
[INFO]
[INFO] ----------------------< com.cloudnative:monolith >---------------
--------
```

```
[INFO] Building monolith 0.0.1-SNAPSHOT
[INFO]
--------------------------------[ jar ]---------------------------------
[INFO]
[INFO] --- maven-clean-plugin:3.1.0:clean (default-clean) @ monolith ---
[INFO] Deleting /Users/xxx/cloud-native-book-projects/monolith/target
[INFO]
[INFO] --- maven-resources-plugin:3.1.0:resources (default-resources) @
monolith ---
[INFO] Using 'UTF-8' encoding to copy filtered resources.
[INFO] Copying 1 resource
[INFO] Copying 11 resources
[INFO]
[INFO] --- maven-compiler-plugin:3.8.1:compile (default-compile) @
monolith ---
[INFO] Changes detected - recompiling the module!
[INFO] Compiling 47 source files to /Users/xxx/cloud-native-book-projects/
monolith/target/classes
[INFO]
[INFO] --- maven-resources-plugin:3.1.0:testResources (default-test
Resources) @ monolith ---
[INFO] Not copying test resources
[INFO]
[INFO] --- maven-compiler-plugin:3.8.1:testCompile (default-testCompile)
@ monolith ---
[INFO] Not compiling test sources
[INFO]
[INFO] --- maven-surefire-plugin:2.22.2:test (default-test) @ monolith ---
[INFO] Tests are skipped.
[INFO]
[INFO] --- maven-jar-plugin:3.2.0:jar (default-jar) @ monolith ---
[INFO] Building jar: /Users/xxx/cloud-native-book-projects/monolit
h/target/monolith-0.0.1-SNAPSHOT.jar
[INFO]
[INFO] --- spring-boot-maven-plugin:2.3.9.RELEASE:repackage (repackage)
@ monolith ---
[INFO] Replacing main artifact with repackaged archive
[INFO]
------------------------------------------------------------------------
[INFO] BUILD SUCCESS
```

```
[INFO]
------------------------------------------------------------------------
[INFO] Total time:  4.436 s
[INFO] Finished at: 2021-03-03T10:30:03+08:00
[INFO]
------------------------------------------------------------------------
```

注意：

在执行 mvn clean package 命令时加上“-Dmaven.test.skip=true”，表示不执行测试用例，也不编译测试用例类，如果需要执行测试用例可以仅执行 mvn clean package 即可。

在执行完毕后，查看 IntelliJ IDEA 中对应的工程，在项目里有 target 目录，在 target 目录中可以看到有 monolith-0.0.1-SNAPSHOT.jar 和 monolith-0.0.1-SNAPSHOT.jar.original。

如果查看这两个文件的占用空间，则可以看到：

- monolith-0.0.1-SNAPSHOT.jar 有 35MB 左右；
- monolith-0.0.1-SNAPSHOT.jar.original 有 70KB 左右。

以上两个文件有什么区别呢？

在说这个区别之前，我们来具体看一下构建时都做了哪些事情，等我们了解了构建时具体做的事情后就很好理解这两个文件之间的区别。

关于构建时具体做的事情，构建步骤如下：

（1）使用 maven-clean-plugin 清理插件行清理删除已有 target 目录；

（2）使用 maven-resources-plugin 资源插件执行资源文件的处理；

（3）使用 maven-compiler-plugin 编译插件编译所有源文件生成 class 文件至 target\classes 目录下；

（4）使用 maven-resources-plugin 资源插件执行测试资源文件的处理，因为设置了 test.skip，所以这一步没有做测试资源文件的处理；

（5）使用 maven-compiler-plugin 编译插件编译测试目录下的所有源代码，因为设置了 test.skip，所以这一步也没有做测试目录的处理；

（6）使用 maven-surefire-plugin 插件运行测试用例，因为设置了 test.skip，所以这一步跳过；

（7）使用 maven-jar-plugin 插件对编译后生成的文件进行打包，包名称默认为：artifactId-version。比如本例生成的 jar 文件：monolith-0.0.1-SNAPSHOT，包文件保存在 target 目录下（这个生成的包不能在命令行中直接执行，因为还没有入口类配置到 Manifest 资源配置文件中去）；

（8）使用 spring-boot-maven-plugin 插件对上一步打包成的 jar 进行再次打包，将之打成一个可执行 jar，同时保留上一步生成的 jar 为.origin。

现在再来看 monolith-0.0.1-SNAPSHOT.jar 与 monolith-0.0.1-SNAPSHOT.jar.original 之间

的区别就很好理解了。

monolith-0.0.1-SNAPSHOT.jar.original 是 Maven 在 Spring Boot 重新打包之前创建的原始 jar 文件，而 monolith-0.0.1-SNAPSHOT.jar 是 Spring Boot 重新打包之后创建的可执行 jar 文件。

2.5.3 使用 Maven 构建可外部部署的 war 包

由于 Spring Boot 默认是 jar 包的打包方式，并且内嵌了 servlet 容器，如果使用 war 包时，一般也会使用外置的 servlet 容器，就需要做如下三步额外的操作：

（1）修改启动类，将启动类继承 SpringBootServletInitializer 并重写 configure 方法，这么做的原因是因为如果使用外部容器部署，就不能依赖于 Application 的 main 函数，而是要以类似于 web.xml 文件配置的方式来启动 Spring 应用的上下文；

（2）在 pom.xml 中将原本使用的 tomcat 修改为打包时排除，这么做是为了排除内置容器；

（3）定义打包类型为我们需要的 war 包。

当我们完成了这三步之后就可以进行最后的打包操作了，接下来，我们看一下具体的实践操作。

（1）修改启动类

首先需要修改启动类，把启动类继承 SpringBootServletInitializer 并重写 configure 方法，示例如下：

```
@EnableSwagger2
@SpringBootApplication
public class MonolithApplication extends SpringBootServletInitializer {

    public static void main(String[] args) {
        SpringApplication.run(MonolithApplication.class, args);
    }

    @Override
    protected  SpringApplicationBuilder  configure(SpringApplicationBuil
der builder) {
        return builder.sources(MonolithApplication.class);
    }

}
```

（2）排除内置容器

接着需要修改 pom.xml，将原本使用的 tomcat 修改为打包时排除，修改内容如下：

```
<dependency>
```

```
        <groupId>org.springframework.boot</groupId>
        <artifactId>spring-boot-starter-tomcat</artifactId>
        <scope>provided</scope>
    </dependency>
```

注意：

在 maven 中 scope 元素的作用是控制 dependency 元素的使用范围，就是控制 jar 包在哪些范围被加载和使用。而 provided 表示被依赖项目理论上可以参与编译、测试、运行等阶段，相当于 compile，但是在打包阶段做了 exclude 的动作。

（3）定义 packaging 类型

打包时排除 tomcat 依赖后，还需要在 pom.xml 中定义 packaging 类型，示例如下：

```
<groupId>com.cloudnative</groupId>
<artifactId>monolith</artifactId>
<version>0.0.1-SNAPSHOT</version>
<name>monolith</name>
<packaging>war</packaging>
```

（4）打包

执行完以上操作后，可以通过执行 mvn clean package 进行打包，示例如下：

```
mvn clean package
[INFO] Scanning for projects...
[INFO]
[INFO] ----------------------< com.cloudnative:monolith >---------------------
[INFO] Building monolith 0.0.1-SNAPSHOT
[INFO]
--------------------------------[ war ]---------------------------------
[INFO]
[INFO] --- maven-clean-plugin:3.1.0:clean (default-clean) @ monolith ---
[INFO] Deleting /Users/xxx/cloud-native-book-projects/monolith/target
[INFO]
[INFO] --- maven-resources-plugin:3.1.0:resources (default-resources) @
monolith ---
[INFO] Using 'UTF-8' encoding to copy filtered resources.
[INFO] Copying 1 resource
[INFO] Copying 11 resources
[INFO]
[INFO] --- maven-compiler-plugin:3.8.1:compile (default-compile) @
monolith ---
[INFO] Changes detected - recompiling the module!
```

```
[INFO] Compiling 47 source files to /Users/xxx/cloud-native-book-projects/monolith/target/classes
[INFO]
[INFO] --- maven-resources-plugin:3.1.0:testResources (default-test Resources) @ monolith ---
[INFO] Using 'UTF-8' encoding to copy filtered resources.
[INFO] skip non existing resourceDirectory /Users/xxx/cloud-native-book-projects/monolith/src/test/resources
[INFO]
[INFO] --- maven-compiler-plugin:3.8.1:testCompile (default-testCompile) @ monolith ---
[INFO] Changes detected - recompiling the module!
[INFO] Compiling 1 source file to /Users/xxx/cloud-native-book-projects/monolith/target/test-classes
[INFO]
[INFO] --- maven-surefire-plugin:2.22.2:test (default-test) @ monolith ---
[INFO]
[INFO] -------------------------------------------------------
[INFO]  T E S T S
[INFO] -------------------------------------------------------
...
[INFO] Results:
[INFO]
[INFO] Tests run: 1, Failures: 0, Errors: 0, Skipped: 0
[INFO]
[INFO]
[INFO] --- maven-war-plugin:3.2.3:war (default-war) @ monolith ---
[INFO] Packaging webapp
[INFO] Assembling webapp [monolith] in [/Users/xxx/cloud-native-book-projects/monolith/target/monolith-0.0.1-SNAPSHOT]
[INFO] Processing war project
[INFO] Webapp assembled in [394 msecs]
[INFO] Building war: /Users/xxx/cloud-native-book-projects/monolith/target/monolith-0.0.1-SNAPSHOT.war
[INFO]
[INFO] --- spring-boot-maven-plugin:2.3.9.RELEASE:repackage (repackage) @ monolith ---
[INFO] Replacing main artifact with repackaged archive
[INFO]
------------------------------------------------------------------------
```

```
[INFO] BUILD SUCCESS
[INFO]
------------------------------------------------------------------------
[INFO] Total time:  18.868 s
[INFO] Finished at: 2021-03-03T11:38:56+08:00
[INFO]
------------------------------------------------------------------------
```

查看自己的 IntelliJ IDEA 中对应的工程，在项目中会有 target 目录，在 target 目录中就可以看到 war 文件。

2.5.4　部署 jar/war 包并启动应用程序

前面准备好了 jar 或者 war 包，接下来为介绍如何部署 jar 包或者 war 包。

1. 部署 jar 包

部署 jar 包有多种方式，比如可以在服务器上直接使用 java -jar，也可以把 jar 包变成一个可执行的二进制文件。

如果要创建可执行的二进制文件，需要修改 pom.xml，示例代码如下：

```
<plugin>
    <groupId>org.springframework.boot</groupId>
    <artifactId>spring-boot-maven-plugin</artifactId>
    <configuration>
        <executable>true</executable>
    </configuration>
</plugin>
```

修改 pom.xml 完毕后，进行重新打包，重新打包完成后，查看自己的 IntelliJ IDEA 中对应的工程，在项目中会有 target 目录，在 target 目录中找到生成的 jar 包，即 monolith-0.0.1-SNAPSHOT.jar，然后将 jar 包上传至服务器，在服务器上可以直接./monolith-0.0.1-SNAPSHOT.jar 来进行启动执行，示例代码如下：

```
[root@localhost test]# ./monolith-0.0.1-SNAPSHOT.jar
  .   ____          _            __ _ _
 /\\ / ___'_ __ _ _(_)_ __  __ _ \ \ \ \
( ( )\___ | '_ | '_| | '_ \/ _` | \ \ \ \
 \\/  ___)| |_)| | | | | || (_| |  ) ) ) )
  '  |____| .__|_| |_|_| |_\__, | / / / /
 =========|_|==============|___/=/_/_/_/
 :: Spring Boot ::        (v2.3.9.RELEASE)

2021-03-03  22:34:44.651   INFO  16164  ---  [                 main]
```

```
c.c.monolith.MonolithApplication          : Starting MonolithApplication
v0.0.1-SNAPSHOT on localhost.localdomain with PID 16164
(/root/test/monolith-0.0.1-SNAPSHOT.jar started by root in /root/test)
   2021-03-03 22:34:44.661 DEBUG 16164 --- [           main]
c.c.monolith.MonolithApplication          : Running with Spring Boot
v2.3.9.RELEASE, Spring v5.2.13.RELEASE
   2021-03-03 22:34:44.663  INFO 16164 --- [           main]
c.c.monolith.MonolithApplication         : No active profile set, falling back
to default profiles: default
   2021-03-03 22:34:51.138  INFO 16164 --- [           main]
o.s.b.w.embedded.tomcat.TomcatWebServer  : Tomcat initialized with port(s):
8080 (http)
   2021-03-03 22:34:51.177  INFO 16164 --- [           main]
o.apache.catalina.core.StandardService   : Starting service [Tomcat]
   2021-03-03 22:34:51.178  INFO 16164 --- [           main]
org.apache.catalina.core.StandardEngine  : Starting Servlet engine: [Apache
Tomcat/9.0.43]
   2021-03-03 22:34:51.390  INFO 16164 --- [           main]
o.a.c.c.C.[Tomcat].[localhost].[/]        : Initializing Spring embedded
WebApplicationContext
   2021-03-03 22:34:51.390  INFO 16164 --- [           main]
w.s.c.ServletWebServerApplicationContext  : Root WebApplicationContext:
initialization completed in 6551 ms
   2021-03-03 22:34:51.945  INFO 16164 --- [           main]
com.zaxxer.hikari.HikariDataSource       : HikariPool-1 - Starting...
   2021-03-03 22:34:53.111  INFO 16164 --- [           main]
com.zaxxer.hikari.HikariDataSource       : HikariPool-1 - Start completed.
   2021-03-03 22:34:53.327  INFO 16164 --- [           main]
o.s.b.a.h2.H2ConsoleAutoConfiguration    : H2 console available at '/h2'.
Database available at 'jdbc:h2:mem:dbtest'
   2021-03-03 22:34:56.355  INFO 16164 --- [           main]
o.s.b.a.e.web.EndpointLinksResolver      : Exposing 2 endpoint(s) beneath
base path '/actuator'
   2021-03-03 22:34:56.608  INFO 16164 --- [           main] perty
SourcedRequestMappingHandlerMapping : Mapped URL path [/v2/api-docs] onto
method
[springfox.documentation.swagger2.web.Swagger2Controller#getDocumentation(
String, HttpServletRequest)]
   2021-03-03 22:34:56.869  INFO 16164 --- [           main]
o.s.s.concurrent.ThreadPoolTaskExecutor   : Initializing ExecutorService
'applicationTaskExecutor'
   2021-03-03 22:34:57.608  INFO 16164 --- [           main]
o.s.b.w.embedded.tomcat.TomcatWebServer  : Tomcat started on port(s): 8080
(http) with context path ''
   2021-03-03 22:34:57.611  INFO 16164 --- [           main]
```

```
d.s.w.p.DocumentationPluginsBootstrapper : Context refreshed
    2021-03-03  22:34:57.731   INFO  16164  ---  [           main]
d.s.w.p.DocumentationPluginsBootstrapper  :  Found  1  custom  documentation
plugin(s)
    2021-03-03  22:34:57.829   INFO  16164  ---  [           main]
s.d.s.w.s.ApiListingReferenceScanner        :  Scanning  for  api  listing
references
    2021-03-03 22:34:58.213  INFO 16164 --- [          main] .d.s.w.r.o.Cach
ingOperationNameGenerator : Generating unique operation named: addUsingPOST_1
    ...
    2021-03-03  22:34:58.671   INFO  16164  ---  [           main]  c.c.mon
olith.MonolithApplication          : Started MonolithApplication in 15.819
seconds (JVM running for 17.501)
```

当在生产环境时，不推荐直接使用可执行的二进制文件，因为这种可执行的 jar 文件是通过额外的 launch.script 来启动的，可能存在兼容性问题。

在生产环境时，还是推荐通过 java -jar 的方式，接下来介绍一个部署的参考，首先是部署目录，示例如下：

```
├─simple-demo
│  │
│  ├─config -------------------配置文件目录
│  │
│  ├─logs ---------------------日志目录
│  │
│  ├─simple-demo.jar ----------应用 jar 包
│  │
│  ├─start.sh -----------------启动脚本
│  │
│  └─stop.sh ------------------停止脚本
│
```

从部署目录的示例中可以看到，为应用程序单独建立了一个文件目录，在应用程序的文件目录中，将应用程序的包以及启动、停止脚本放在里面，另外为配置文件以及日志单独新建一个文件目录。

这么做的原因一方面是为了提高部署的可读性，比如，项目组新来了一个开发人员，虽然还不熟悉项目，但是一眼就可以看明白部署的目录结构，通过部署的目录结构就可以知道项目的启动脚本是哪个、停止脚本是哪个以及配置文件在哪里、日志文件在哪里。另一方面是为了提高部署的可维护性，比如，当定义好部署的目录结构后，后期开发及运维人员如果要升级应用程序或者是新增配置文件等，这时相应人员很清楚对应的文件应该放在什么地方，即使随着时间的推移，项目代码、配置、日志等规模的增加，也不会造成部署的目录结构混乱。

在看完了部署目录后，接下来，我们看一下启动、停止脚本。

启动脚本示例代码如下：

```
#!/bin/sh
APP_EXEC_JAR="simple-demo-1.0.0-SNAPSHOT.jar"
SERVER_PORT=8080
MANAGEMENT_PORT=9080
PROFILES_ACTIVE="t"

HOME=`pwd`
PIDFILE="$HOME/pid"
#IP=`ifconfig -a|grep inet|grep -v 127.0.0.1|grep -v inet6|awk '{print
$2}'`
checkRunning(){
    if [ -f "$PIDFILE" ]; then
       if  [ -z "`cat $PIDFILE`" ];then
        echo "ERROR: Pidfile '$PIDFILE' exists but contains no pid"
        return 2
       fi
       PID="`cat $PIDFILE`"
       RET="`ps -p $PID|grep java`"
       if [ -n "$RET" ];then
         return 0;
       else
         return 1;
       fi
    else
         return 1;
    fi
}

if ( checkRunning );then
    PID=`cat $PIDFILE`
    echo "INFO: Process with pid '$PID' is already running"
    exit 0
fi

java
```

```
-DLog4jContextSelector=org.apache.logging.log4j.core.async.AsyncLoggerCont
extSelector \
        -server -Xmx256m \
        -jar $APP_EXEC_JAR \
        --server.port=$SERVER_PORT \
        --management.server.port=$MANAGEMENT_PORT \

--spring.config.location=$HOME/config/application.yml,$HOME/config/applica
tion-$PROFILES_ACTIVE.yml \
        --logging.config=$HOME/config/log4j2.xml > /dev/null 2>&1 &

    echo $! > "$HOME/pid";
    echo $MANAGEMENT_PORT > "$HOME/manage_port"
    PID="`cat $PIDFILE`"

    echo "INFO: Starting - Process $PID, server.port: $SERVER_PORT, manageme
nt.port: $MANAGEMENT_PORT"
```

启动脚本主要是定义好应用程序的执行包、服务端口、管理端口以及配置文件，另外在启动时检查应用是否已经启动，当使用此启动脚本时，需要变更的地方就是将脚本中定义的应用程序的执行包、服务端口、管理端口以及配置文件修改成需要部署的应用程序对应的执行包、服务端口、管理端口以及配置文件即可。

停止脚本示例代码如下：

```
#!/bin/sh
HOME=`pwd`
MANAGEMENT_PORT_FILE=$HOME/manage_port
MANAGEMENT_PORT=`cat $MANAGEMENT_PORT_FILE`
PIDFILE=$HOME/pid
PID=`cat $PIDFILE`
#KILL_MAXSECONDS=30

checkRunning(){
    if [ -f "$PIDFILE" ]; then
      if  [ -z "`cat $PIDFILE`" ];then
       echo "ERROR: Pidfile '$PIDFILE' exists but contains no pid"
       return 2
      fi
      PID="`cat $PIDFILE`"
      RET="`ps -p $PID|grep java`"
```

```
        if [ -n "$RET" ];then
          return 0;
        else
          return 1;
        fi
    else
          return 1;
    fi
}

curl -X POST 127.0.0.1:$MANAGEMENT_PORT/manage/shutdown


rm -f $PIDFILE >/dev/null 2>&1

rm -f $MANAGEMENT_PORT_FILE >/dev/null 2>&1

exit $RET
```

停止脚本主要是检查应用程序是否正在运行，将正在运行的应用程序通过管理端口进行安全停止，当使用此停止脚本时，不需要做任何更改，因为停止脚本中使用到的manage_port、pid已经在应用程序启动时由启动脚本创建并写入了对应的值。

2. 部署war包

关于如何部署war包，在这里主要介绍部署的步骤，假设使用的容器是tomcat，通过以下步骤即可完成部署：

（1）下载Apache Tomcat包，将其解压至tomcat文件夹；

（2）把打包好的war文件放到tomcat/webapps/文件夹中；

（3）进入tomcat/bin目录下启动，catalina.bat（windows）/ catalina.sh （Unix）；

（4）访问http://localhost:8080/monolith-demo/。

需要注意的是，不要使用过低版本的tomcat，不然可能因为依赖包的不兼容导致启动报错的情况出现。另外在使用外部tomcat部署时，如果原本的application配置文件中配置了server.port、server.servlet.context-path这类配置，这些配置都会失效，需要使用tomcat的端口以及tomcat/webapps下的项目名称来进行访问。

2.6　本章小结

本章主要介绍了单体应用的基本理论、Spring Boot 的相关概念以及使用 Spring Boot 进行了一个微商城单体应用的开发实践，最后介绍了应用的构建选择以及如何构建与部署，这些看起来好像与云原生构建没有什么关系，其实这些是云原生构建的基础。有了这些基础之后，才能更好地理解在构建云原生应用的整个过程中的变化，接下来会基于本章构建的单体应用朝着云原生应用的道路上迈出第一步，即将单体应用进行微服务的改造。

第 3 章　拆分单体应用方法及微服务设计模式

通过前面的学习，我们知道云原生应用应该是独立的、小型的、松耦合的服务，而我们在上一章中构建的单体应用显然还不符合这一要求；为了满足云原生的基本要求，还需要进行服务化与组件化，也就是将我们构建的单体应用进行微服务改造，朝着云原生应用的道路迈出第一步。

本章将会先为大家讲解微服务改造的思路和相关概念，接下来我们将从实践层面介绍如何拆分我们构建好的单体应用；重点是进行微服务改造前需要了解的微服务相关设计模式。

3.1　不仅仅是编码——微服务介绍

关于微服务的概念在 2011 年就开始被提及，很多人开始了解微服务的相关概念是从 Martin Fowler 的一篇文章《Microservices》开始的，有兴趣的读者可以去阅读一下该文章完整的原文，地址为 http://martinfowler.com/articles/microservices.html。

根据该文章对微服务的定义，可以理解为微服务架构是一种架构模式，它是一种将单个应用程序划分为一组小的服务的方法，在这组小的服务中每个服务都在其独立的进程中运行，服务和服务之间采用轻量级的通信机制（一般是基于 HTTP 的 REST API）进行通信，每个服务是围绕着具体的业务进行构建，并且可以通过自动部署机制进行独立部署。另外，对于这些微服务仅做最低限度的集中管理，对于各个服务应该根据具体的业务来选择合适的开发语言和堆栈。

接下来将为大家介绍微服务的优缺点，另外还会为大家介绍一般的项目是否有必要从单体应用切换成微服务。

3.1.1　两面性：微服务的优缺点

每一种技术都会有它的适应场景，引入一门新的技术运用到项目中，也一定会有好处与坏处。对于我们来说，微服务的易开发、可扩展等带来了很大的便利，与此同时微服务也带来复杂性。

微服务的优点主要体现在以下几个方面。

（1）易于开发

在微服务中每个服务都是足够内聚的，并且每个服务都提供单一职责业务能力，可以让开发人员更专注于指定的业务功能与需求，并且当有新的团队成员加入时对于单个服务的代码理解会更加容易一些。

（2）按需伸缩

当对应用程序进行扩展时，不需要扩展整个应用程序，可以根据实际的业务需求与表现，选择对应的服务进行扩展。

（3）容错性好

在微服务中单一个服务出现问题不会影响整个应用。

（4）易于创新

微服务架构不会从始至终固定开发人员所使用的技术栈，可以根据实际需求使用不同的开发语言和架构，整个系统不会被长期限制在某个技术栈上。

微服务的缺点主要体现在以下几个方面。

（1）增加运维复杂度

在使用单体架构时，不管需求如何变动，在变更完代码后，最后只需上线一个服务。而使用微服务后，有时候为了一个需求可能要上线多个服务，会增加运维方面的复杂度。

（2）调试

在使用单体架构时，调试可能只需关注一个服务，而使用微服务后，有时候可能一个请求就会出现 A 服务调用 B 服务、B 服务调用 C 服务、C 服务还要调用 D 服务这种长的调用链，如果这个请求出现问题就会增加调试和问题排查方面的难度。

既然微服务有优点也有缺点，那么我们到底应不应该采用微服务，接下来将介绍是否有必要将项目从单体应用切换成微服务。

3.1.2 项目需要从单体应用切换成微服务吗

对于一个新的产品来说，一般会分为多个阶段。

比如，在产品的初期阶段，主要目标是快速开发、验证想法、快速试错，在这个阶段最主要的还是验证产品思路的可行性，并且在产品的初期阶段功能的设计一般不会很复杂，可能还需要开发快速迭代，在这个阶段架构一般不适合过度设计。

所以，在产品的初期阶段直接采用单体应用的方式，将所有的功能打包部署在一起，是最高效也是最节省成本的方式。

当然，如果是承接的一些项目，从一开始就有需求的预期，那么可以考虑在项目初始阶段就直接采用微服务架构。

在产品上线后，经过一段时间的运营，用户量越来越大，产品可行性验证通过，并且这时产品需要加入更多的新功能或者将已有功能进行优化升级以此来吸引更多的用户。

一般情况下，这个阶段就可以考虑将项目从单体应用切换成微服务。

虽然微服务也有缺点，但是针对微服务的缺点，我们也不需要过多的担心，可以通过容器等技术的引入，以及合理的架构设计，使这些缺点得到一定程度的缓解。接下来介绍如何将单体应用拆分成微服务。

3.2 单体应用拆分成微服务设计理论

关于单体应用如何拆分成微服务，以微商城示例项目为例进行拆分，在拆分前先理清楚思路，然后再进行操作。

在从单体应用拆分成微服务前，并不会从一开始就直接创建各个微服务工程，会选择相对稳妥的方式进行拆分，先把代码分离成各个服务，但是这些服务还是归属于同一个工程。

1. 服务划分

不管开发什么系统，肯定是以业务为基础的，所以关于服务的划分，一般也是从业务的维度进行划分，最后将不同的功能模块服务化，用以独立部署和运维。

比如，微商城项目可以直接分成用户服务、订单服务和商品服务三个服务。

服务划分如图 3-1 所示。

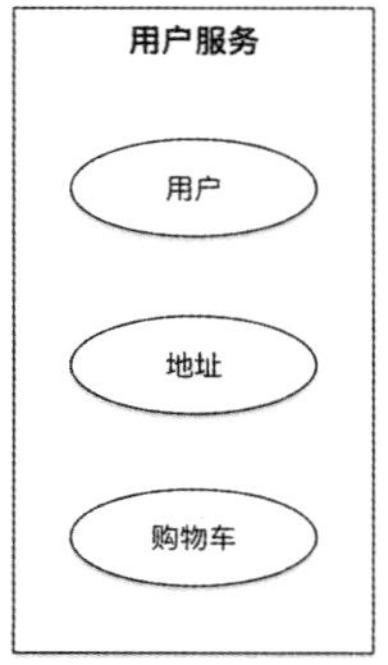

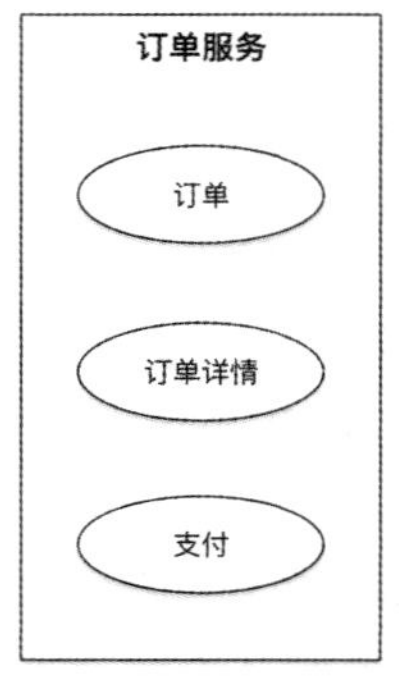

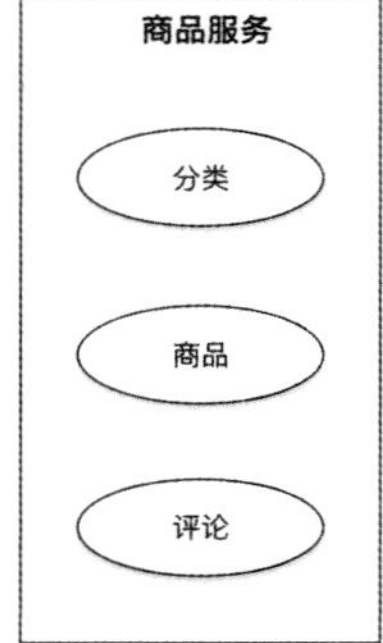

图 3-1　服务划分

从图 3-1 可以看出，用户服务、订单服务、商品服务各自包含了不同的功能模块，虽然划分了不同的服务，但是这些服务之间存在相互调用，比如购物车与订单相关联，订单与商品相关联。在划分服务后，还需要处理服务之间的相互调用，而处理服务间的相互调用可以考虑通过 API 来解决。

2. 抽取数据传输对象

在划分了服务后，现在回想下之前微商城单体应用的代码，在之前的示例代码中，定义了专门的 Dto（数据传输对象），现在既然要拆分服务，那么就得考虑将这些数据传输对象放到一个公共的包中。比如，抽取这些 Dto 放入 commons 中，这样在后期处理各个服务之间的相互依赖时就会变得简单些，同时也有利于后期将业务服务拆分成独立的服务。

3. 服务分离

服务分离的过程如图 3-2 所示。

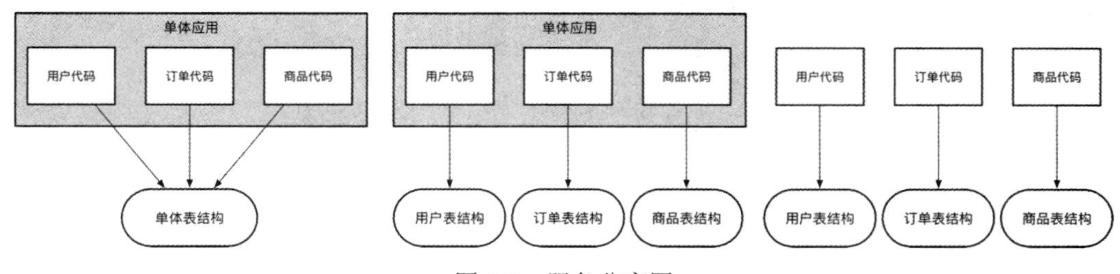

图 3-2　服务分离图

从图 3-2 可以看出，单体应用如何一步步地分离服务成微服务，对于服务分离的过程来说，在开发层面其实体现得很明显。比如，以前在单体应用中需要查询数据，可能一条查询语句即可完成，服务分离后可能需要从两个不同的服务获取数据，然后再到内存中进行数据合并。

不过呢，虽然我们会进行服务分离，但是服务分离也会带来一些影响，比如说服务分离可能会破坏事务的完整性，接下来我们介绍下微服务场景下事务控制的解决。

3.3　微服务场景下事务控制的典型解决方案

服务分离可能会破坏事务的完整性，这是什么意思呢？

比如，在使用单体应用时，当需要进行数据插入时，可以直接将这些数据插入放在一个事务中，但是进行了分离服务后，有时候需要进行数据插入时就可能出现需要先调用 A 服务进行一个数据插入，然后再调用 B 服务进行一个数据插入。但是，在这种情况下，可能会出现调用 A 服务进行数据插入成功了，调用 B 服务进行数据插入却失败的情况。

关于微服务场景下的事务控制有很多的解决方案，接下来介绍几种比较常见的解决方案。

3.3.1　二阶段提交

二阶段提交（Two-Phase Commit，2PC）是微服务场景下比较常见的事务解决方案，2PC 是一个经典的、强一致性的原子提交协议。

该事务解决方案叫作二阶段提交的原因主要是因为二阶段提交将事务的提交过程分为两个阶段进行处理，即准备阶段和提交阶段。

在二阶段提交中主要有协调者节点和参与者节点这两类节点。其中：

- 协调者节点扮演协调者的角色，主要负责事务的发起；
- 参与者节点扮演参与者的角色，主要负责事务的执行。

1．工作机制

二阶段提交的思路简单概括为：协调者首先获取参与者的准备状态，然后协调者再根据所有参与者的反馈情况决定参与者执行提交操作或者中止操作。

二阶段提交流程如图 3-3 所示。

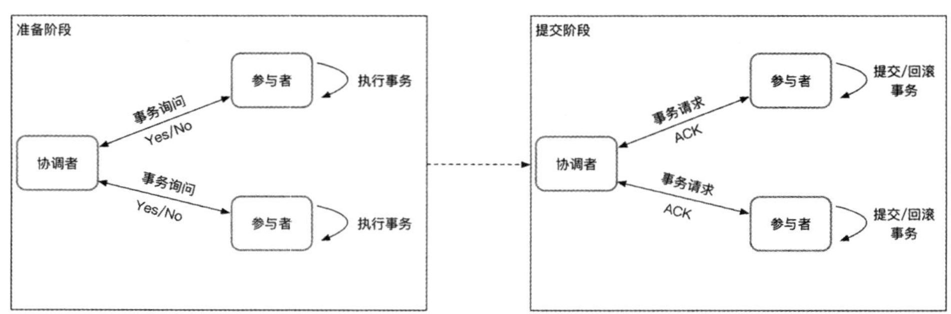

图 3-3　二阶段提交流程

从图 3-3 中可以清晰的看到，二阶段提交中的准备阶段与提交阶段的处理流程。

其中，准备阶段主要包含事务询问、执行事务和响应三个流程，下面详细了解一下它们的具体工作机制。

（1）事务询问

协调者向所有的参与者发送事务内容，向所有的参与者询问是否可以执行事务提交操作，并等待各个参与者的响应。

（2）执行事务

各个参与者节点执行事务操作，并将 Undo 和 Redo 信息记入事务日志中，注意此过程不会提交事务。

（3）响应

如果此时参与者成功的执行事务操作，就反馈给协调者 Yes 的响应，表示事务可以执行，即可以提交；如果此时参与者没有成功执行事务，就反馈给协调者 No 的响应，表示事务不可以执行，即不可以提交。

提交阶段主要包含事务请求、提交/回滚事务和响应三个流程。

（1）事务请求

协调者根据所有参与者的反馈情况决定发出 commit 请求或者 rollback 请求，如果协调者从所有的参与者获得的反馈都是 Yes 的响应，那么就会发出正式提交事务的请求，即 commit 请求；如果协调者收到参与者的反馈是 No 的响应，那么就给每个参与者发送回滚请求，即 rollback 请求。

（2）提交/回滚事务

如果参与者收到的是 commit 请求，那么参与者会执行 commit 请求；如果参与者收到的是 rollback 请求，那么参与者会使用阶段一准备阶段中的 Undo 信息执行回滚操作，不管收到的是 commit 请求还是 rollback 请求，最后都会释放整个事务期间占用的资源。

（3）响应

参与者在完成事务提交后，向协调者反馈 ACK 完成消息。

在提交阶段中，当协调者收到所有的参与者反馈的 ACK 完成消息后，即完成了事务。

2. 优缺点分析

二阶段提交的优点主要是由于其原理简单，所以实现起来也很方便。缺点是二阶段提交存在单点故障、同步阻塞等问题，比如当协调者出现单点故障时，所有参与者会一直处于锁定状态；在事务提交阶段时所有的参与者都处于同步阻塞的状态，一方面会占用系统资源，另一方面也容易导致性能瓶颈。在事务提交阶段时，如果只有部分参与者收到了提交请求，那么会导致参与者节点之间数据不一致。

3.3.2　三阶段提交

三阶段提交（Three-phase Commit，3PC）是二阶段提交的改进版本；相较于二阶段提交来说，三阶段提交主要有以下两个改动点：

（1）新增了一个阶段；这个改动点通过三阶段提交的名字就可以看出，三阶段提交将事务的提交过程分为三个阶段进行处理，主要是将准备阶段分为了事务询问和预提交两个阶段；

（2）引入了超时机制；三阶段提交在协调者与参与者中都引入了超时机制。

三阶段提交的改动可以有效地解决在二阶段提交中的协调者单点问题以及减少阻塞。比如在二阶段提交中，当参与者准备就绪后，在提交阶段时如果协调者出现故障，导致参与者处于不知道是该提交还是终止的不确定状态。而在三阶段提交中，在提交阶段时如果协调者出现故障时，参与者会在等待超时后，继续执行事务的提交。

1. 工作机制

三阶段提交的思路与二阶段提交的思路类似，需要注意的是，三阶段将二阶段提交的准备阶段一分为二，这么做的原因主要是为了保证在最后的提交阶段之前各个参与者的状态是一致的。另外就是引入的超时机制，在二阶段提交中只有协调者拥有超时机制，但是三阶段提交中协调者与参与者都有超时机制，主要是为了避免阻塞状态。

三阶段提交的流程如图 3-4 所示。

从图 3-4 中可以看到，三阶段提交的三个阶段分别为 CanCommit（事务询问）、PreCommit（预提交）、do Commit（执行）。

其中，CanCommit 阶段是按照事务询问、检查和响应流程进行的。

（1）事务询问

协调者向所有的参与者发送包含事务内容的 CanCommit 请求，向所有的参与者询问是否可以提交事务，并等待各个参与者的响应。

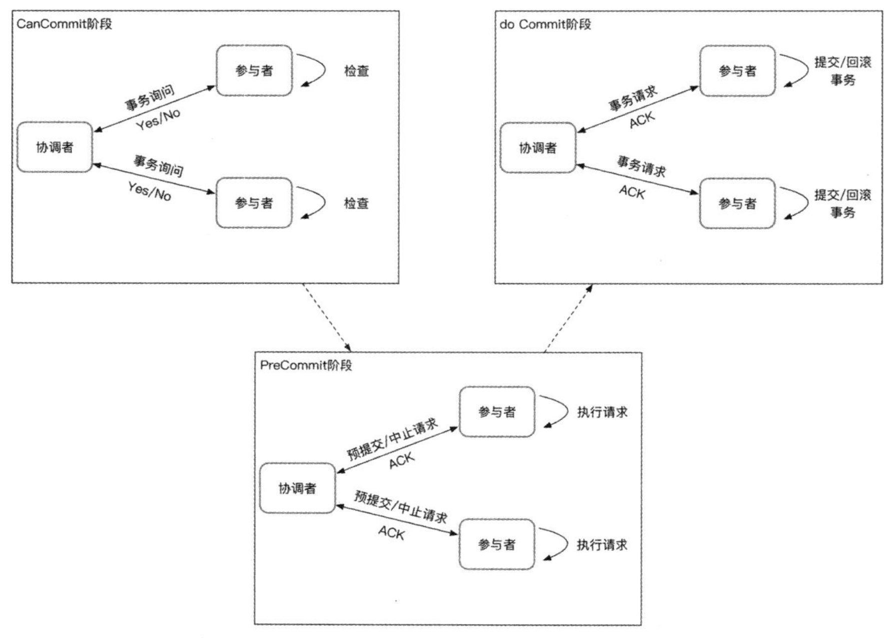

图 3-4　三阶段提交流程

（2）检查

各个参与者节点收到协调者发送的包含事务内容的 CanCommit 请求后，开始检查是否可以提交。

（3）响应

如果参与者节点认为可以执行事务操作，那么就反馈给协调者 Yes 的响应并且进入预备状态；如果参与者节点认为不可以执行事务操作，那么就反馈给协调者 No 的响应。

PreCommit 阶段包含预提交/中止请求、执行请求和响应三个步骤。

（1）预提交/中止请求

在阶段一时，如果所有的参与者反馈给协调者都是 Yes 的响应，那么协调者此时会向所有参与者发出 preCommit 请求以进入准备阶段；如果存在参与者反馈给协调者是 No 的响应或者协调者在等待超时后未收到所有参与者的反馈，那么协调者会向所有参与者发出 abort 请求。

（2）执行请求

当参与者收到 preCommit 请求后，参与者节点执行事务操作，并将 Undo 和 Redo 信息记入事务日志中，注意此过程不会提交事务。如果参与者收到的是 abort 请求或者在等待协调者的预提交请求过程中等待超时，那么参与者节点会进行中断事务。

（3）响应

参与者在执行对应请求后，就会向协调者反馈 ACK 响应或者 No 响应，并等待最终的指令。

最后的 do Commit 阶段和二阶段提交中的提交阶段一样，包含事务请求、提交/回滚事务和响应三个流程。

（1）事务请求

在阶段二时，如果所有的参与者反馈给协调者都是 ACK，那么协调者此时会向所有参与者发出 do Commit 请求；如果存在参与者反馈给协调者是 No 的响应或者协调者在等待超时后未收到所有参与者的反馈，那么协调者会向所有参与者发出 abort 请求。

（2）提交/回滚事务

如果参与者收到的是 do Commit 请求，那么参与者会执行事务的提交；如果参与者收到的是 abort 请求，那么参与者会使用前面阶段的 Undo 信息执行回滚操作。不管收到的是 do Commit 请求还是 abort 请求，最后都会释放整个事务期间占用的资源。

（3）响应

参与者在完成事务提交后，就会向协调者反馈 ACK 完成消息。

在 do Commit 阶段中，当协调者收到所有的参与者反馈的 ACK 完成消息后，即完成了事务。

2．优缺点分析

相较于二阶段提交来说，三阶段提交解决了协调者单点问题以及减少了阻塞，不过三阶段提交还是存在数据不一致的问题。比如，当参与者成功完成了阶段二后，在阶段三时如果协调者要发送 abort 请求，但是此时协调者出现故障导致参与者在等待超时后继续执行事务的提交，此时就会造成数据的不一致。

3.3.3　服务化的二阶段提交（TCC）

服务化的二阶段提交（Try-Confirm-Cancel，TCC），有时候也称为补偿事务，其是二阶段提交的一种改进，从本质上来说，TCC 的事务处理流程与二阶段提交类似，TCC 是服务化的二阶段编程模型，相较于二阶段提交来说，二阶段提交一般是数据库层面，而 TCC 是应用层面的二阶段提交。

1．工作机制

TCC 的思路简单概括为：对于每个操作都要有一个与其对应的确认和补偿（撤销）操作。

TCC 将整个业务逻辑的各个分支都显式地分为 Try、Confirm、Cancel 三个操作，其中：

- Try 操作主要是完成业务的准备工作，负责资源的检查与预留；
- Confirm 操作主要是执行业务逻辑，会使用到 Try 中预留的资源；
- Cancel 操作主要是预留资源的取消，会释放掉 Try 中预留的资源。

TCC 的流程如图 3-5 所示。

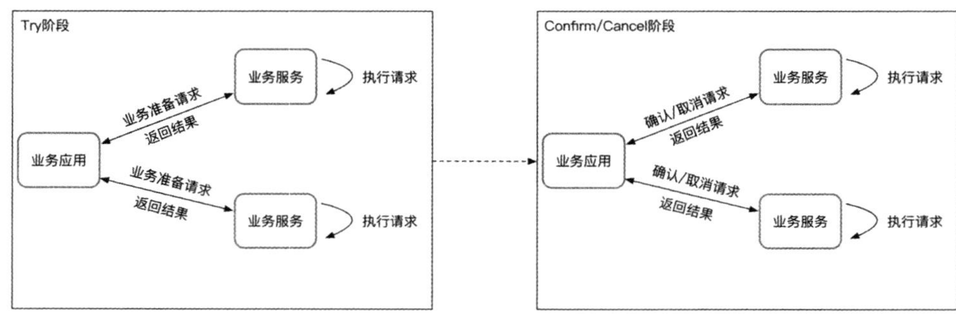

图 3-5　TCC 流程

从图 3-5 中可以看到，TCC 由两个阶段组成，一个是 Try，另一个是 Confirm/Cancel。由于 TCC 是应用层面的二阶段提交，为了便于理解，将以电子商城购物为例来说明这个图，假设业务应用为电子商城，业务服务为电子商城的订单服务与商品服务。

其中，Try 阶段主要是业务请求的准备、执行和响应。

（1）业务准备请求

当在电子商城中购物时，业务准备请求会向订单服务、商品服务发起，对于订单服务的请求主要是为了创建一个用户新的商品订单，对于商品服务的请求主要是为了检查是否有足够的库存以及预留用户需要购买的商品数量。

（2）执行请求

执行请求主要是订单服务创建初始订单的执行，商品服务对于检查商品库存以及预留购买的商品数量的执行。

（3）响应

响应主要是订单服务、商品服务对于执行情况的结果反馈。

业务到了 Confirm/Cancel 阶段，则需要根据情况对请求进行确认或者取消，如果确认成功，接下来就是执行和响应。

（1）确认/取消请求

在 Try 阶段时如果订单服务、商品服务对于执行情况的结果反馈都是成功状态，那么业务应用会对订单服务、商品服务发起确认请求；如果订单服务、商品服务对于执行情况的结果反馈存在失败状态，那么业务应用会对订单服务、商品服务发起取消请求。

（2）执行请求

当订单服务、商品服务收到的是确认请求时，订单服务会将订单状态变为已确认状态，商品服务会将预留的商品数量直接减掉；当订单服务、商品服务收到的是取消请求时，订单服务会将订单状态变为已取消状态，商品服务会将预留的商品数量重新添加回库存数量中。

（3）响应

响应主要是订单服务、商品服务对于执行情况的结果反馈。

2．优缺点分析

TCC 的优点主要是应用可以自定义数据库的操作粒度，这样可以降低锁资源、提高性能，同时基于 Confirm 与 Cancel 的幂等性，可以保证事务最终完成确认或取消，可以确保数据的一致性。TCC 的缺点是对于应用的侵入性较强，业务逻辑的各个分支都需要实现 Try、Confirm、Cancel 这三个操作，开发成本较高。

3.3.4　基于消息的最终一致性方案

基于消息的最终一致性方案，主要通过消息中间件来确保相关应用中数据操作的一致性。

简单来说就是将本地操作和发送消息放在一个事务中，之后对应应用通过消息中间件订阅消息，收到消息后开始执行相关操作。从本质上来说，该方案就是把分布式事务转换成两个本地事务。

基于消息的最终一致性方案流程如图 3-6 所示。

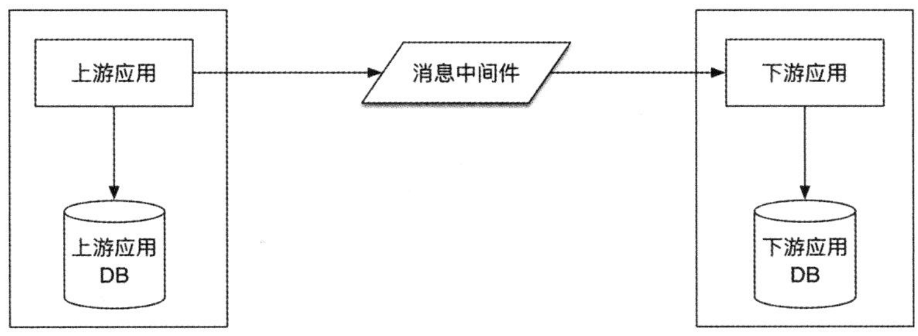

图 3-6　基于消息的最终一致性方案流程

从图 3-6 中可以看到，基于消息的最终一致性方案主要分为上、下游应用，中间由消息中间件连接，可以将上、下游应用理解为事务的第一处理方与第二处理方。

其中，上游应用的主要流程是在本地事务中处理业务相关操作以及发送事务消息到消息中间件中，下游应用的主要流程是订阅消息中间件中的消息，收到消息后处理业务相关操作。

基于消息的最终一致性方案的优点主要是实现起来较容易，缺点是对应用的侵入性较高，需要对应用进行大量的业务改造。

3.3.5　如何选择事务控制解决方案

在我们介绍完微服务场景下的几种事务控制的解决方案后，我们有必要对介绍的这几种解决方案做一个总结，以便于大家对这几种解决方案有一个更为清晰的比较与认知，这样子的话我们在日常的工作中也好根据实际的情况来进行选择。

微服务场景下几种事务控制解决方案的总结如表 3-1 所示。

表 3-1　微服务场景下几种事务控制解决方案的总结

解决方案	二阶段提交（2pc）	三阶段提交（3pc）	服务化的二阶段提交（tcc）	基于消息的最终一致性
一致性	强一致性	强一致性	最终一致性	最终一致性
性能	低并发	低并发	高并发	高并发
维护成本	较低	中	较高	中
业务侵入性	较小	较小	大	较大
适用场景	适合于执行时间确定的短事务场景，比如单体应用中同一个接口内进行跨库操作	适合于执行时间确定的短事务场景，比如单体应用中同一个接口内进行跨库操作	适用于执行时间确定、较短且实时性要求高的长事务场景，比如电商业务中的支付交易	适合执行周期长且实时性要求不高的长事务场景，比如用户中心的积分账户增加积分

在实际的项目中，如果存在必须保持一致性的业务，那么从最开始的服务划分时就应该慎重考虑与设计，尽可能地避免须保持一致性的业务的拆分。如果实在避免不了，在对分布式事务的设计上也不一定必须考虑所有的异常情况，有些时候不建议过度地设计各种回滚、补偿等机制，毕竟过度地设计各种回滚、补偿等机制会将系统的复杂度进一步提升，并且出现 bug 的概率也会进一步提升，简单地说就是代码行数越少出现 bug 的可能性越低。

当然，在选择使用分布式事务时，应该根据项目的实际情况以及业务场景来选择合适的解决方案，在定好了解决方案后，尽量不要根据解决方案的思路和原理自己动手来实现，不需要重复造轮子，可以考虑直接使用已有的现成的解决方案，比如开源的分布式事务解决方案 Seata 等。

接下来，我们将说下微服务的设计模式，关于我们为什么要说微服务的设计模式，主要原因是当我们要切换到微服务上进行架构设计时，就不可避免地需要考虑设计模式。

3.4　微服务架构常见的设计模式

简单地说，设计模式就是对于软件设计中普遍存在或者反复出现的各种问题所提出的解决方案，而微服务的设计模式同样基于此而产生。

本节将从数据存储、服务发现、日志聚合与审计、服务健康检查与追踪等方面介绍微服务架构常见的设计模式，这些设计模式解决的问题各不相同。比如，服务发现在微服务中提供服务注册与发现，便于各个服务间的相互调用等；API 网关可以为微服务架构中的各个服务提供一个统一的访问入口等；服务健康检查可以定期调用相关接口，以此来确定应用服务实例的运行状况等。接下来，我们将详细地介绍各个常见的设计模式。

3.4.1　独享数据库

在使用单体应用时，一般情况下都是把数据放在一个数据库中，但是当切到微服务上进行架构设计时，就要面临数据库层面的问题，为什么呢？

因为在微服务中服务都是松耦合的，这样才能确保各个服务能够独立地开发、部署和扩展，而如果要松耦合，除了在代码层面服务要松耦合之外，有些服务可能还需要持久化数据到数据库中。比如，在电子商城系统中的用户服务需要存储用户相关的数据，订单服务需要存储订单相关的数据，那么就没办法像在单体应用时使用一个数据库，使用一个数据库可能会导致各个服务在数据库层面上严重耦合。

对于这个问题，可以使用独享数据库的设计模式来解决。保持每个微服务的持久化数据是私有的，并且只能通过该服务的 API 来访问。

独享数据库设计模式结构如图 3-7 所示。为便于理解，结构图还是以电子商城系统中的用户服务与订单服务为例进行介绍。

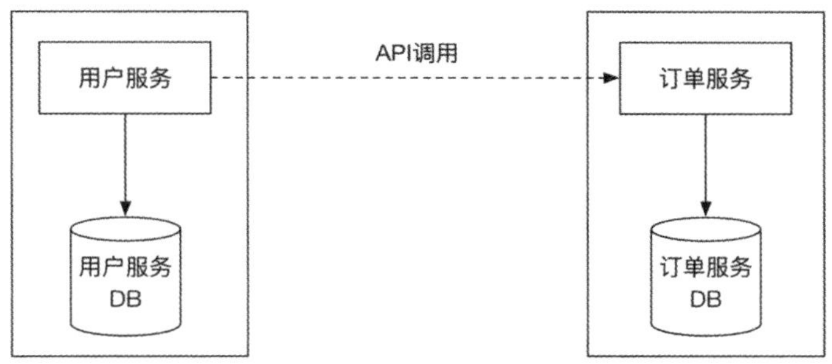

图 3-7　独享数据库设计模式结构

从图 3-7 中可以看到，用户服务、订单服务的持久化数据是私有的，除了服务自身，其他的服务不能直接访问。另外，如果用户服务需要访问订单服务的数据，只能通过订单服务的 API 来访问。

在保持每个微服务的持久化数据是私有的情况下，也不一定非要每个微服务都是单独的数据库，如何理解呢？

比如，如果使用的是类似于 MySQL 的关系型数据库，则不一定需要搭建多个数据库环境供各个微服务来分别使用，可以通过设计让各个服务拥有一组只有该服务可以访问的表，或者是让各个服务拥有一个只有该服务可以访问的 schema 或 database 即可。

3.4.2　事件溯源

在使用单体应用时，以往使用的 CRUD（增删改查）模式比较常见，这种模式下数据的处理过程一般是将数据从数据库中查出来，然后对数据进行修改或者删除后再将数据更新到数据库中。CRUD 模式存在一些局限性，比如在数据更新过程中数据表是被锁的，执行直接依赖数据库的增删改查的开销会影响整个应用的性能，并且当多个用户同时操作同一张表进行数据更新时还有可能造成冲突。

当切到微服务上进行架构设计时，如果采用以往的 CRUD 模式也会存在这些局限性。另外，如果有业务需求需要查看业务的历史状态，除非还单独有一个可以记录所有业务细节的日志应用，否则只能看到业务的当前状态，而以往的历史状态是看不到的。

对于这个问题，可以使用事件溯源的设计模式来解决。事件源将数据操作过程中经历的所有动作都描述成事件并且持久化到事件存储中，同时事件存储提供 API 以便于应用服务可以订阅事件。

我们同样以电子商城系统中我们的用户服务与订单服务为例来看一下事件溯源模式的流程，如图 3-8 所示。

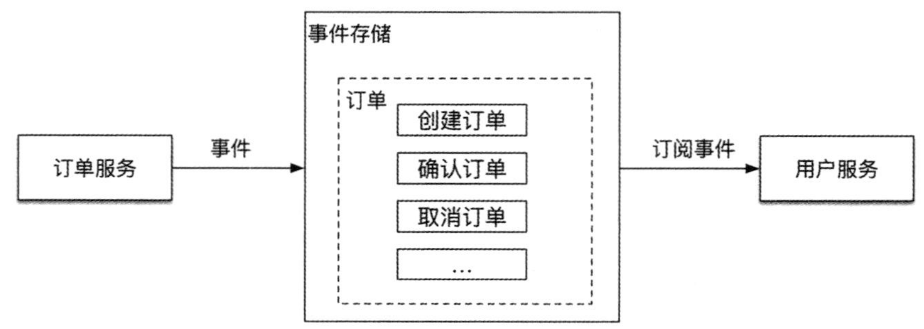

图 3-8　事件溯源设计模式流程

从图 3-8 中可以看到，订单服务作为订单事件源将订单数据过程中的所有动作都描述成事件，当创建订单时就有一个创建订单的事件被添加到事件列表中，当确认订单时就有一个确认订单的事件被添加到事件列表中，只要数据有新的变化时，就有一个新的事件被添加到事件列表中。同时，事件存储不仅仅承担数据库的角色，还提供了类似于消息中间件的功能，用户服务可以根据其提供的 API 来订阅事件。

在实际的运用过程中，事件溯源一般与命令查询职责分离结合使用，以便于应用更好地进行读写分离。

3.4.3　命令查询职责分离

命令查询职责分离，也就是我们常说的 CQRS，在介绍 CQRS 之前，我们先了解一下以往的基本的数据管理系统，这样便于我们比较理解。

以往的基本的数据管理系统一般采用平常较熟悉的三层架构，一般情况下，大致的流程是控制层接收到前端的业务请求后，会去调用相关的业务层来处理业务逻辑，处理业务逻辑的过程中会去调用数据访问层进行相应数据的增删改查，之后业务层会将处理结果封装成 DTO 对象返回给控制层，最后前端进行页面渲染。

在这种数据管理系统中，基本上围绕着关系型数据库构建而成的增删改查系统，也就是常说的 CRUD 系统，这种 CRUD 系统本身没有什么问题，但是当系统的用户数越来越多、并发越来越大以及业务逻辑越来越复杂时，应用系统一般会出现性能问题。

当应用系统出现性能问题后，在分析应用系统的性能问题时，数据库的相关操作是造成系统瓶颈的一个因素，这时常用到的解决方案之一就是对数据库进行读/写分离。比如，对数据库进行主从设置，主从数据库之间进行数据同步，让主数据库处理写数据的相关操作，从数据库处理读数据的相关操作。

上面说的对数据库进行读/写分离的解决方案只是从 DB 的角度上处理读/写分离，从应用的角度来看，读和写操作依旧是同一个实体对象，并且读和写的逻辑也还是放在一起的。

现在我们说下命令查询职责分离的设计模式，如果对数据库读/写分离熟悉，那么命令查询职责分离的设计模式很好理解，命令查询职责分离和数据库读/写分离类似，命令查询职责分离的设计模式主要是在应用层面做了读/写分离，主要是将应用分为两部分，即命令部分和查询部分。其中，命令部分主要是处理写数据的相关操作，查询部分主要是处理读数据的相关操作。

我们提到过事件溯源一般会与命令查询职责分离结合使用，怎样来结合使用呢，为便于理解，我们看一下使用事件溯源与命令查询职责分离的应用程序流程，如图 3-9 所示。

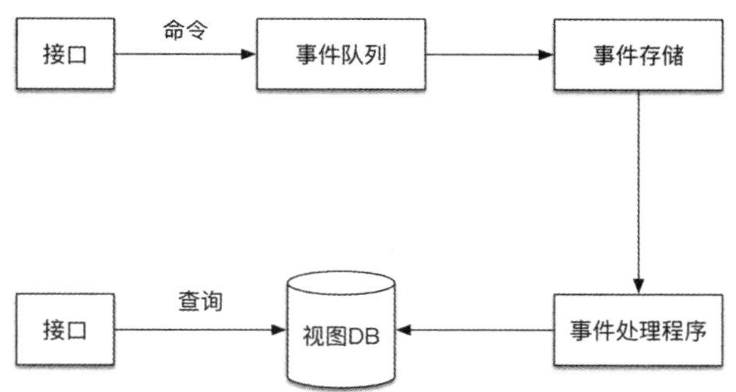

图 3-9　使用事件溯源与命令查询职责分离流程

从图 3-9 中可以看到，当事件溯源与命令查询职责分离结合后，对于命令部分，即 command 类型的请求，通过事件溯源来处理写数据的相关操作，另外有一个事件处理程序来监听相应事件并且更新物化视图；对于查询部分，即 query 类型的请求，直接通过相应 DB 获取数据返回。

3.4.4　外部化配置

日常工作中，应用程序的配置文件一般有多份，比如，在本地开发时会有开发环境的相关配置，当部署到测试环境时会有测试环境的配置，当部署到 staging 环境时会有

staging 环境的配置，当部署到生产环境时会有生产环境的配置。

在使用单体应用时，很早就碰到了外部化配置的问题，特别是当有多个单体应用并且这些单体应用还得共享同一份配置信息。比如，都要连接同一个消息队列服务时，这种问题凸显得尤为明显，之前往往会自建一个应用服务来解决单体应用拉取相关对应配置的需求。

当切到微服务上进行架构设计时，应用其实已经被划分为很多个小的服务，除了不同的环境对应不同的配置信息之外，这时假如还要更新一次数据库的配置信息，并且所有的服务都需要进行此操作，如果在更新部署的过程中，某个服务忘记修改了配置信息，那么肯定会出现一些不可预知的业务问题。

对于这个问题，可以使用外部化配置的设计模式来解决。首先将应用程序的所有配置信息外部化，其次将这些配置信息统一地集中管理，当应用服务启动时，应用服务自动地去统一配置中心服务中获取对应的配置信息。

在使用单体应用时，如果自建过一个应用服务来解决配置问题时，就已经使用到外部化配置的设计模式，只不过有时候没有自建应用服务解决配置问题可能就没有太多感触，不过当我们切到微服务上时大部分时候都会使用到。

统一配置中心流程如图 3-10 所示。

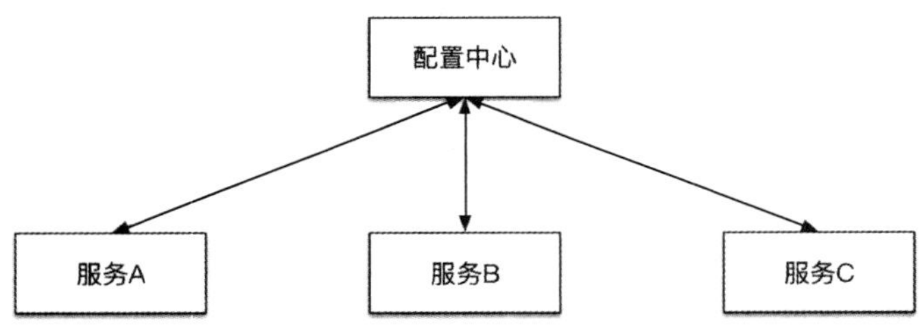

图 3-10　统一配置中心流程

从图 3-10 中可以看到，各个服务与配置中心进行交互，从配置中心获取对应的配置信息，而配置中心主要是存储及管理配置信息，这些配置信息一般包括各类资源的配置信息与各类业务的配置信息，比如数据库、中间件服务地址以及具体业务要使用到的业务自定义参数等。

3.4.5　API 网关

使用单体应用时，一般情况下不会碰到 API 网关的问题。下面还是以电子商城为例，比如之前的用户服务、订单服务、商品服务都在同一个工程里，客户端只需调用这一个工程即可完成业务请求，但是当切到微服务上进行架构设计时，用户服务、订单服务、商品服务都属于自己单独的工程，客户端要完成一个业务请求可能需要调用多个服务的接口才能完成。

假设这时客户端要完成一个业务请求并且需要调用多个服务的接口，如果客户端分别直接与各个服务工程进行通信，那么客户端会碰到很多问题。比如，客户端要从不同的端口去请求不同的服务工程。另外，由于请求的是不同的服务工程可能还会存在跨域的问题。如果服务工程接口必须要用户认证，那么还要根据具体情况对需要的服务进行独立的用户认证。

这时就会用到 API 网关的设计模式，该模式会实现一个 API 网关，这个 API 网关为微服务架构中的各个服务提供一个统一的访问入口，所有的 API 调用请求都会通过 API 网关；图 3-11 所示为 APT 网关设计模式的流程。

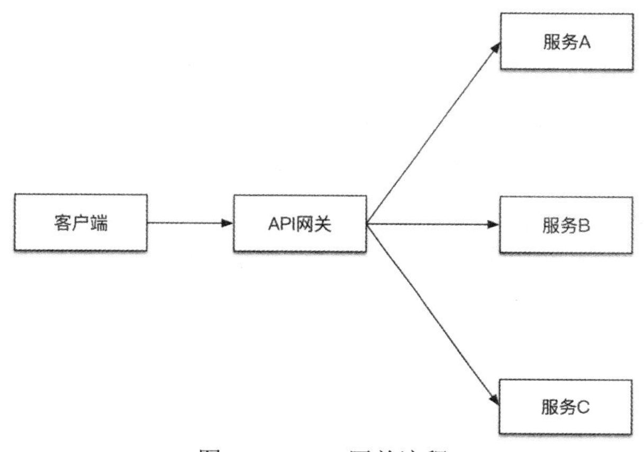

图 3-11　API 网关流程

从图 3-11 中可以看到，API 网关相当于是客户端与服务端之间的中间层，API 网关为微服务架构中的各个服务提供一个统一的访问入口，当客户端需要访问微服务架构中的各个服务时，通过 API 网关进行调用。如果各个服务需要用户认证，不需要每个服务单独地进行用户认证，可以在 API 网关中进行用户认证，之后再通过 API 网关将访问请求转发至对应的后端服务上。

3.4.6　服务发现

在使用单体应用时，一般情况下，各个业务之间都是通过函数进行调用的，但是当切到微服务上进行架构设计时，就不得不面对服务间调用的问题了，为什么呢？

当切到微服务上进行架构设计时，各个业务一般情况下都会被剥离出来成为各个单独的小的服务，之前通过函数进行调用就没办法进行，只能进行服务间的调用。

可能这时我们会想到，直接将原有的通过函数来进行调用的地方改成对应服务的 IP 地址和端口来进行调用就可以解决问题了，这样在特定的情况下确实是可以解决服务间调用的问题，但是在实际的工作中只能说并没有解决问题。

为什么说在实际的工作中并没有解决问题呢，主要是因为在应用实际的运营过程中，各个服务不一定只有一个实例。一般情况下，各个服务都会存在多个实例，并且各个实例也不一定部署在同一台服务器上或者暴露的端口也不一定一样。另外可能还会根据应用的实际运营情况动态地进行扩缩容，这样硬编码对应服务的 IP 地址和端口是没法实现动态替换的。

对于这个问题，可以使用服务发现的设计模式来解决。

首先，创建一个服务注册表或者是可用服务的数据库，在服务启动时将该实例从注册表中进行注册，在服务终止时将该实例从注册表中进行注销。其次，需要进行服务调用时通过服务注册表获取目标服务的实例地址，另外服务实例的可用性通过心跳机制定时刷新。

在看了上面说的服务发现的设计模式后，其实我们可以发现，服务发现的设计模式包含了服务注册与服务发现，在该设计模式下服务注册表比较关键。下面介绍两种不同的服务发现模式：客户端服务发现模式与服务器端服务发现模式。

（1）客户端服务发现模式

客户端服务发现模式主要是客户端负责确定服务提供者的可用实例地址列表与负载均衡策略；该模式的流程如图 3-12 所示。

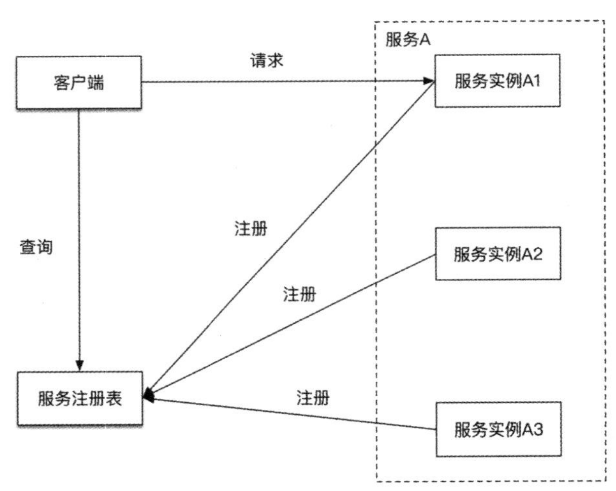

图 3-12　客户端服务发现模式流程

通过图 3-12 可以看到，服务 A 有多个服务实例，它们都会向服务注册表发起注册，当客户端需要调用服务 A 时，客户端会到服务注册表中查询目标服务的实例地址列表，之后客户端会使用负载均衡算法选择其中一个服务实例来发起请求。

（2）服务端服务发现模式

服务端服务发现模式主要是客户端通过负载均衡器访问目标服务，而负载均衡器负责确定服务提供者的可用实例地址列表及转发请求；图 3-13 所示为服务端服务发现模式的流程。

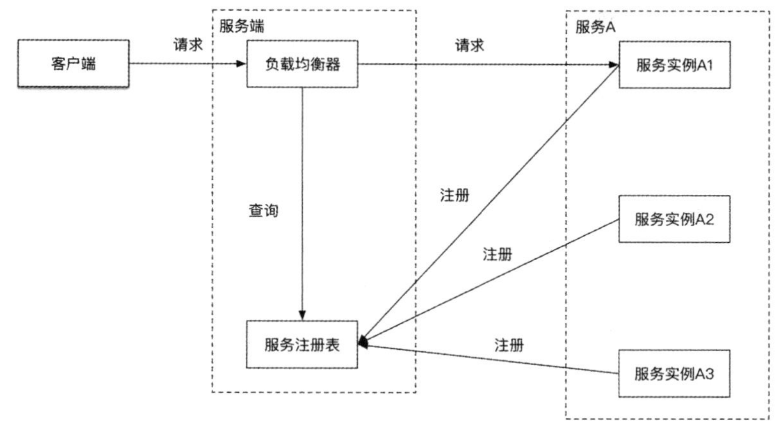

图 3-13　服务端服务发现模式流程

通过图 3-13 可以看到，服务 A 也有多个服务实例，它们都会向服务注册表发起注册。当客户端需要调用服务 A 时，就不是客户端直接到服务注册表中查询目标服务的实例地址列表，而是客户端将请求发送给负载均衡器，负载均衡器会去查询目标服务的实例地址列表，并且使用负载均衡算法选择其中一个服务实例后进行请求转发。

这两种服务发现模式各有利弊，客户端服务发现相对于服务端服务发现来说，网络转发次数更少，但是客户端与服务注册表是强耦合的。服务端服务发现相对于客户端服务发现来说，客户端与服务注册表是解耦的，但是需要额外部署和维护一个高可用的负载均衡器，关于采用何种服务发现模式主要还是看实际工作中的业务需求与设计。

3.4.7　断路器

当切到微服务上进行架构设计时，某些业务需求存在一个服务去调用另外一个服务的情况，但是有些时候，这种调用很容易碰到一些情况。比如，网络连接延迟较高、连接超时或者被调用方不可用等。这种情况下，一个服务的故障可能会导致其他服务也开始产生故障，最后形成雪崩效应，导致整个应用程序都不可用。

断路器的设计模式可以解决以上遇到的问题，它让各服务之间通过代理进行服务调用，这个代理的工作机制与断路器类似。图 3-14 所示为断路器的工作机制，读者会有更直观的了解。

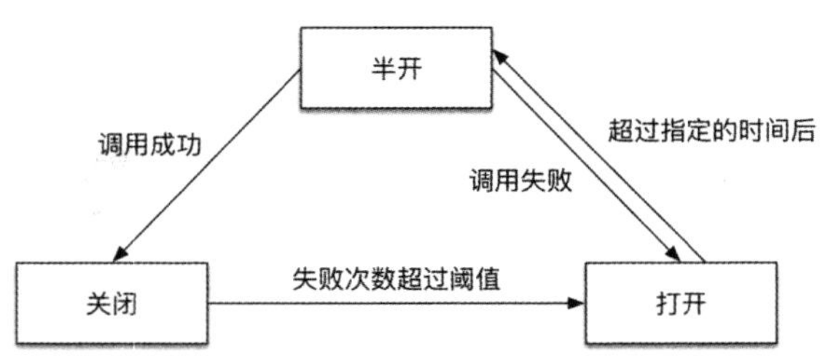

图 3-14　断路器流程

从图 3-14 中可以看到，断路器有三个状态：关闭、打开与半开。当调用请求失败次数超过阈值时，断路器会被打开，在一定时间内所有的调用请求都会直接立即失败，超过指定的时间后；断路器变成半开的状态，有一定数量的调用请求会被放行。如果这些请求成功了，那么就会认为之前发生的错误已经被修复，断路器会变成关闭的状态，同时重置之前的失败次数，之后的调用请求都会被放行。如果这些请求失败了，断路器又会重复之前的打开流程。

3.4.8　健康检查

当应用微服务之后，一般情况下有多个服务以及多个服务实例，有些时候某个服务实例可能在服务器中查看进程是存在的，但是这个服务实例却有可能并不能处理调用请求，比如数据库连接池占满了。其实，在使用单体应用时也有可能碰到这种情况，应该如何确保微服务是可用的呢？

使用健康检查的设计模式就可以解决，健康检查的设计模式可以定期调用该健康检查的接口来确定应用服务实例的运行状况。图 3-18 所示为健康检查的流程。

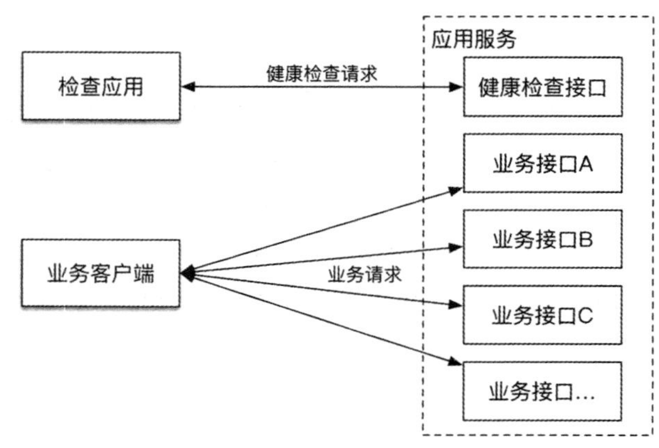

图 3-15　健康检查流程

从图 3-18 中可以看到，应用服务中包含很多个业务接口，除了业务接口外，应用服务还实现了健康检查的接口。而对于接口调用来说，业务客户端会对业务接口进行业务请求的调用，而检查应用会对健康检查接口进行健康检查请求的调用。

这也是健康检查的设计模式的机制：首先，应用服务实现健康检查的接口；其次，运行检查应用定期调用该健康检查的接口来确定应用服务实例的运行状况。

健康检查接口和检查应用的区别是什么呢？健康检查接口是指应用服务专门新增了一个/health 的 API 接口，而这个/health 的 API 接口即为健康检查接口，当访问该接口时就会返回服务实例的运行情况。检查应用则可以是专门的监控服务，也可以是负载均衡器。

3.4.9　日志聚合

在使用单体应用时，一般情况下，如果没有大量的实例，那么就不会使用到日志聚合，但是当切到微服务后，碰到日志的问题就会大很多，为什么呢？

在切到微服务后，应用一般会由多个服务组成，并且每个服务可能还存在多个服务实例。这时，业务运行日志分散在不同的文件目录下，如果部署服务时用到了多个服务器，业务运行日志还可能分散在不同服务器的相同文件目录下。如果业务请求有一个错误发生，当需要排查业务日志来查找问题时，因为不一定知道具体是哪个服务以及哪个服务实例出错了，就要一台台服务器以及一个个文件目录的来查找对应日志。

这个问题，可以使用日志聚合的设计模式来解决。

使用一个集中的日志记录服务来聚合各个服务的日志，然后通过此服务搜索和分析日志。图 3-16 所示为日志聚合的流程。

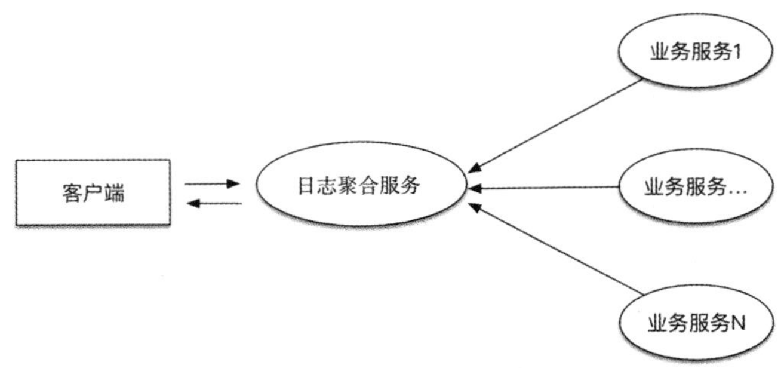

图 3-16　日志聚合流程

从图 3-16 中可以看到，所有业务服务的日志都会发送到日志聚合服务中，而客户端如果需要查看日志等操作，则直接与日志聚合服务进行交互即可。

3.4.10　日志审计

不管是使用单体应用还是微服务，很多时候除了要使用到日志聚合外，可能还会记录系统的用户行为以满足系统安全的需要。

这个问题可以使用日志审计的设计模式来解决。把用户行为记录在数据库中。图 3-17 所示为日志审计的流程。

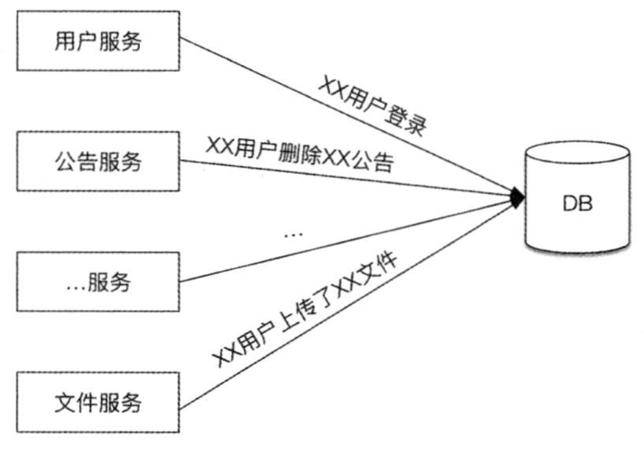

图 3-17 日志审计流程

从图 3-17 中可以看到，假设有一个应用包含多个服务，比如用户、公告、文件等服务。当使用日志审计的设计模式时，用户服务将用户登录的信息记录至数据库中，公告服务将用户对公告的操作信息记录至数据库中，文件服务将用户对文件的操作信息记录至数据库中，而其他的服务将对应的用户行为记录至数据库中。

3.4.11 分布式追踪

在切到微服务后，有时候一个请求往往会调用多个服务，并且每个服务都可能执行一个或者多个业务操作。如果这个请求失败了，是很难快速定位和发现应用系统的问题的，因为不知道在这个调用过程中到底是哪个服务出现问题，需要一个个服务地进行排查。

为了提升效率，可以使用分布式追踪的设计模式；它为每一个外部请求都添加一个唯一的请求 ID，当请求调用服务时将这个请求 ID 传递给调用的服务，如果调用多个服务，那么就将这个请求 ID 传递给多个服务，另外将请求及请求 ID 都记录下来，在集中式服务中处理请求执行的链路及操作时间等。图 3-18 所示为分布式追踪的流程。

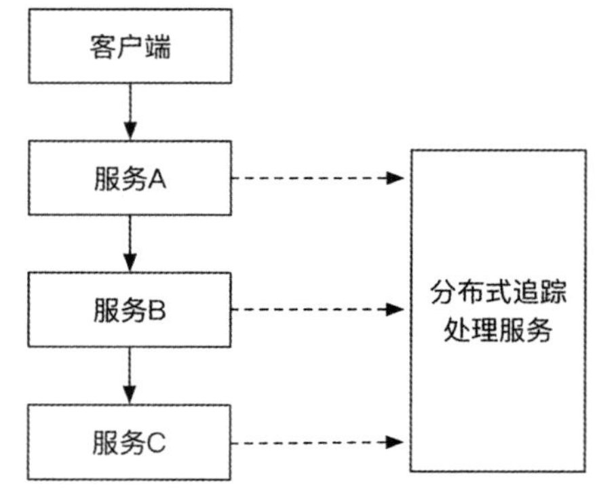

图 3-18 分布式追踪流程

从图 3-20 中可以看到，当客户端访问某个业务时，业务请求调用了服务 A，之后服务 A 又调用了服务 B，服务 B 又调用了服务 C，在这个调用链上，为该业务请求添加唯一的请求 ID，每个服务都会收到该请求 ID。另外，在被调用的服务中各个服务都会将请求的相关信息发送至分布式追踪处理服务，以便于追踪数据的处理。

3.4.12 访问令牌

在使用单体应用时，一般情况下用户在进行登录时向应用程序发送登录请求，应用程序对用户信息进行校验，验证通过后应用程序将用户信息放到 session 中，并且生成一个 sessionId 放到 cookie 中然后返回给浏览器。在用户登录后进行其他操作时，会在请求头的 cookie 中放入 sessionId，同时加上请求的数据一起发送给应用程序，应用程序根据 sessionId 获取对应的用户信息。

当业务请求量越来越大时，单个单体应用可能就无法处理大量的业务请求，一般会对单体应用进行水平扩展，单体应用进行水平扩展后如果没有使用类似于 ip_hash 这种负载均衡策略，那么用户的每一次会话不一定会发送到同一个单体应用的实例中，就会造成单体应用的多个实例不一定能够根据 sessionId 获取到对应的用户信息。这时往往会基于第三方组件来实现 session 共享，以便于单体应用的多个实例都可以获取到对应的用户信息。

当切换到微服务上进行架构设计时，单体应用的这种方式就不太适用了。首先，非 session 共享的情况下，在单体应用中用户信息使用内存中的安全上下文来传递，而在微服务中由于分成了多个服务，服务之间无法共享内存。其次，session 共享的情况下，多个服务可以基于第三方组件来实现 session 共享，那么就违背了松耦合的原则，所以当切到微服务上进行架构设计时，如何处理用户身份验证是需要解决的一个问题。

对于这个问题，可以使用访问令牌的设计模式来解决；我们使用 API 网关在请求转发给服务之前对其进行身份验证，并在请求中传递访问令牌，各个服务使用访问令牌获取用户信息。

下面我们来看一下访问令牌的设计模式，其简化流程如图 3-19 所示。

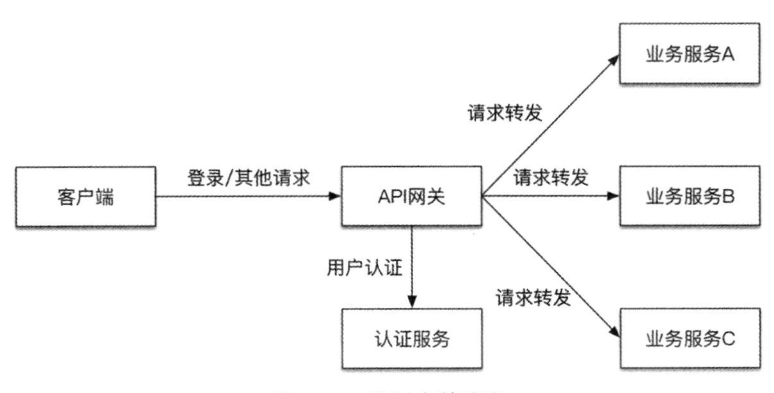

图 3-19 访问令牌流程

从图 3-19 中可以看到，访问令牌的基础流程是客户端首先发起包含用户认证信息的登录请求，然后 API 网关拿着用户认证数据调用认证服务进行用户认证，之后返回访问令牌。

客户端拿到访问令牌后，在之后发起的业务操作请求中就包含访问令牌。当 API 网关收到业务操作请求时，在把业务操作请求转发给业务服务时也会把访问令牌转发给业务服务，而业务服务则是通过访问令牌获取用户信息。当然，也可以在 API 网关内部通过访问令牌获取用户信息，而请求转发给业务服务时直接将用户信息转发给业务服务。

在访问令牌设计模式中，访问令牌有两种不同的类型。一种是不包含用户信息的非透明令牌，使用这种类型的访问令牌，访问令牌接收方如果要校验令牌和获取用户信息就需要调用认证服务。另一种是包含用户信息的透明令牌，这种类型的访问令牌一般使用 JWT，使用这种类型的访问令牌，访问令牌接收方可以自己进行校验令牌和获取用户信息。当切到微服务上进行架构设计时，在安全认证方面，可以考虑采用基于 OAuth 2.0 与 JWT 的方案。

3.5 本章小结

本章主要介绍了一些微服务的相关概念以及应该如何去拆分单体应用为微服务；同时针对微服务的场景介绍了一些常见的微服务的设计模式，为了接下来进行单体应用的微服务改造打下理论基础。接下来我们会基于本章的理论基础将微商城单体应用动手改造为微服务，真正地完成构建云原生应用的第一步。

第 4 章　单体应用微服务改造实践

在第 3 章中已经介绍了单体应用和微服务的基础理论知识，关于单体应用到微服务架构的改造，将基于这些理论知识进行。在进行改造前，一定要清楚会将单体应用程序划分为一组围绕着具体业务的小服务，然后这些服务之间会采用轻量级的通信机制进行通信。另外，在微服务中普遍存在或者反复出现的各种问题，采用第 3 章介绍过的相应设计模式进行解决。

本章将实际动手把之前的微商城单体应用改造成微服务应用，并且在改造成微服务的同时还会应用微服务设计模式，同时展示微商城完全改造成微服务后的总体架构。

4.1　单体应用内分隔服务

从单体应用拆分成微服务前，并不会从一开始就直接创建各个微服务工程，而是会选择相对稳妥的方式进行拆分，这种方式从开发层面看就是先把代码分离成各个服务，但是这些服务还是归属于同一个工程。

在接下来的实际动手的过程中，我们也会遵循这个原则，先在单体应用内进行改动。

4.1.1　创建划分服务的包

第 3 章中已经从业务的维度将服务进行了划分，所以在单体应用的工程内进行改动时，按照之前划分的服务的角度进行改动，第一步就是创建划分的服务的包。

在创建划分的服务包前，回想之前的代码结构，在单体应用中已经将代码按类型分到不同的包中，比如 dao、service 等。在创建划分的服务的包后，将代码包区分成大的服务，并且将之前的代码移动到对应的包中。

这一点如何理解呢？回想之前的代码包的结构，代码如下：

```
groupId artifactId | component type | component name
```

在创建划分服务的 package 后，结构会变成：

```
groupId artifactId | service name | component type | component name
```

下面来看一个例子。

ProductMapper 在项目中原本的结构如下：

```
com.cloudnative.monolith | dao | ProductMapper
```

在创建划分服务的 package 后，ProductMapper 在项目中的结构会变成：

```
com.cloudnative.monolith | product | dao | ProductMapper
```

在按照这种方式区分服务代码包后，代码结构如图 4-1 所示。

由图 4-1 可以看到，新增了一个 commons 的包以及对应的划分服务的包，其中 commons 包中包含的内容如图 4-2 所示。

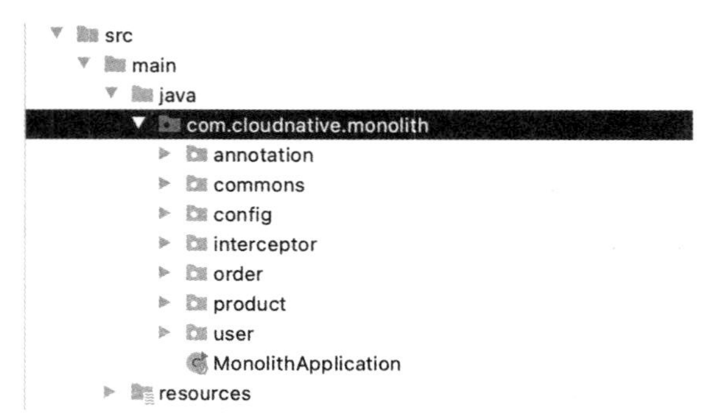

图 4-1　创建划分服务的包

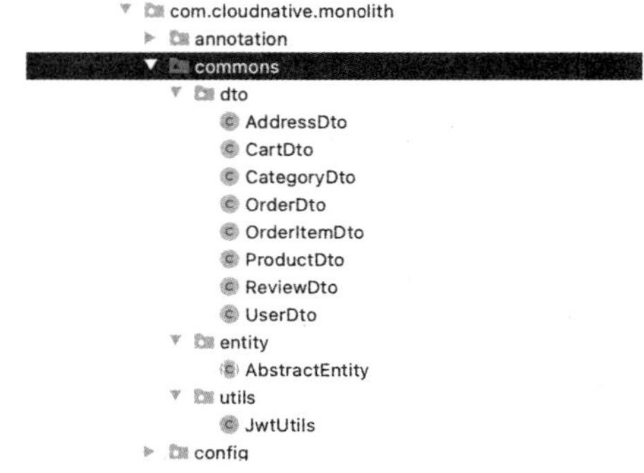

图 4-2　commons 包中包含的内容

结合我们前面说的抽取数据传输对象，从图 4-2 可以看出，抽取了 dto 放入 commons 中，并且将公共的 AbstractEntity 以及 utils 放到 commons 中。

创建划分的服务包图中的 product、order、user 包，这三个包就是划分的商品、订单及用户服务的包。订单服务包中包含的内容，如图 4-3 所示。

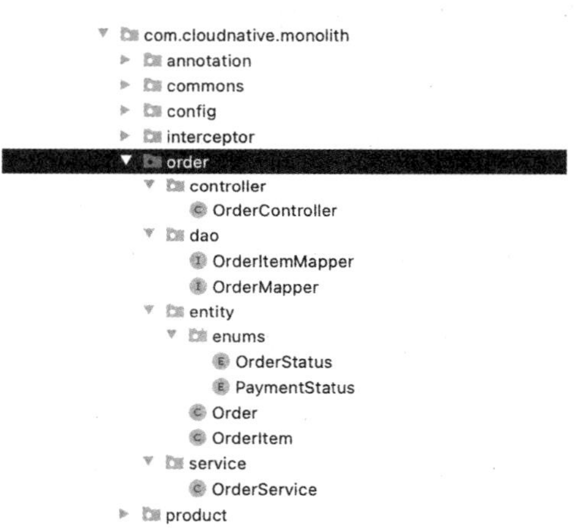

图 4-3　订单服务的包中包含的内容

从图4-3中可以看到，将订单对应的controller、service、dao 以及 entity 放到订单服务中，关于商品及用户的包中包含的内容与订单包中包含的内容类似，都是将对应的 controller、service、dao 以及 entity 放到对应的服务的包中，这里就不再赘述。

在创建了划分的服务的包、将对应的 controller、service 等放到对应的服务的包中以及新增 commons 后，只是完成了单体应用改成微服务的第一步。接下来我们继续朝着单体应用改成微服务前进。

4.1.2　查看依赖结构矩阵

在继续进行微服务改造之前，需要先查看依赖结构矩阵。

什么是依赖结构矩阵？依赖结构矩阵中的每行是一个模块，而列则是在另一维度上显示一组同样的模块，而每个单元格则表示两个模块之间的交集以及它们之间依赖的数目。

在图 4-4 的界面中单击对应的功能按钮，然后选择分析整个项目，弹出图 4-5 所示的分析结构界面，它就是最初的依赖结构矩阵。

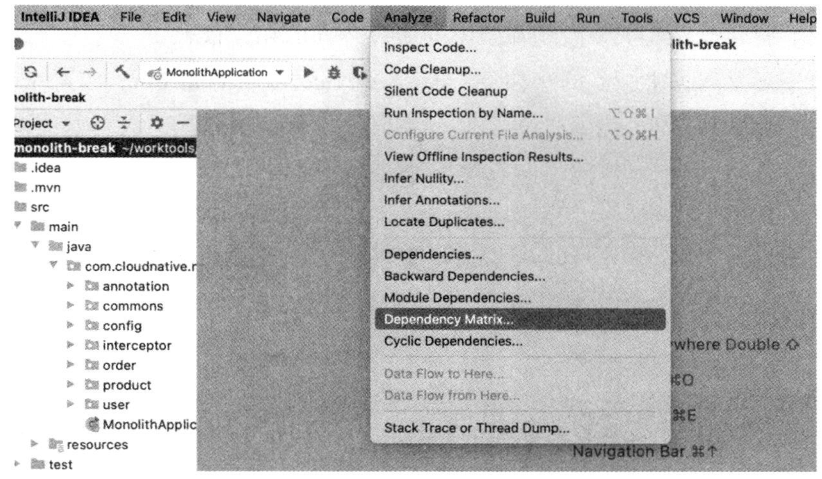

图 4-4　如何查看依赖结构矩阵图

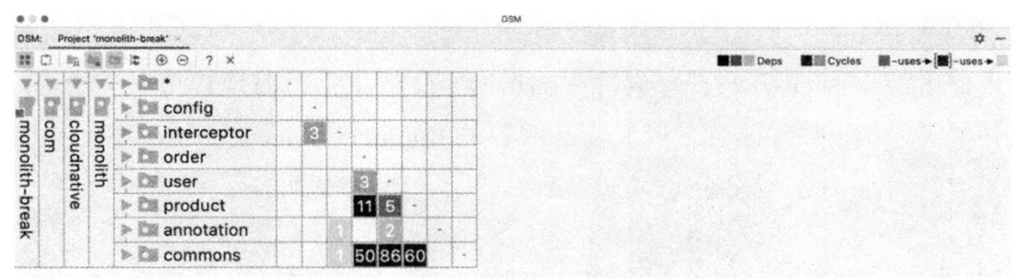

图 4-5　依赖结构矩阵界面

这个依赖结构矩阵结果怎么看呢？

第一行的“*”里面包含启动类以及启动类的测试类，后面的每一行就是之前自己创建的包。从 config 这一行看，config 包中的内容依赖于 interceptor 包中的内容，依赖次数为 3，当下钻 config 包到类级别时，会发现 InterceptorConfig 依赖了 AuthenticationInterceptor，依赖次数为 3。再看 user 这一行，会发现 user 包中的内容依赖于 product 包中的内容，依赖次数为 5，同时 user 包中的内容还依赖于 annotation 与 commons 包中的内容，依赖次数分别为 2 和 86。当然也可以下钻到类级别来查看具体哪个类依赖于哪个类，依赖了多少次。

关于依赖结构矩阵结果中的其他行也是按照上面查看的方法来查看，这里就不再赘述。通过依赖结构矩阵结果来看，我们划分的用户、订单、商品服务相互之间的依赖比较多且比较混乱。

详细了解了用户、订单、商品服务相互之间的依赖后，就知道应该从哪些方面入手将单体应用改成微服务。我们先改造用户、订单、商品服务之间的相互依赖。

4.1.3 改造服务之间的相互依赖

动手改造服务之间的相互依赖前，首先要明确一点，在改造过程中同一个服务的内部相互依赖不需要改动，主要改动在于不同服务之间的相互依赖。

接下来，主要从各个服务的实体类、dao、service 以及 controller 这 4 个方面来看它们是否需要改造以及如何改造不同服务之间的相互依赖。

（1）实体类

在最开始做单体应用时，实体类没有存在相互之间的依赖，这一点可以从依赖结构矩阵中明确地看到，用户、订单、商品服务之间的实体类都只是依赖了 commons 中提取了公共属性的 AbstractEntity，所以实体类不需要进行任何改动。

（2）dao

通过依赖结构矩阵，发现用户、订单、商品服务的 dao 只是依赖了自己服务内部的实体类，由于是同一个服务的内部的相互依赖，所以 dao 也不需要进行任何改动。

（3）service

通过依赖结构矩阵，发现用户、订单、商品服务的 service 存在相互之间的依赖，所以改动直接从 service 开始。

从订单服务的 service 开始看，通过依赖结构矩阵的下钻，发现订单服务的 OrderService 依赖了用户服务的 AddressService 以及商品服务的 ProductService。

接下来对订单服务的 OrderService 进行改动，示例代码如下：

```
@Service
public class OrderService {

    @Autowired
    private OrderMapper orderMapper;

    @Autowired
    private OrderItemMapper orderItemMapper;

    //@Autowired
    //private AddressService addressService;

    //@Autowired
    //private ProductService productService;

    @Autowired
    private RestTemplate restTemplate;
```

```
    /**
     * 生成订单
     * @param orderDto
     * @param userId
     * @return
     */
    @Transactional
    public boolean saveOrder(OrderDto orderDto, String userId) {
        //保存至订单表
        Order order = new Order();
        BeanUtils.copyProperties(orderDto, order);
        order.setUserId(userId);
        String orderId = UUID.randomUUID().toString();
        order.setId(orderId);
        orderMapper.insert(order);
        //保存订单明细
        List<OrderItemDto> orderItemDtoList = orderDto.getOrderItemDto
List();
        List<OrderItem> orderItemList = new ArrayList<>();
        orderItemDtoList.stream().forEach(item -> {
            OrderItem orderItem = new OrderItem();
            BeanUtils.copyProperties(item, orderItem);
            orderItem.setOrderId(orderId);
            orderItem.setId(UUID.randomUUID().toString());
            orderItemList.add(orderItem);
            //减少对应商品库存
            //ProductDto productDto = productService.getProductById
(orderItem.getProductId());
            ProductDto productDto = restTemplate.getForObject(
                    "http://product-service/api/product/detail/{productId}",
                    ProductDto.class,
                    orderItem.getProductId()
            );
            //原库存-商品数量
            long stockCount = productDto.getStockCount() - orderItem.
getQuantity();
            productDto.setStockCount(stockCount);
            //productService.update(productDto);
```

```
            restTemplate.put("http://product-service/api/product/update",
productDto);
        });
        return orderItemMapper.insertBatch(orderItemList) > 0;
    }

    /**
     * 查看订单列表
     * @param userId
     * @return
     */
    public List<OrderDto> list(String userId) {
        List<Order> orderList = orderMapper.list(userId);
        return orderList.stream()
                .map(OrderService::convertDto)
                .collect(Collectors.toList());
    }

    /**
     * 获取指定订单信息
     * @param orderId
     * @return
     */
    public OrderDto getOrderById(String orderId) {
        OrderDto orderDto = convertDto(orderMapper.findById(orderId));
        //获取订单地址详细信息
        //AddressDto addressDto = addressService.getAddressById(orderDto.
getAddressId());
        AddressDto addressDto = restTemplate.getForObject(
                "http://user-service/api/address/detail/{addressId}",
                AddressDto.class,
                orderDto.getAddressId()
        );
        orderDto.setAddressDto(addressDto);
        //获取订单项信息
        List<OrderItemDto> orderItemDtoList = new ArrayList<>();
        List<OrderItem> orderItemList = orderItemMapper.findByOrderId(ord
erId);
        orderItemList.stream().forEach(item -> {
```

```
            //获取商品信息
            //ProductDto productDto = productService.getProductById(item.
getProductId());
            ProductDto productDto = restTemplate.getForObject(

"http://product-service/api/product/detail/{productId}",
                    ProductDto.class,
                    item.getProductId()
            );
            OrderItemDto orderItemDto = new OrderItemDto();
            BeanUtils.copyProperties(item, orderItemDto);
            orderItemDto.setProductName(productDto.getProductName());
            orderItemDto.setPrice(productDto.getPrice());
            orderItemDtoList.add(orderItemDto);
        });
        orderDto.setOrderItemDtoList(orderItemDtoList);
        return orderDto;
    }

    /**
     * 取消订单
     * @param orderId
     * @return
     */
    @Transactional
    public Boolean cancel(String orderId) {
        Order order = new Order();
        order.setId(orderId);
        order.setStatus(OrderStatus.CANCELED.getStatus());
        order.setUpdateTime(new Date());
        //获取订单明细
        List<OrderItem> orderItemList=orderItemMapper.findByOrderId (order
Id);
        orderItemList.stream().forEach(item->{
            //ProductDto productDto = productService.getProductById(item.
getProductId());
            ProductDto productDto = restTemplate.getForObject(

"http://product-service/api/product/detail/{productId}",
                    ProductDto.class,
```

```
                    item.getProductId()
                );
                //原库存+商品数量
                long stockCount = productDto.getStockCount() + item.getQuanti
ty();
                productDto.setStockCount(stockCount);
                //productService.update(productDto);
                restTemplate.put("http://product-service/api/product/update",
productDto);
            });
            return orderMapper.update(order) > 0;
        }
        ...
    }
```

从上面代码可以看出，使用RestTemplate代替了原有的AddressService与ProductService，现在我们重新查看依赖结构矩阵，结果如图 4-6 所示。

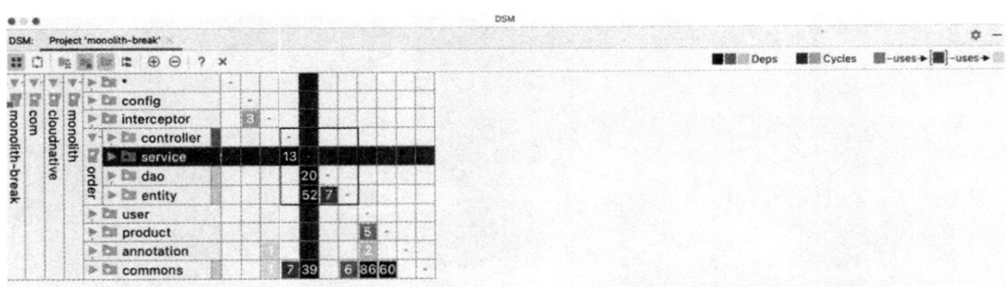

图 4-6　修改订单服务 service 后的依赖结构矩阵

从图 4-6 中可以看出，在修改了订单服务 service 后，订单服务的 service 不再与用户、商品服务有相互之间的依赖，只与订单服务内部的 dao、entity 以及 commons 包存在依赖。

接下来，看用户服务的 service，通过依赖结构矩阵的下钻，发现用户服务的 CartService 依赖了商品服务的 ProductService。

那么我们需要对用户服务的 CartService 进行改动，示例代码如下：

```
@Service
public class CartService {

    @Autowired
    private CartMapper cartMapper;

    //@Autowired
    //private ProductService productService;
```

```
    @Autowired
    private RestTemplate restTemplate;

    ...

    /**
     * 查看购物车列表
     * @param userId
     * @return
     */
    public List<CartDto> list(String userId) {
        List<Cart> cartList = cartMapper.list(userId);
        List<CartDto> cartDtoList = cartList.stream()
                .map(CartService::convertDto)
                .collect(Collectors.toList());
        cartDtoList.stream().forEach(item -> {
            //查询商品名称和价格
            //ProductDto productDto = productService.getProductById(item.
getProductId());
            ProductDto productDto = restTemplate.getForObject(

"http://product-service/api/product/detail/{productId}",
                    ProductDto.class,
                    item.getProductId()
            );
            item.setProductName(productDto.getProductName());
            item.setPrice(productDto.getPrice());
        });
        return cartDtoList;
    }
    /**
     * 获取指定购物项
     * @param cartId
     * @return
     */
    public CartDto getCartById(String cartId) {
        Cart cart = new Cart();
        cart.setId(cartId);
        Cart filter = cartMapper.filter(cart);
```

```
        //获取商品名称和价格
        //ProductDto productDto = productService.getProductById(filter.
getProductId());
        ProductDto productDto = restTemplate.getForObject(
                "http://product-service/api/product/detail/{productId}",
                ProductDto.class,
                filter.getProductId()
        );
        CartDto cartDto = convertDto(cartMapper.filter(cart));
        cartDto.setProductName(productDto.getProductName());
        cartDto.setPrice(productDto.getPrice());
        return cartDto;
    }
    ...

}
```

从上面代码可以看出，修改点与订单服务的 service 修改点类似，最后看商品服务的 service，发现商品服务的 service 并没有与用户、订单服务间相互依赖，所以商品服务的 service 不做任何改动。

（4）controller

通过依赖结构矩阵，发现用户、订单、商品服务的 controller 只是依赖了自己服务内部的 service，由于是同一个服务内部的相互依赖，所以 controller 不需要进行任何改动。

最后，由于使用了 RestTemplate，需要再添加一个 RestTemplate 的配置类，示例代码如下：

```
@Configuration
public class RestTemplateConfig {


    @Bean
    public RestTemplate restTemplate() {
        return new RestTemplate();
    }

}
```

至此，服务之间的相互依赖已经改造完毕，再一次查看依赖结构矩阵，结果如图 4-7 所示。

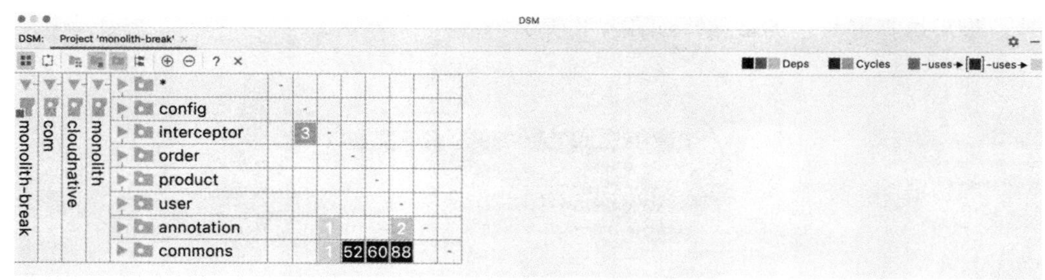

图 4-7　依赖结构矩阵最终图

对比一下图 4-7 和图 4-5（最初的依赖结构矩阵），发现订单、商品、用户服务之间不再存在相互之间的依赖，但是订单、商品、用户服务都共同依赖了 commons，因为 commons 包中包含了所有的数据传输对象，提取的公共属性的 AbstractEntity 以及 utils。

到目前为止，已经以相对稳妥的方式完成了拆分服务的准备工作；但是，我们还没有真正意义地将服务拆分成独立的服务，鉴于上一章节中介绍的微服务架构中常见的设计模式，接下来会遵循这些设计模式将我们的应用拆分成真正独立的服务。

4.2　外部化配置

微服务架构中部分常见的设计模式可以使用一些已有的框架工具来实现，做到拿来即用；主要使用的框架工具就是 Spring Cloud。接下来，我们先实现外部化配置。

实现外部化配置时将使用 Spring Cloud Config。Spring Cloud Config 是一个基于 http 协议的远程配置实现工具，主要为分布式系统中的外部化配置提供服务端和客户端支持，当使用了 Spring Cloud Config 后，就可以将其他服务的外部配置信息放在一个集中的地方进行管理。

在使用 Spring Cloud Config 的过程中涉及服务端与客户端两个概念。

（1）服务端

服务端就是分布式配置中心，其实就是一个独立的微服务应用，主要作用是用来连接配置服务器，并且为客户端提供获取配置信息访问接口。

（2）客户端

客户端通过指定配置中心来管理应用资源以及与业务相关的配置内容，同时，客户端在启动时从配置中心获取和加载配置信息。

接下来，直接动手搭建一个统一配置中心。

4.2.1　生成 Config Server 基本框架

在自己动手搭建前，还是使用 Spring Initializr 来帮助初始化项目，在 IntelliJ IDEA 中新建项目时选择 Spring Initializr 即可，然后填写初始化项目的项目名称、包名称、版本号等，最后选择好相应的依赖，如图 4-8 所示。

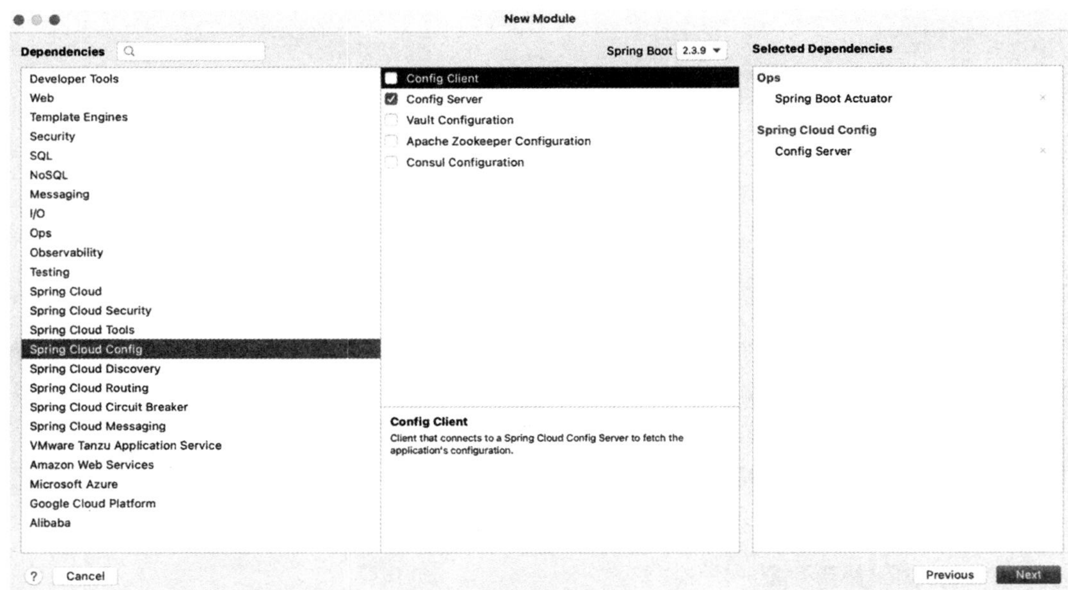

图 4-8　生成 Config Server 基本框架图

在选择好相应的依赖并定义好项目名称及项目路径后就可以生成项目结构。

有了项目的初始结构，就可以配置统一配置中心了。

4.2.2　配置 Config Server

在配置统一配置中心前，需要说明的是，Spring Cloud Config 默认使用 git 来存储配置文件；为了减少外部依赖，在这里直接在本地存储配置文件。接下来开始进行配置。

在 config-server/src/main/resources/application.yml 中添加如下配置：

```
server:
  port: 8888

spring:
  profiles:
    active: native
  application:
    name: config-server
  cloud:
    config:
      server:
        native:
```

```
        search-locations: classpath:/configurations
```

添加的配置说明如下：

（1）spring.profiles.active 配置为 native，表示配置中心服务从本地类路径或文件系统中加载配置文件；

（2）spring.cloud.config.server.native.search-locations 表示定义配置文件的存储目录。

至此，统一配置中心进行配置完成；接下来，启用 Config Server。

4.2.3　启用 Config Server

启用 Config Server 就是在启动类中加上@EnableConfigServer 注解即可，因为@EnableConfigServer 注解可以开启应用服务对配置中心的支持，表示应用程序是一个配置服务器，开启后配置服务就会在启动时进行自动配置。

启用 Config Server 的示例代码如下：

```
@EnableConfigServer
@SpringBootApplication
public class ConfigServerApplication {

    public static void main(String[] args) {
        SpringApplication.run(ConfigServerApplication.class, args);
    }
}
```

启用 Config Server 后，即可启动配置中心。

4.2.4　启动 Config Server

启动配置中心只需运行 ConfigServerApplication 即可，在启动后通过 http://localhost:8888/appname/profile 便可访问配置信息。

由于没有添加任何服务的配置信息，所以访问时不会看到任何配置信息；接下来，我们先创建一个全局配置。

在 config-server/src/main/resources/configurations/下新增一个 application.yml，并在其中添加以下配置：

```
name:
  value: test
```

添加完毕后，重启 Config Server，然后访问创建的全局配置。如果想访问全局配置，可以使用一个不存在的 application-name 和 spring-profile 访问即可获取，可以通过刚才的 http://localhost:8888/appname/profile 来访问。

访问后，可看到如图 4-9 所示的界面。

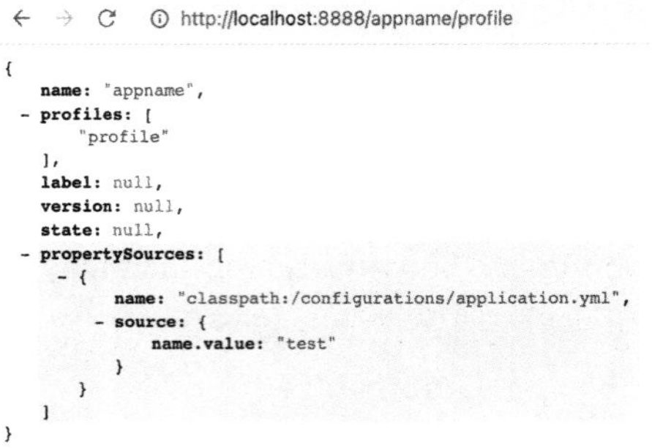

← → C ⓘ http://localhost:8888/appname/profile

```
{
   name: "appname",
 - profiles: [
      "profile"
   ],
   label: null,
   version: null,
   state: null,
 - propertySources: [
    - {
         name: "classpath:/configurations/application.yml",
       - source: {
            name.value: "test"
         }
      }
   ]
}
```

图 4-9　访问全局配置

从图 4-9 中可以看到，当通过浏览器访问相应 URL 后，可以获取到刚刚创建的全局配置信息。当然了，我们也可以不通过浏览器来访问，比如说还可以使用 postman 来访问；不过如果想要谷歌浏览器访问 URL 呈现 json 格式的话呢，就需要安装 json 插件。（插件下载地址：https://chrome.google.com/webstore/detail/chklaanhfefbnpoihckbnefhakgolnmc）。

接下来，创建一个测试服务的配置信息，在 config-server/src/main/resources/configurations/下新增一个 testservice-dev.yml，并添加如下配置：

```
test:
  info: test-service
```

添加完毕后，重启 Config Server，然后使用刚创建的 application-name 和 spring-profile 来访问（http://localhost:8888/testservice/dev）。除了可以获取到对应的配置文件外，文件中的配置信息还会与全局配置信息合并，如图 4-10 所示。

当然也可以直接通过配置文件名来访问（http://localhost:8888/testservice-dev.yml），界面如图 4-11 所示。

从图 4-11 中，可以看到配置文件中的配置信息已全部显示，并且全局配置信息也全部显示。

← → C ⓘ http://localhost:8888/testservice/dev

```
{
   name: "testservice",
 - profiles: [
      "dev"
   ],
   label: null,
   version: null,
   state: null,
 - propertySources: [
    - {
         name: "classpath:/configurations/testservice-dev.yml",
       - source: {
            test.info: "test-service"
         }
      },
    - {
         name: "classpath:/configurations/application.yml",
       - source: {
            name.value: "test"
         }
      }
   ]
}
```

图 4-10　访问 testservice-dev 图

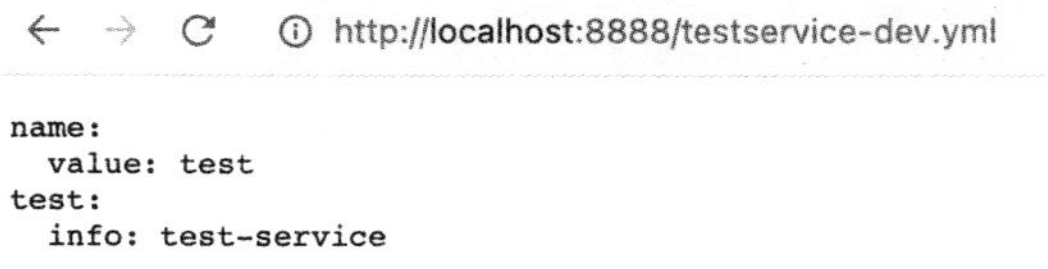

← → C ⓘ http://localhost:8888/testservice-dev.yml

```
name:
  value: test
test:
  info: test-service
```

图 4-11　访问 testservice-dev.yml 图

至此配置中心的服务端搭建完成且启动了；接下来我们还要讲述搭建配置中心的客户端。

4.2.5　配置中心客户端

配置中心服务端搭建完毕后，其他需要获取配置文件的服务都被视为配置中心客户端，但是其他的服务应如何集成配置中心客户端呢？

首先需要在 pom.xml 中添加相关依赖，添加的依赖如下：

```
<dependency>
    <groupId>org.springframework.cloud</groupId>
    <artifactId>spring-cloud-starter-config</artifactId>
</dependency>
```

然后，在服务的配置文件中添加配置中心的地址，代码如下：

```
spring:
  cloud:
    config:
      uri: http://localhost:8888
```

需要注意的是，将配置信息放在 application.properties 或 application.yml 中，但是在处理 Spring Cloud 时，配置中心地址会放在 bootstrap.yml 或 bootstrap.properties 中。

为什么配置中心地址会放在 bootstrap.yml 或 bootstrap.properties 中，答案揭晓之前，我们先分别从使用角度和加载角度讲述 bootstrap 与 application 的区别。

从使用角度来说，bootstrap 在程序引导时执行，主要应用于更加早期配置信息的读取；比如，可以用来配置 application 中要使用到的参数。而 application 用于存放应用程序特有的配置信息；比如，可以用于配置应用程序后续各个模块中需要使用的参数。

从加载的角度来说，bootstrap 是被一个父级的 Spring ApplicationContext 加载的，这个父级的 Spring ApplicationContext 相较于加载 application 的 ApplicationContext 是先加载的。也就是说，Spring Cloud 应用程序创建一个 bootstrap 的上下文，而这个上下文是主应用程序的父上下文，所以加载的顺序是先加载 bootstrap，然后加载 application，最后根据 profile 加载 application-profile。

其实很好理解为什么配置中心地址会放在 bootstrap.yml 或 bootstrap.properties 中，当使用 Spring Cloud 时，配置信息一般从 config server 加载，为了获取配置信息，肯定需要一些提前的引导配置，所以会把 config server 的信息放在 bootstrap.yml 中。

一般情况下，bootstrap.yml/bootstrap.properties 包含两个属性：spring.cloud.config.uri 和 spring.application.name，代码示例如下：

```
spring:
  cloud:
    config:
      uri: http://localhost:8888
  application:
    name: microservice-name
```

实现外部化配置后，接下来搭建服务注册中心，以便于在微服务中处理服务之间调用的问题。

4.3 服务注册与发现

关于服务注册中心的搭建，建议选择使用 Eureka， Eureka 是 Netflix 开发的服务发现框架，它本身是一个基于 REST 的服务，主要用于定位运行在 AWS 域中的中间层服务，以达到负载均衡和中间层服务故障转移的目的。

在 Spring Cloud 中，Eureka 被集成在 Spring Cloud 的子项目 Spring Cloud Netflix 中，;因此可以实现 Spring Cloud 的服务发现功能。

Eureka 主要分为服务端与客户端，下面详细讲解它们的功能。

（1）服务端

服务端主要提供服务注册，使用过程中各个节点服务启动后，在 Eureka 服务端中进行注册，注册内容包含主机地址、端口号、服务版本号、通信协议等。服务端中的服务注册表存储这些可用服务节点的相关信息，同时也可以通过 Web 界面看到相关服务节点的信息。另外，服务端支持集群模式部署，进行集群模式部署后，各个服务端之间通过异步方式进行数据同步。

（2）客户端

客户端主要处理服务的注册与发现，使用过程中客户端服务通过注册与参数配置的方式内嵌于客户端应用程序代码中，应用程序启动时，客户端向服务端注册自身提供的服务，并且通过周期性的发送心跳来确保自身的服务状态。另外，客户端也可以从服务端获取当前注册的服务信息，并且将这些信息缓存至本地并周期性地刷新服务状态。

在使用服务注册中心的过程中，涉及服务提供者与服务消费者两个概念，其中：

- 服务提供者，一般称为 provider，简单地说就是提供服务的应用程序，服务提供者用于将自身提供的服务注册到服务注册中心，以便于其他的应用程序发现与调用；
- 服务消费者，一般称为 consumer，简单地说就是调用服务提供者的应用程序，服务消费者从服务注册中心获取服务列表，然后通过负载均衡策略调用其所需的服务。

为了更好地理解服务提供者与服务消费者，我们看一下服务提供者与服务消费者的调用流程，如图 4-12 所示。

图 4-12 中，首先，服务提供者在启动时向服务注册中心注册自己提供的服务；然后服务消费者在启动时向服务注册中心订阅自己所需的服务；也就是说服务注册中心返回服务提供者的地址等相关信息给服务消费者；最后服务消费者根据服务提供者的地址等相关信息调用服务提供者。

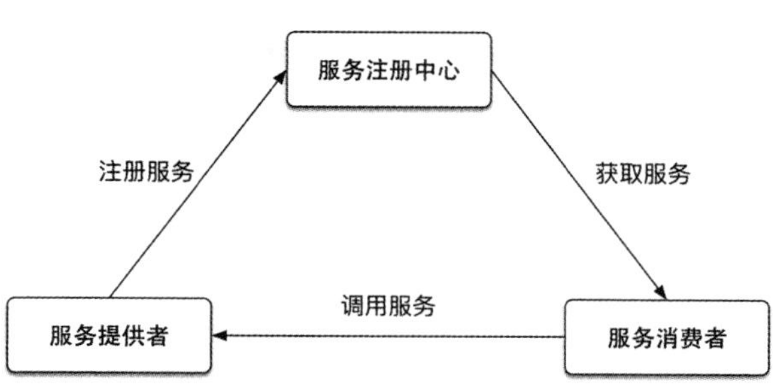

图 4-12　服务提供者与服务消费者调用流程

在介绍了服务注册中心的搭建工具后，为了更透彻地理解其工作机制，接下来我们直接动手搭建一个服务注册中心。

4.3.1　生成 Eureka Server 基本框架

生成 Eureka Server 基本框架的初始化步骤与在 4.2.1 节中生成 Config Server 基本框架的初始化步骤基本类似，只是在填写初始化项目的项目名称、包名称等时有些命名上的差异，另外就是相应依赖上的差异，图 4-13 已经清晰地显示出相关差异，不再展开描述。

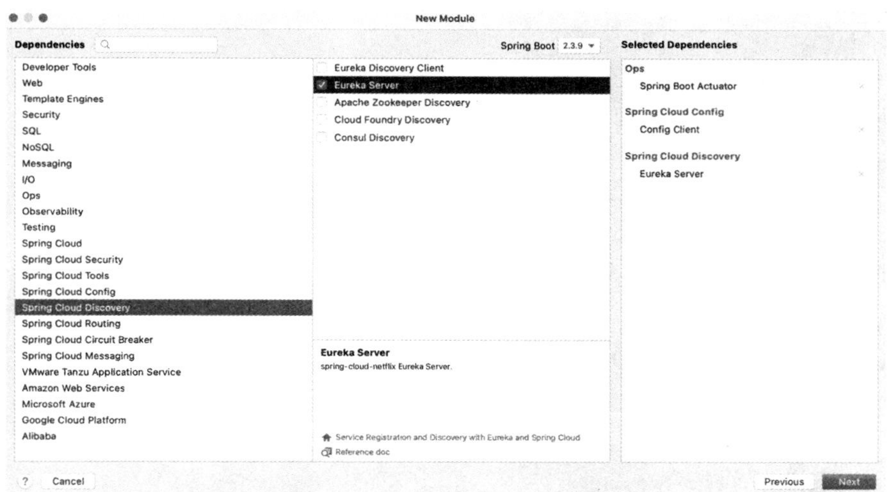

图 4-13　生成 Eureka Server 基本框架

在选择好相应的依赖并定义好项目名称及项目路径后，即可生成项目结构，有了项目的初始结构，接下来我们开始配置服务注册中心。

4.3.2　配置 Eureka Server

因为要使用到前面搭建的统一配置中心，所以在配置服务注册中心前，要先添加前面介绍过的 bootstrap。我们在 eureka-server/src/main/resources/bootstrap.yml 中添加如下配置：

```
spring:
  cloud:
    config:
      uri: http://localhost:8888
  application:
    name: eureka-server
```

通过以上代码便可以让我们使用前面搭建的统一配置中心；接下来，在统一配置中心中创建 Eureka Server 配置信息。

刚刚在 bootstrap.yml 中已经定义了 Eureka Server 的 application.name，在统一配置中心中直接添加 eureka-server.yml 文件即可。在 config-server/src/main/resources/configurations/eureka-server.yml 中添加如下配置：

```
server:
  port: 8761

eureka:
  instance:
    hostname: localhost
  client:
    registerWithEureka: false
    fetchRegistry: false
    service-url:
      defaultZone: http://${eureka.instance.hostname}:${server.port}/eur
eka/
```

在上面的配置代码中可以看到，在 eureka.client.registerWithEureka、fetchRegistry 中均配置为 false，这是因为现在搭建的是 Eureka 服务端本身，所以该服务不需要注册到 Eureka Server 上；另外也不需要拉取服务信息。

至此，服务注册中心服务端配置完成；接下来，启用 Eureka Server。

4.3.3 启用 Eureka Server

启用 Eureka Server 与 4.2.3 节中启用 Config Server 类似，我们只需要在启动类中加上 @EnableEurekaServer 即可，因为@EnableEurekaServer 可以开启应用服务对注册中心的支持，表示应用程序是一个注册中心服务器，同时在开启后会触发自动装配。

启用 Eureka Server 的示例代码如下：

```
@EnableEurekaServer
@SpringBootApplication
```

```
public class EurekaServerApplication {

    public static void main(String[] args) {
        SpringApplication.run(EurekaServerApplication.class, args);
    }

}
```

在启用了 Eureka Server 后，接下来便是启动服务注册中心了，在启动服务注册中心前，需要更新统一配置中心的全局配置。

4.3.4　更新配置中心全局配置

为什么要更新统一配置中心的全局配置？

因为搭建了服务注册中心，我们自然希望后续的一些服务在使用服务注册中心及统一配置中心时，可以通过统一配置中心自动获取到服务注册中心的相关配置，所以，在正式启动服务注册中心前需要将统一配置中心的全局配置做一下更新。

如何更新统一配置中心的全局配置？

直接在 config-server/src/main/resources/configurations/application.yml 中添加以下配置：

```
eureka:
  instance:
    hostname: localhost
  client:
    service-url:
      defaultZone: http://localhost:8761/eureka/
```

更新统一配置中心的全局配置主要是添加了服务注册中心相关的地址信息，在更新统一配置中心的全局配置后，重启 Config Server，新增的全局配置便立刻生效。

4.3.5　启动 Eureka Server

启动服务注册中心，只需运行 EurekaServerApplication 即可，启动后通过 http://localhost:8761/即可访问服务注册中心 Web 界面，访问界面如图 4-14 所示。

从图 4-14 中可以看到，Instances currently registered with Eureka 下方显示没有可用实例信息，这是因为我们暂时没有其他服务配置向服务注册中心注册，后续会把用户、订单、商品服务注册到服务注册中心。

这里，我们还需要讲述一下客户端负载均衡；在之前修改订单服务之间的依赖时，在 OrderService 中使用 RestTemplate 代替了原有的 AddressService 与 ProductService，在注入 RestTemplate Spring Bean 时，并没有实现负载均衡。

注：在 Spring 中，构成应用程序主干并且由 Spring IOC 容器管理的对象称为 bean，bean 是一个由 Spring IOC 容器实例化、组装和管理的对象。

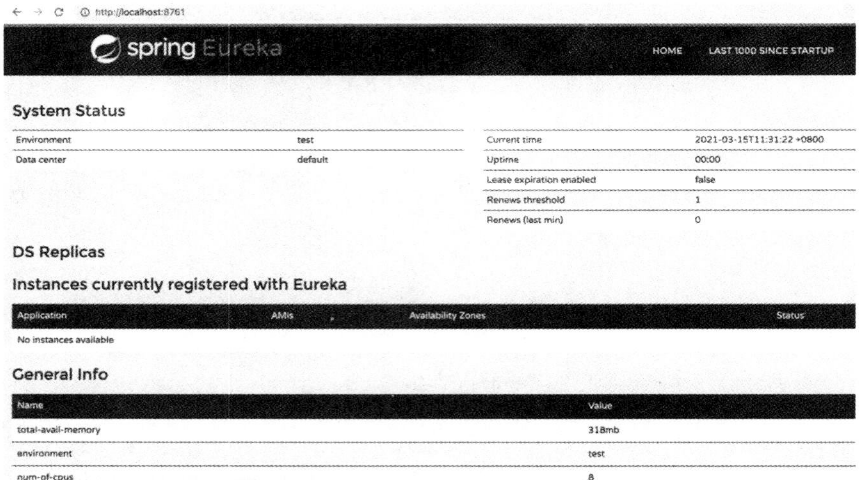

图 4-14　访问服务注册中心 Web 界面

现在我们使用了服务注册中心，选择在之前注入 RestTemplate Spring Bean 时就需要带上@LoadBalanced 注解，@LoadBalanced 注解可以很容易地通过 Ribbon 实现客户端的负载均衡功能（Ribbon 是一个基于 HTTP 和 TCP 的客户端负载均衡工具，是基于 Netflix Ribbon 实现的，经过 Spring Cloud 的封装后可以轻松地将面向服务的 REST 模板请求自动转换成客户端负载均衡的服务调用）。

@LoadBalanced 的代码示例如下：

```
@Configuration
public class RestTemplateConfiguration {
    @Bean
    @LoadBalanced
    public RestTemplate restTemplate() {
        return new RestTemplate();
    }
}
```

在启动了服务注册中心后，还有一项需要的工作便是健康检查，它是可以定期调用的健康检查的接口，以便于监控应用服务实例的运行状况。

4.4　健康检查

健康检查将使用 Spring Boot Actuator 来完成，它可以帮助管理和监控应用程序，比如，我们可以对应用程序进行健康检查，也可以查看应用信息；Spring Boot Actuator 所有的特性都可以通过 JMX 或者 HTTP endpoints 获得。

接下来，介绍如何使用 Spring Boot Actuator。

如果应用程序原本没有 Spring Boot Actuator，首先要在 pom.xml 中添加以下依赖：

```
<dependency>
    <groupId>org.springframework.boot</groupId>
    <artifactId>spring-boot-starter-actuator</artifactId>
</dependency>
```

添加完成后，直接启动应用程序，然后访问 actuator；比如，访问 http://localhost:8080/actuator/来展示所有通过 HTTP 暴露的 endpoints，如图 4-15 所示。

从图 4-15 中可以看到所有通过 HTTP 暴露的 endpoints。我们再次访问 http://localhost:8080/actuator/health 便可以查看应用程序健康状态，结果如图 4-16 所示。

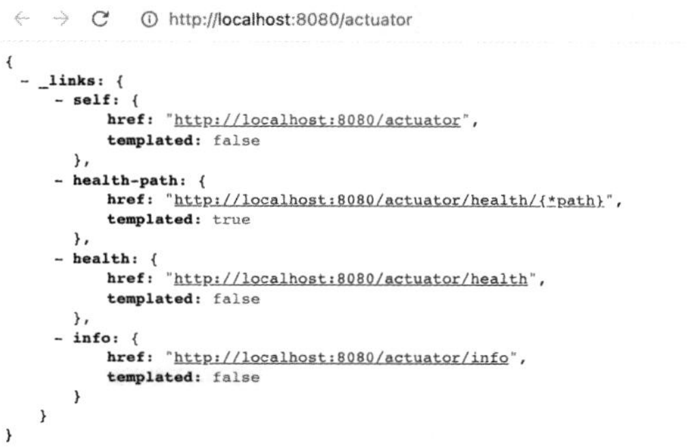

```
http://localhost:8080/actuator

{
  - _links: {
      - self: {
            href: "http://localhost:8080/actuator",
            templated: false
        },
      - health-path: {
            href: "http://localhost:8080/actuator/health/{*path}",
            templated: true
        },
      - health: {
            href: "http://localhost:8080/actuator/health",
            templated: false
        },
      - info: {
            href: "http://localhost:8080/actuator/info",
            templated: false
        }
    }
}
```

图 4-15　展示所有通过 HTTP 暴露的 endpoints

```
http://localhost:8080/actuator/health

{
    status: "UP"
}
```

图 4-16　查看应用程序健康状态

在图 4-16 中可以看到，应用程序健康状态为 UP，即表示健康，否则会显示为 DOWN。

Spring Boot Actuator 除了可以进行健康检查外，还有很多其他的用途，比如可以查看应用程序的基本信息、应用的度量信息，甚至安全停止应用程序。接下来，在健康检查之外，我们着重讲一下如何通过 Spring Boot Actuator 让我们安全停止应用程序。

想要通过 Spring Boot Actuator 让应用程序安全停止，只需进行相应的配置即可完成，在应用程序的配置文件中添加以下配置：

```
management:
  server:
    address: 127.0.0.1
    port: 9087
    servlet:
      context-path: /manage
  endpoint:
    shutdown:
      enabled: true
  endpoints:
```

```
    web:
      exposure:
        include: "*"
      base-path: /
```

以上配置文件说明如下：

（1）management.server.address、port 属性表示定义管理端点可用的地址及端口号；

（2）management.server.servlet.context-path 属性表示定义管理端点的 context-path，也就是 actuator 暴露接口的前缀；

（3）management.endpoint.shutdown.enabled 为 true，表示 actuator 的 shutdown 接口开启；

（4）management.endpoints.web.exposure.include 配置为*，表示暴露所有的端点，因为默认只公开了/health 和/info 端点；

（5）management.endpoints.web.base-path 默认值为/actuator，默认的地址则为：/manage/actuator/shutdown，定义为：/，则地址为：/manage/shutdown。

在添加完以上配置后，即可通过 POST 请求 http://127.0.0.1:9087/manage/ shutdown 来安全停止应用程序。

接下来介绍如何实现熔断，它可以帮助我们解决雪崩效应问题。

4.5 熔断

我们在前面介绍过服务间的调用，使用的是 RestTemplate，在实际的工作过程中，如果业务系统很复杂并且服务数量很多，使用 RestTemplate 在写法上可能就显得不够优雅，这时可以考虑使用 Feign。

Feign 是 Netflix 开发的声明式、模块化的 HTTP 客户端，Feign 相较于 RestTemplate 来说调用服务会显得更优雅。

这看起来好像与我们要实现的熔断没有什么关系，要实现熔断主要使用 Hystrix，它是 Netflix 的一个开源项目，可以提供一个熔断器的功能；那么为什么要讲述 Feign 呢？

因为 Feign 除了相较于我们之前使用的 RestTemplate 在调用服务会显得更优雅外，主要原因是在项目中使用 openFeign 时，它已经集成了 Hystrix 和 Ribbon。

接下来，我们介绍如何使用 Feign 以及如何实现熔断，可以分为以下 4 个步骤。

1. 添加 Maven 依赖

在使用 Feign 前，首先需要在项目的 pom.xml 中添加对应的依赖如下：

```
<dependency>
    <groupId>org.springframework.cloud</groupId>
    <artifactId>spring-cloud-starter-openfeign</artifactId>
</dependency>
```

2. 定义 FeignClient

在定义 FeignClient 前，需要关注的是代码中使用 RestTemplate 的地方，可以先看一下之前订单包中的 OrderService，在 OrderService 中使用 RestTemplate 的地方是在调用商品服务的查看指定商品和修改商品这两个接口，代码示例如下：

```
    ProductDto productDto = restTemplate.getForObject(

"http://product-service/api/product/detail/{productId}",
                    ProductDto.class,
                    orderItem.getProductId()
            );


    restTemplate.put("http://product-service/api/product/update",
productDto);
```

根据以上两个接口定义 ProductFeignClient，代码示例如下：

```
    @FeignClient(value = "product-service")
    public interface ProductFeignClient {

        @GetMapping("/api/product/detail/{productId}")
        ProductDto detail(@PathVariable("productId") String productId);

        @PutMapping("/api/product/update")
        Boolean update(@RequestBody ProductDto productDto);

    }
```

定义了 ProductFeignClient 后，就可以使用 ProductFeignClient 来替换 Rest Template 了；到目前为止，我们还没有做熔断处理。

3. 实现熔断降级处理

为了实现熔断降级处理，继续修改 ProductFeignClient，在 ProductFeign Client 的@FeignClient 注解中加上 fallbackFactory 属性，通过该属性可以指定熔断降级处理的类，代码示例如下：

```
    @FeignClient(value="product-service",fallbackFactory=ProductFeignClien
tFallback.class)
```

在指定熔断降级处理的类后，接下来实现该类，代码示例如下：

```
    @Component
    @Slf4j
    class ProductFeignClientFallback implements FallbackFactory<ProductFeign
Client> {

        @Override
```

```
    public ProductFeignClient create(Throwable throwable) {
        return new ProductFeignClient(){
            @Override
            public ProductDto detail(String productId) {
                log.error("ProductFeignClient detail failed! start fall
back.", throwable);
                return null;
            }
            @Override
            public Boolean update(ProductDto productDto) {
                log.error("ProductFeignClient update failed! start fallback.
", throwable);
                return null;
            }
        };
    }
}
```

在上述代码中，对应的熔断降级处理并没有什么业务逻辑，在实际的工作中需要根据具体的业务需求情况，在熔断降级处理中处理对应的业务逻辑。

定义了 FeignClient 以及实现对应的熔断降级处理后，就可以启用 FeignClient 以及 Hystrix 了。

4．启用 FeignClient 及 Hystrix

启用 FeignClient，只需在项目的启动类上添加@EnableFeignClients 即可，代码示例如下：

```
@EnableFeignClients
@SpringBootApplication
public class OrderServiceApplication {

    public static void main(String[] args) {
        SpringApplication.run(OrderServiceApplication.class, args);
    }

}
```

启用 Hystrix，只需在配置文件中添加以下配置即可：

```
feign:
  hystrix:
    enabled: true
```

启用了 FeignClient 及 Hystrix 后，即可启动项目；这样一来在一个服务去调用另外一个服务时，如果被调用服务不可用时就会自动进行降级处理。

在实现了熔断后，接下来介绍服务追踪，以便于后期可以快速定位服务故障点。

4.6 服务追踪

关于服务追踪，我们将使用 Zipkin 和 Spring Cloud Sleuth 来完成，Zipkin 和 Spring Cloud Sleuth 分别是什么？

Zipkin 是一个分布式链路跟踪系统，使用 Zipkin 可以帮助我们收集时间数据，每个服务会向 Zipkin 定时报告数据，而 Zipkin UI 界面为我们呈现了一个依赖图表，这个依赖图表展示有多少跟踪请求经过了每个应用程序。

Spring Cloud Sleuth 是 Spring Cloud 的组成部分之一，Spring Cloud Sleuth 为 SpringCloud 应用实现了一种分布式追踪解决方案，Spring Cloud Sleuth 兼容了 Zipkin、HTrace 以及 log-based 追踪。

在介绍了 Zipkin 和 Spring Cloud Sleuth 后，接下来，为了更贴近实际应用，我们动手搭建一个自己的分布式链路跟踪系统。

4.6.1 运行 Zipkin Server

在搭建分布式链路跟踪系统前，可以通过 zipkin 官网（https://zipkin.io/）选择不同的方式来运行 Zipkin Server。

本例中，直接选择 java -jar 的方式运行 Zipkin Server，代码如下：

```
curl -sSL https://zipkin.io/quickstart.sh | bash -s
java -jar zipkin.jar
```

这里需要注意的是，当直接以 java -jar 的方式运行 Zipkin Server 会不太方便，因为 shell 窗口一旦关闭之后会出现进程随之关闭的问题，所以需要新增一个启动脚本 start-zipkin.sh，主要是将进程放置在后台运行，并且将运行日志写入 log-zipkin.log 文件，启动脚本内容如下：

```
#!/bin/bash
nohup java -jar zipkin.jar >log-zipkin.log 2>&1 &
```

启动脚本说明如下：

- #!/bin/bash 是指此脚本使用/bin/bash 来解释执行，“#!”是特殊的表示符，其后面跟的是解释此脚本的 shell 的路径；
- nohup 命令是在退出账户或者关闭终端后继续运行相应进程的命令，如果正在运行一个进程，但是又不想让该进程在退出账户或者关闭终端后结束，那么就可以考虑使用 nohup 命令，nohup COMMAND &表示让命令在后台执行；
- >log-zipkin.log 2>&1 表示脚本中标准输出、标准错误重定向输出到 log-zipkin.log，

其中 1 是标准输出（stdout），2 是标准错误（stderr），2>&1 即将标准错误重定向到标准输出。

启动后，可以通过 http://localhost:9411/zipkin/访问 Zipkin UI 界面，如图 4-17 所示。

图 4-17　访问 Zipkin

由于暂时还没有任何应用程序使用到 Zipkin Server，所以查看 Zipkin UI 界面时没有任何数据展示。

4.6.2　应用服务集成 Zipkin

在 Zipkin Server 搭建完毕后，如果应用服务要使用 Zipkin，就需要在应用程序中集成 Zipkin，如何集成呢？

首先，应用程序需要添加相关依赖，在 pom.xml 中添加 Sleuth 的依赖，添加内容如下：

```
<dependency>
    <groupId>org.springframework.cloud</groupId>
    <artifactId>spring-cloud-starter-sleuth</artifactId>
</dependency>
```

添加完 Sleuth 的依赖后，还需要在统一配置中心的全局配置文件中添加采样比例的信息，在 config-server/src/main/resources/configurations/application.yml 中添加如下内容：

```
spring:
  sleuth:
    sampler:
      probability: 1
```

在上述配置代码中，spring.sleuth.sampler.probability 表示采样比例，默认的采样比例为 0.1（10%），配置的值为 0～1，1 表示全部采集。

为什么要有采样比例这个设置呢？

主要原因是 Sleuth 采用抽样收集的方式为跟踪信息打上收集标记，理论上收集的跟踪信息越多越好，因为这样可以更好地反映系统的实际运行情况，但是在高并发的分布式系统运行时，大量的请求调用会产生海量的跟踪日志信息。如果过多的收集，会对系统性能造成一定的影响，所以采用抽样收集的方式，也就有了采样比例这个设置。关于 Sleuth

的采样算法，默认采用 Reservoir Sampling，即蓄水池采样，具体的实现类是 PercentageBasedSampler，感兴趣的读者可以自行查看，这里不再详细展开。

然后，在 pom.xml 中继续添加 Zipkin Client 的依赖，添加内容如下：

```
<dependency>
    <groupId>org.springframework.cloud</groupId>
    <artifactId>spring-cloud-starter-zipkin</artifactId>
</dependency>
```

添加完 Zipkin Client 的依赖后，需要在统一配置中心的全局配置文件中添加 Zipkin Server 的配置，在 config-server/src/main/resources/configurations/ application.yml 中添加如下内容：

```
spring:
  zipkin:
    base-url: http://localhost:9411
```

至此，应用服务集成 Zipkin 完成，对应用服务发起请求后，各个服务之间的调用链路就可以通过 Zipkin UI 界面看到了。

在实现了服务追踪后，接下来介绍一下 API 网关，也就是客户端与服务端之间的中间层。

4.7　API 网关

关于 API 网关，选择使用 Spring Cloud Gateway。Spring Cloud Gateway 是 Spring Cloud 的一个全新项目，在 Spring Cloud 2.0 之前都是使用非官方的 Zuul 用作网关。Spring Cloud Gateway 是基于 Spring 5.0 与 Spring WebFlux 开发的，主要是为微服务架构提供一种简单、有效、统一的 API 路由管理方式，并且在性能方面使用的是 Reactor 响应式设计。

在使用 Spring Cloud Gateway 之前，需要先了解 Spring Cloud Gateway 中的一些基本概念，如表 4-1 所示。

表 4-1　Spring Cloud Gateway 基本概念与说明

基本概念	说　　明
Predicate	即断言，断言是匹配路由的判断条件，比如 Path=/demo，匹配之后应用路由
Route	即路由，路由为一组断言与一组过滤器的集合，是网关的一个基本组件
Filter	即过滤器，过滤器可以对请求和返回进行修改，比如增加请求头信息等
Uri	即地址，是匹配路由后转发的地址

在介绍了使用 Spring Cloud Gateway 前需要了解的几个术语后，接下来，我们动手搭建一个自己的 API 网关。

4.7.1 生成 API Gateway 基本框架

在自己动手搭建 API 网关前，需要在 IntelliJ IDEA 中使用 Spring Initializr 帮助初始化项目，在初始化项目时选择相应的依赖，如图 4-18 所示。

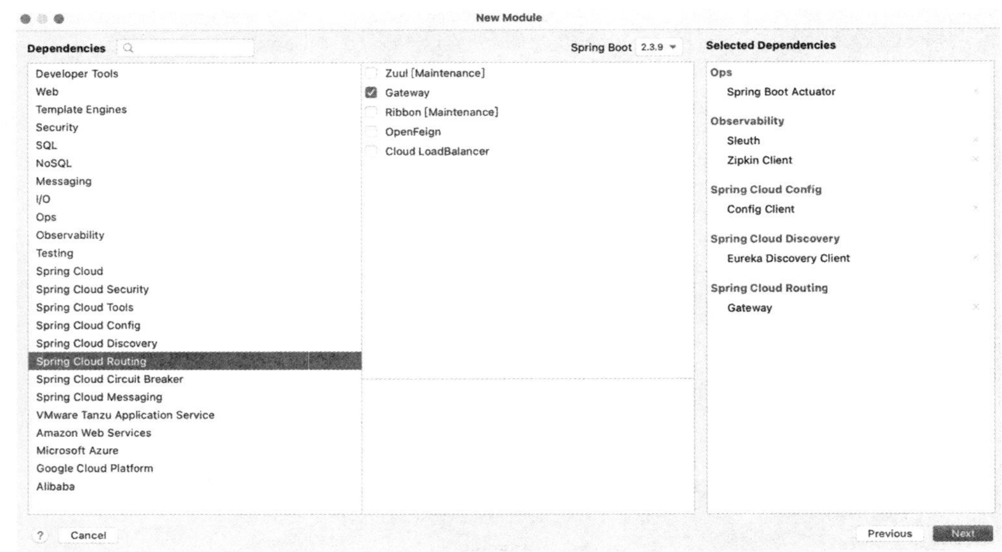

图 4-18 生成 API Gateway 基本框架

选择好相应的依赖并定义好项目名称及项目路径后即可生成项目结构，有了项目的初始结构，就可以开始配置 API 网关了。

4.7.2 配置 API 网关

在正式进行 API 网关配置前，同样需要先添加 bootstrap。在 gateway/src/main/resources/bootstrap.yml 中添加如下配置：

```
spring:
  cloud:
    config:
      uri: http://localhost:8888
  application:
    name: gateway
```

添加该配置的主要目的也是为了使用前面搭建的统一配置中心；接下来，我们在统一配置中心中创建 API 网关的配置信息。

刚刚在 bootstrap.yml 中已经定义了 API 网关的 application.name，所以现在在统一配置中心中直接添加 gateway.yml 文件即可。

在 config-server/src/main/resources/configurations/ gateway.yml 中添加如下配置：

```
server:
  port: 8080
spring:
  cloud:
    gateway:
      routes:
        - id: user_route
          uri: lb://user-service
          predicates:
            - Path=/user-service/**
          filters:
            - RewritePath=/user-service/(?&lt;segment&gt;.*), /$\{segment}
        - id: order_route
          uri: lb://order-service
          predicates:
            - Path=/order-service/**
          filters:
            - RewritePath=/order-service/(?&lt;segment&gt;.*), /$\{segment}
        - id: product_route
          uri: lb://product-service
          predicates:
            - Path=/product-service/**
          filters:
            - RewritePath=/product-service/(?&lt;segment&gt;.*), /$\{segment}
```

由于之前介绍过 Spring Cloud Gateway 的相关概念，所以该配置文件也就很好理解了。也就是说/user-service /的所有请求会转发到用户服务上，/order-service/的所有请求会转发到订单服务上，/product-service/的所有请求会转发到商品服务上，同时在转发时会将匹配到的前缀剔除掉。

至此，API 网关的配置完成，接下来就可以启动 API 网关。

4.7.3 启动 API 网关

启动 API 网关只需运行 GatewayApplication 即可，由于用户、订单、商品服务还没有搭建好，所以目前无法通过 API 网关访问对应的业务服务。启动 API 网关后，可以访问服务注册中心界面，如图 4-19 所示。

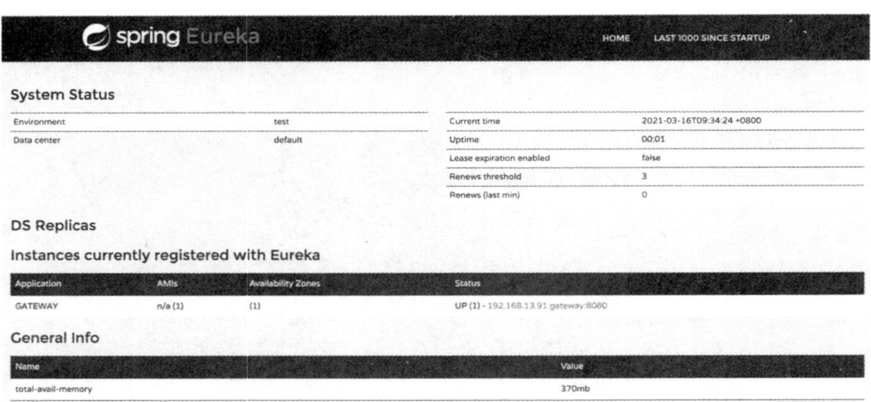

图 4-19　通过服务注册中心查看 API 网关注册

从图 4-19 中可以看到，在 API 网关启动后，通过服务注册中心界面看到 API 网关已经成功注册到服务注册中心，还可以看到服务的状态以及服务的相关地址信息。等到后续用户、订单、商品服务搭建完毕后，便可以通过 API 网关访问对应的业务服务。

由于之前的单体应用存在用户登录认证，这时可以将用户登录认证移到 API 网关处，这样就是在 API 网关中进行用户认证，然后再通过 API 网关将访问请求转发至对应的后端服务上。在这里就不做修改了，尽量保持一切服务极简化，这样后期再演变为云原生应用时可以更好地理解，不会拖泥带水。

实现了 API 网关后，接下来介绍日志聚合与分析，以便于查看与分析日志。

4.8　日志聚合与分析

关于日志聚合与分析，将使用 ELK，ELK 是 Elasticsearch、Logstash、Kibana 的简称，具体表述和说明如表 4-2 所示。

表 4-2　ELK 表述

软件名称	说　明
Elasticsearch	Elasticsearch 是一个分布式搜索和分析引擎，它可以为所有类型的数据提供近乎实时的搜索和分析，不管是结构化或非结构化的文本、数字数据或地理空间数据，Elasticsearch 都可以支持快速搜索的方式有效地存储和索引这些数据
Logstash	Logstash 是一个开源的数据收集引擎，用来收集、分析、过滤日志，它可以收集来自不同来源的数据，比如系统日志、错误日志和自定义应用程序日志。同时 Logstash 可以将这些数据格式化输出到其他地方，比如说 Elasticsearch
Kibana	Kibana 是一个开源的分析和可视化平台，提供了一个基于 Web 的图形界面，一般会使用 Kibana 用于搜索、分析和可视化存储在 Elasticsearch 中的日志数据

微服务与 ELK 的使用流程如图 4-20 所示。

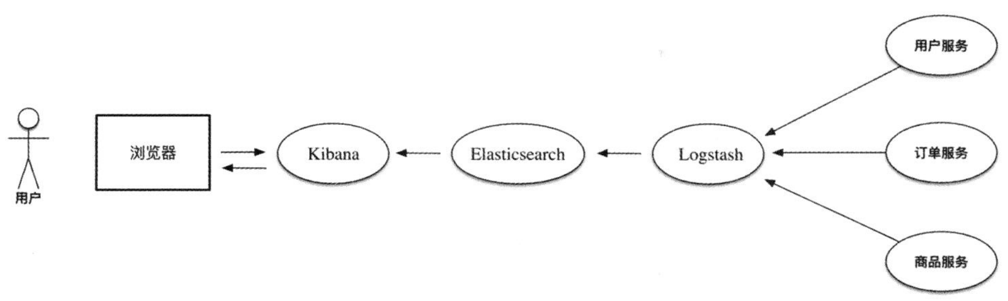

图 4-20　微服务与 ELK 的使用流程

从图 4-20 中可以看到，首先用户、订单、商品服务将日志推送到 Logstash，而 Logstash 会将数据输出到 Elasticsearch 进行索引，然后 Kibana 对存储在 Elasticsearch 的日志数据进行展示，而用户则通过浏览器访问 Kibana 进行查看。

接下来，我们用 4 个小节的篇幅搭建一个自己的 ELK，并将我们的服务集成到新搭建的 ELK 中。

4.8.1　分布式搜索和分析引擎 Elasticsearch

关于 Elasticsearch，可以通过以下方式下载：

```
wget https://artifacts.elastic.co/downloads/elasticsearch/elasticsearch-7.7. 0-linux-x86_64.tar.gz
```

在下载完毕后，先进行内核参数的调整，调整示例如下：

```
echo "vm.max_map_count=262144" >>/etc/sysctl.conf
sysctl -p
```

该调整主要是为了确保最大映射数量，以便有足够的虚拟内存可用于 mmapped 文件，因为 Elasticsearch 默认使用 mmapfs（内存映射文件系统）来进行索引的存储，但是操作系统对映射数量默认限制较低，这可能导致出现内存不足的异常，所以按照 ElasticSearch 官方推荐，使用上述命令调整操作系统对映射数量的默认限制。

然后，创建一个新的用户并将下载的压缩包进行解压缩，实现代码如下：

```
[root@localhost elk]# useradd cloudnative
[root@localhost elk]# passwd cloudnative
Changing password for user cloudnative.
New password:
Retype new password:
passwd: all authentication tokens updated successfully.
[root@localhost elk]# tar xf elasticsearch-7.7.0-linux-x86_64.tar.gz
[root@localhost elk]# chown -R cloudnative.cloudnative elasticsearch-7.7.0
```

最后修改 Elasticsearch 的配置，修改的配置文件为 config/elasticsearch.yml，修改的内

容如下：

```
network.host: 0.0.0.0
cluster.initial_master_nodes: ["node-1"]
```

修改 network.host 是为了可以远程访问，而 cluster.initial_master_nodes 是指定可以成为 mater 节点的名称，因为这里没有部署集群，所以就只存在一个节点。

接下来，使用以下命令启动 Elasticsearch：

```
su cloudnative
./bin/elasticsearch -d
```

因为 Elasticsearch 不允许使用 root 用户启动，所以在启动前切换成了新建的用户，而启动时使用“-d”参数是为了以守护进程的方式运行。

启动完成后，即可通过 http://localhost:9200/访问 Elasticsearch 的相关信息，如图 4-21 所示。

```
http://localhost:9200
{
    name: "localhost.localdomain",
    cluster_name: "elasticsearch",
    cluster_uuid: "OwdCXYS0QeqnX1TtwpyCZQ",
  - version: {
        number: "7.7.0",
        build_flavor: "default",
        build_type: "tar",
        build_hash: "81a1e9eda8e6183f5237786246f6dced26a10eaf",
        build_date: "2020-05-12T02:01:37.602180Z",
        build_snapshot: false,
        lucene_version: "8.5.1",
        minimum_wire_compatibility_version: "6.8.0",
        minimum_index_compatibility_version: "6.0.0-beta1"
    },
    tagline: "You Know, for Search"
}
```

图 4-21　访问 Elasticsearch 的相关信息

从图 4-21 中可以看到 Elasticsearch 的版本、名称等具体信息。

4.8.2　分析和可视化平台 Kibana

Kibana 可以通过以下方式下载：

```
wget https://artifacts.elastic.co/downloads/kibana/kibana-7.7.0-linux-x86_64. tar.gz
```

在下载完毕后，对压缩包进行解压缩，然后将对应的解压目录的拥有者改为新建的用户，因为 Kibana 默认不允许使用 root 用户启动。

然后，修改 Kibana 的配置，修改的配置文件为 config/kibana.yml，修改的内容如下：

```
server.host: "192.168.x.x"
elasticsearch.hosts: ["http://192.168.x.x:9200"]
```

以上代码的主要目的是设定主机名以及 Elasticsearch 的信息。

配置修改完毕后，便可以使用以下命令启动 Kibana：

```
su cloudnative
nohup bin/kibana > kibana-nohup.output 2>&1 &
```

启动完成后，即可通过 http://localhost:5601/访问 Kibana 的 Web 界面，如图 4-22 所示。

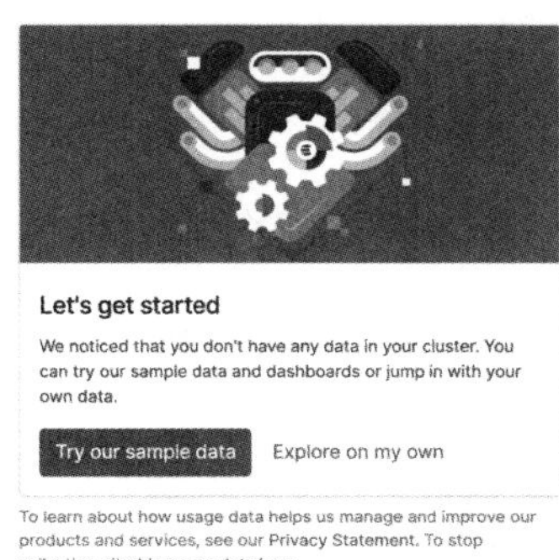

图 4-22　访问 Kibana

图 4-22 中提示现在还没有任何数据，我们可以使用样例数据，把剩余的 Logstash 搭建完毕。

4.8.3　数据收集引擎 Logstash

Logstash 可以通过以下方式下载：

```
wgethttps://artifacts.elastic.co/downloads/logstash/logstash-7.7.0.tar.gz
```

在下载完毕后，先对压缩包进行解压缩，然后进行 Logstash 配置的修改，修改的配置文件为 config/logstash.yml，修改的内容如下：

```
http.host: "0.0.0.0"
```

修改 http.host 是为了实现远程访问，接下来新建一个 logstash.conf，logstash.conf 包含的内容如下：

```
input {
  tcp {
    port => 5000
    codec => "json_lines"
  }
}

output {
  elasticsearch {
```

```
    hosts => ["http://localhost:9200"]
    index => "micro-%{appname}"
    #user => "elastic"
    #password => "changeme"
  }
}
```

该配置主要是定义从 input 获取数据，然后再从 output 输出到目标位置。

新建 logstash.conf 后，即可启动 Logstash，启动命令如下：

```
nohup bin/logstash -f logstash.conf > logstash-nohup.output 2>&1 &
```

启动完成后，Logstash 暴露两个端口，其中：

- 9600，即 Logstash 的 API 端点；
- 5000，即我们定义的 tcp 监听。

启动完成后，就可以通过 http://localhost:9600/访问 Logstash 的相关信息，如图 4-23 所示。

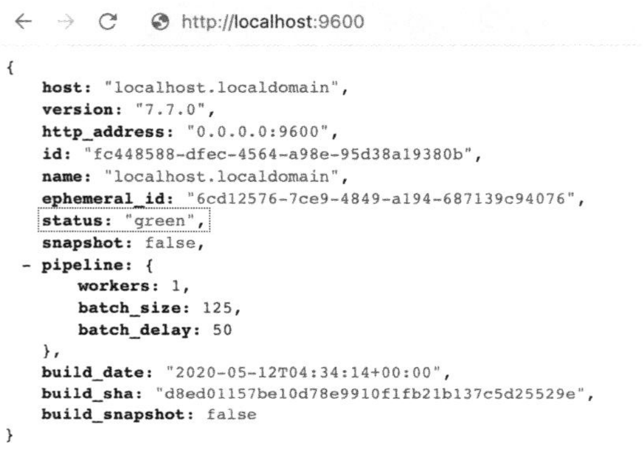

从图 4-23 中可以看到 Logstash 的版本、名称等具体信息。

在搭建完 Elasticsearch、Logstash、Kibana 后，需要处理 ELK 的数据源，也就是应用服务的日志。接下来，将应用服务集成 ELK，便可以使用 ELK 了。

图 4-23　访问 Logstash

4.8.4　应用服务集成 ELK

在图 4-20 所示的微服务与 ELK 的使用流程中，已经清晰地说明应用服务的日志只需接入到 Logstash 即可使用 ELK。

将应用服务接入到 Logstash 较便捷的方式就是配置 Logback。我们来看一下具体的步骤。

首先，在应用服务的 pom.xml 中添加如下依赖：

```
<dependency>
    <groupId>net.logstash.logback</groupId>
    <artifactId>logstash-logback-encoder</artifactId>
    <version>6.6</version>
</dependency>
<dependency>
    <groupId>ch.qos.logback</groupId>
    <artifactId>logback-classic</artifactId>
</dependency>
```

添加的依赖说明如下：

（1）Logback 分成三个模块：logback-core，logback-classic 和 logback-access，其中：

- logback-core 提供了 logBack 的核心功能，是另外两个组件的基础；
- logback-classic 模块实现了 SLF4J API；
- logback-access 模块与 Servlet 容器集成提供 Http 来访问日志的功能。

（2）logstash-logback-encoder 主要提供 logback 的编码器、布局（layouts）和追加器输出到 json 形式的日志。

添加完依赖后，新建一个 LoggingConfiguration.java 文件，该文件的主要作用是将日志接入到 Logstash，LoggingConfiguration.java 代码示例如下：

```
@Configuration
public class LoggingConfiguration {

    public LoggingConfiguration(
            @Value("${spring.application.name}") String appName,
            @Value("${logstash.destination}") String destination) {
        Logger    logger    =    (Logger)    LoggerFactory.getLogger
(Logger.ROOT_LOGGER_NAME);
        LogstashEncoder logstashEncoder = new LogstashEncoder();
        logstashEncoder.setCustomFields("{\"appname\":\""  +  appName  +
"\"}");
        LogstashTcpSocketAppender   logstashTcpSocketAppender   =   new
LogstashTcpSocketAppender();
        logstashTcpSocketAppender.setName("logstash");
        logstashTcpSocketAppender.setContext(logger.getLoggerContext());
        logstashTcpSocketAppender.addDestination(destination);
        logstashTcpSocketAppender.setEncoder(logstashEncoder);
        logstashTcpSocketAppender.start();
        logger.addAppender(logstashTcpSocketAppender);
        logger.setLevel(Level.INFO);
    }

}
```

添加完 LoggingConfiguration 后，还需要添加 LoggingConfiguration 中定义的相关配置，我们在统一配置中心中的全局配置文件里添加相关配置，在 config-server/src/main/resources/ configurations/application.yml 中添加以下内容：

```
logstash:
  destination: 127.0.0.1:5000
```

以上内容就是定义 LoggingConfiguration 使用到的 Logstash 的相关参数。

至此，应用服务已经接入到 Logstash。现在先不要着急使用 ELK，等将用户、订单、商品服务都搭建完毕后，我们再回过头来使用。

4.9 微商城完全改造成微服务架构

在将微商城项目完全改造成微服务架构前，已经处理了很多设计模式，但是业务服务到目前为止都还没有完全处理完毕。在本节我们先从整体的角度看一下微商城的微服务架构图以便有个总体概念，然后再将剩余的业务服务处理完毕，最后进行启动微商城微服务的实践。

4.9.1 微商城总体微服务架构图

微服务的设计模式就是对于软件设计中普遍存在或者反复出现的各种问题所提出的解决方案。在前面的 3.4 节中，我们详细介绍了微服务架构中常见的设计模式，但是不知道读者是否存在疑问，比如，这些设计模式到底应如何应用，它们应该如何与微商城项目关联起来呢。

对于上面所说的疑问，其实我们看一下微商城的总体微服务架构图就会一目了然了，关于微商城的总体微服务架构图，如图 4-24 所示。

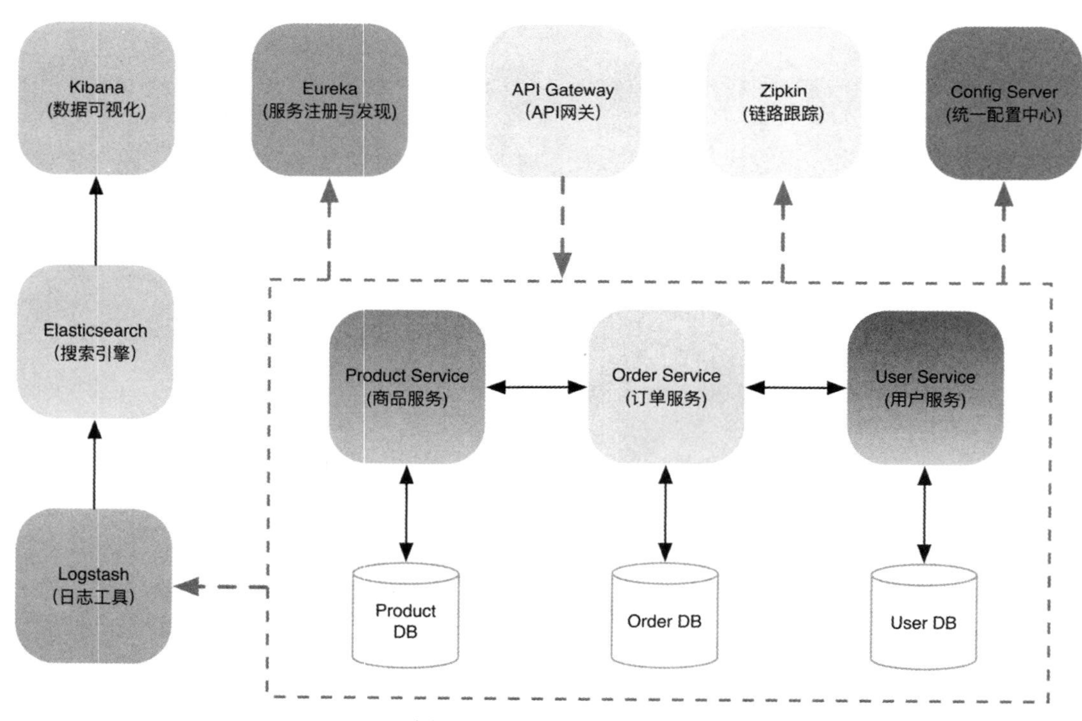

图 4-24 微商城总体架构

从图 4-24 可以看到，在前面实现的设计模式对于微商城项目来说都有用，并且这些设计模式各司其职，比如，ELK 为微商城项目提供日志聚合与分析，Eureka 为微商城项目提供服务注册与发现，API 网关为微商城项目提供路由，Zipkin 为微商城项目提供服务追踪，外部化配置就是统一配置中心为微商城项目提供配置信息统一管理。

了解了微商城的总体微服务架构图后，接下来我们将微商城项目完全改造成微服务架构，也就是将剩余的业务服务改造完毕。

4.9.2 按照应用内分隔服务理论彻底将业务服务拆分

将剩余的业务服务进行改造前，我们先回想一下，在单体应用中已经将代码按类型分到了不同的包里面，其实已经完成了业务服务拆分的第一步，所以对于彻底将业务服务拆分，还是遵循之前的按照应用内分隔服务的理论。接下来，要做的是将这些不同的包拆分成不同的工程，以达到将业务服务彻底拆分的目的。

这里还有一个重要的思路要厘清一下，经过之前的分隔服务，业务服务不再存在相互之间的依赖，但是业务服务都共同依赖 commons，因为 commons 包中包含所有的数据传输对象、提取的公共属性的 AbstractEntity 以及 utils，所以在彻底拆分业务服务前，需要先进行 commons 包的拆分，然后再进行商品、订单及用户服务的拆分。

1. 创建 commons 工程

首先，通过 Spring Initializr 生成 commons 的基本框架并选择好相应的依赖，如图 4-25 所示。

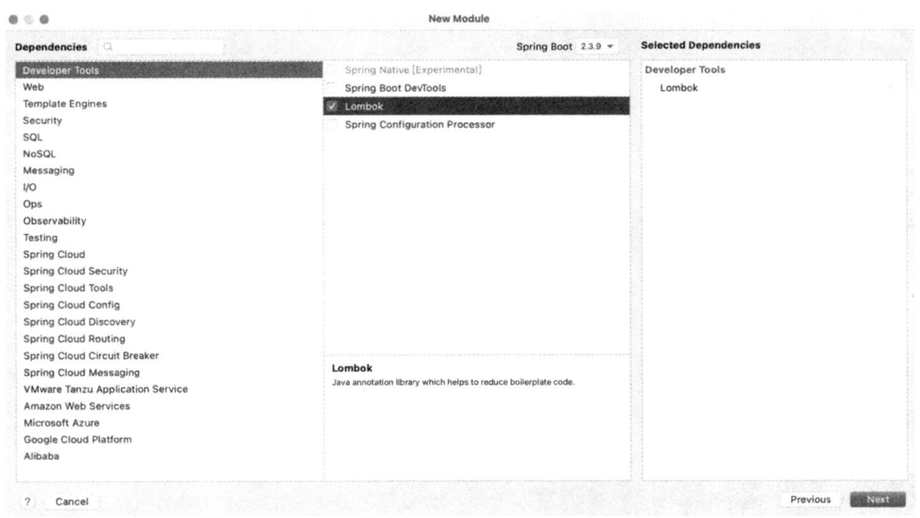

图 4-25 生成 commons 的基本框架

在选择好相应的依赖后，下一步定义好项目名称及项目路径后就可以生成项目结构，接下来直接将之前单体应用内已经准备好的commons包整体移动至新增的commons工程中，如图4-26所示。

图4-26　commons包整体移动至新增的commons工程

从图4-26中可以看到，将commons包整体移动至新增的commons工程中后，代码会报错，报错的原因是因为缺少了相关依赖，所以需要在commons工程中添加以下相关依赖：

```
<dependency>
    <groupId>com.fasterxml.jackson.core</groupId>
    <artifactId>jackson-annotations</artifactId>
</dependency>
<dependency>
    <groupId>io.jsonwebtoken</groupId>
    <artifactId>jjwt</artifactId>
    <version>0.9.1</version>
</dependency>
```

至此，commons工程准备完毕。

接下来，开始构建commons工程，以便于用户、订单、商品服务引用，通过命令行执行mvn clean install以完成构建，实现代码如下：

```
mvn clean install
[INFO] Scanning for projects...
[INFO]
[INFO] ----------------------< com.cloudnative:commons >-----------------------
[INFO] Building commons 0.0.1-SNAPSHOT
[INFO] --------------------------------[ jar ]---------------------------------
[INFO]
[INFO] --- maven-clean-plugin:2.5:clean (default-clean) @ commons ---
[INFO] Deleting /Users/xxx/cloud-native-book-projects/microservices/commons/target
[INFO]
```

```
[INFO] --- maven-resources-plugin:2.6:resources (default-resources) @
commons ---
[INFO] Using 'UTF-8' encoding to copy filtered resources.
[INFO] skip non existing resourceDirectory /Users/xxx/cloud-native-
book-projects/microservices/commons/src/main/resources
[INFO]
[INFO] --- maven-compiler-plugin:3.1:compile (default-compile) @ commons
---
[INFO] Changes detected - recompiling the module!
[INFO] Compiling 10 source files to /Users/xxx/cloud-native-book-projects/
microservices/commons/target/classes
[INFO]
[INFO] --- maven-resources-plugin:2.6:testResources (default-testResour
ces) @ commons ---
[INFO] Using 'UTF-8' encoding to copy filtered resources.
[INFO] skip non existing resourceDirectory /Users/xxx/cloud-native
-book-projects/microservices/commons/src/test/resources
[INFO]
[INFO] --- maven-compiler-plugin:3.1:testCompile (default-testCompile) @
commons ---
[INFO] Nothing to compile - all classes are up to date
[INFO]
[INFO] --- maven-surefire-plugin:2.12.4:test (default-test) @ commons ---
[INFO] No tests to run.
[INFO]
[INFO] --- maven-jar-plugin:2.4:jar (default-jar) @ commons ---
[INFO] Building jar: /Users/xxx/cloud-native-book-projects/microservice
s/commons/target/commons-0.0.1-SNAPSHOT.jar
[INFO]
[INFO] --- maven-install-plugin:2.4:install (default-install) @ commons ---
[INFO] Installing /Users/xxx/cloud-native-book-projects/microservices/
commons/target/commons-0.0.1-SNAPSHOT.jar to
/Users/xxx/m2repo/cloudnative/commons/0.0.1-SNAPSHOT/commons-0.0.1-SNAPSHO
T.jar
[INFO] Installing /Users/xxx/cloud-native-book-projects/microservices/
commons/pom.xml to /Users/xxx/m2repo/com/cloudnative/commons/0.0.1-SNAPSHO
T/commons-0.0.1-SNAPSHOT.pom
[INFO] ------------------------------------------------------------
---------
[INFO] BUILD SUCCESS
[INFO] ------------------------------------------------------------
---------
[INFO] Total time:  3.114 s
[INFO] Finished at: 2021-03-17T09:37:38+08:00
[INFO] ------------------------------------------------------------
```

在 commons 工程构建完毕后，接下来开始创建商品服务的工程。

2. 创建 product 工程

首先，通过 Spring Initializr 生成 Product Service 的基本框架并选择好相应的依赖，如图 4-27 所示。

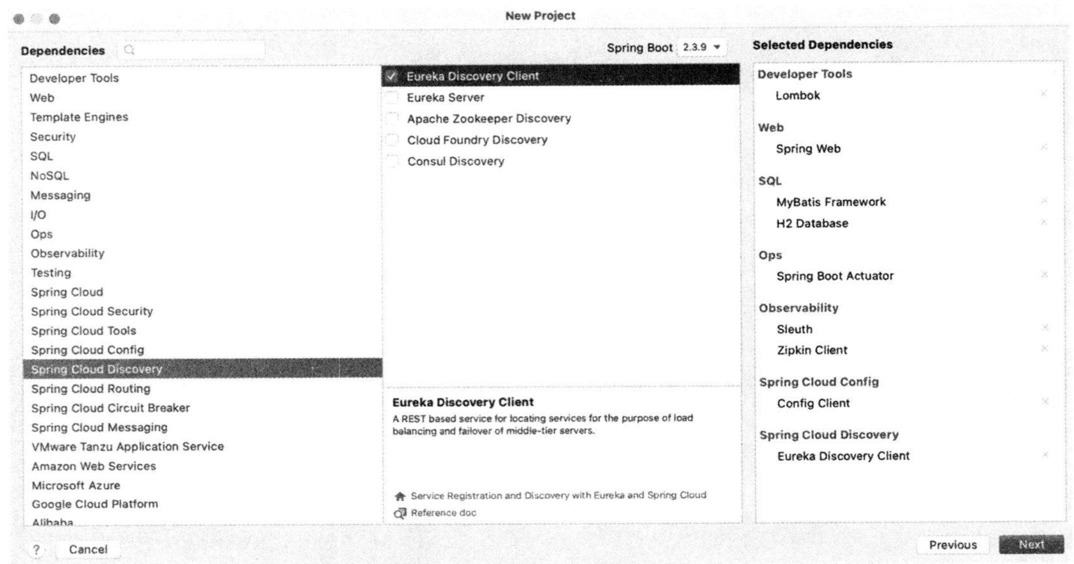

图 4-27 生成 Product Service 基本框架

选择好相应的依赖后，下一步定义好项目名称及项目路径后即可生成项目结构；有了项目的初始结构，接下来便可直接将之前单体应用内已经准备好的 product 包整体移动至新增的 product 工程中，如图 4-28 所示。

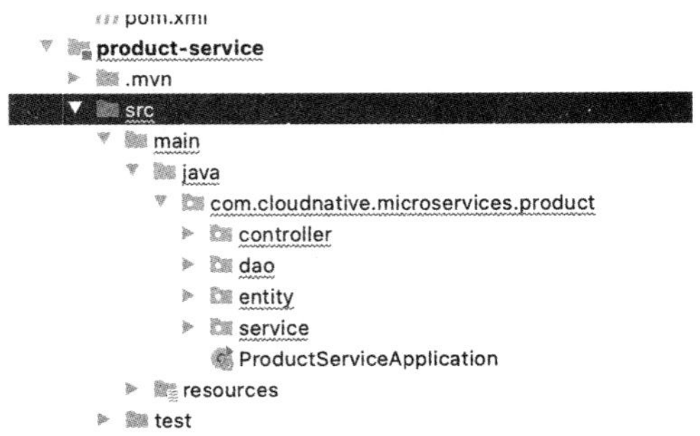

图 4-28 product 包整体移动至新增的 product 工程

从图 4-28 中可以看到，将 product 包整体移动至新增的 product 工程中后，代码会报错，报错的原因是缺少相关依赖，而且引用的类路径不对了。

首先在 product 工程中添加前面的 commons 依赖，实现代码如下：

```
<dependency>
    <groupId>com.cloudnative</groupId>
    <artifactId>commons</artifactId>
    <version>0.0.1-SNAPSHOT</version>
</dependency>
```

添加完前面的 commons 依赖后，再检查各个类中的报错，删除之前的引用类路径，重新导入报错的类。

之后，在 product 工程中添加对该工程的配置文件，我们在 product-service/src/main/resources/bootstrap.yml 中添加如下配置：

```
spring:
  cloud:
    config:
      uri: http://localhost:8888
  application:
    name: product-service
```

经过以上配置， product 工程就使用到了统一配置中心，而由于统一配置中心的全局配置文件中已经添加了 eureka、zipkin、sleuth、logstash 的配置，所以在统一配置中心中增加 product 的配置时就不需要再添加这些配置了。

接下来进行 product 工程的配置，在 config-server/src/main/resources/configurations/product-service.yml 中添加如下内容：

```
server:
  port: 8090
spring:
  datasource:
    url: jdbc:h2:mem:dbtest;database_to_upper=false
    username: sa
    password: sa
    driverClassName: org.h2.Driver
    platform: h2
    schema: classpath:db/schema.sql
    data: classpath:db/data.sql
  h2:
    console:
      enabled: true
      path: /h2
      settings:
        web-allow-others: false
```

```
mybatis:
  mapper-locations: classpath:mybatis/*.xml
  configuration:
    map-underscore-to-camel-case: true

logging:
  level:
    ROOT: info
    com.cloudnative: debug
```

该配置与在单体应用时用到的一样，添加完毕后，再把前面介绍的集成 logstash 的相关依赖以及 LoggingConfiguration 添加到 product 工程中。

首先在 pom.xml 中添加如下依赖：

```
<dependency>
    <groupId>net.logstash.logback</groupId>
    <artifactId>logstash-logback-encoder</artifactId>
    <version>6.6</version>
</dependency>
<dependency>
    <groupId>ch.qos.logback</groupId>
    <artifactId>logback-classic</artifactId>
</dependency>
```

添加完依赖后，再将之前的 LoggingConfiguration.java 添加到 product 工程的 config 包中。

这时 product 工程还没有完毕，还需要把之前 resources 目录下的 db、mybatis 复制到 product 工程的 resources 目录下，同时只留下 product 工程使用到的 Mapper.xml 文件；最后，批量替换掉 Mapper.xml 中原有的类路径，将其变更为现在 product 工程的类路径即可。

做完以上操作后，product 工程便准备完毕了。接下来我们开始创建订单服务的工程。

3. 创建 order 工程

首先，通过 Spring Initializr 生成 Order Service 的基本框架并选择好相应的依赖，如图 4-29 所示。

在选择好相应的依赖后，下一步定义好项目名称及项目路径后即可生成项目结构。有了项目的初始结构，接下来我们同样直接将之前单体应用内已经准备好的 order 包整体移动至新增的 order 工程中，如图 4-30 所示。

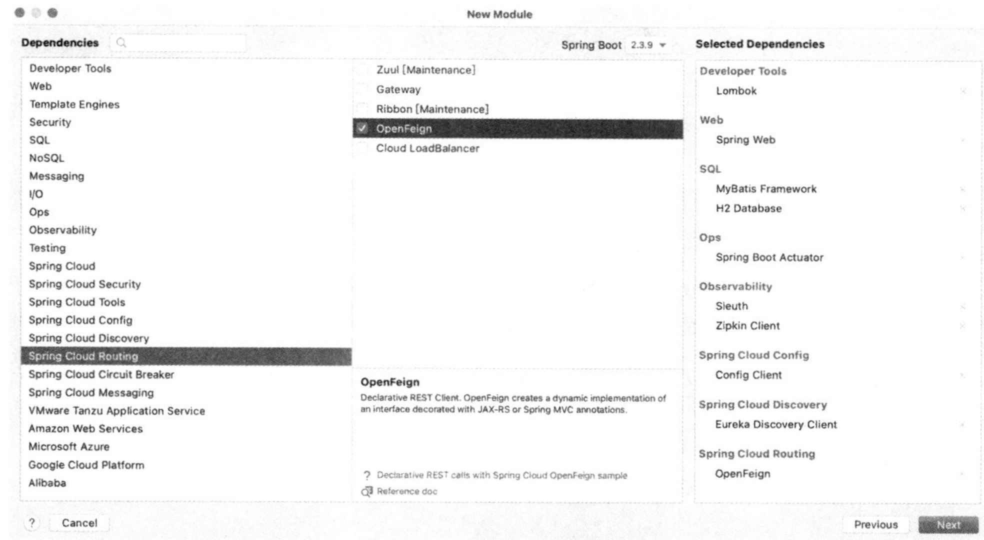

图 4-29　生成 Order Service 基本框架

图 4-30　order 包整体移动至新增的 order 工程

从图 4-30 中可以看到，order 包整体移动至新增的 order 工程中后，代码会报错，报错的原因是缺少相关依赖，而且引用的类路径不对了。

首先在 order 工程中添加前面的 commons 依赖，实现代码如下：

```
<dependency>
    <groupId>com.cloudnative</groupId>
    <artifactId>commons</artifactId>
    <version>0.0.1-SNAPSHOT</version>
</dependency>
```

添加完前面的 commons 依赖之后，再检查各个类中的报错，删除之前的引用类路径，重新导入报错的类。

接下来，在 order 工程中添加对该工程的配置文件，在 order-service/src/main/resources/bootstrap.yml 中添加如下配置：

```
spring:
  cloud:
    config:
      uri: http://localhost:8888
  application:
    name: order-service
```

经过以上配置，order 工程就使用到了统一配置中心；同样，由于统一配置中心的全局配置文件中已经添加了 eureka、zipkin、sleuth、logstash 的配置，所以在统一配置中心中增加 order 的配置时就不需要再添加这些配置了。

接下来进行 order 工程的配置。在 config-server/src/main/resources/configurations/order-service.yml 中添加如下内容：

```
server:
  port: 8091

spring:
  datasource:
    url: jdbc:h2:mem:dbtest;database_to_upper=false
    username: sa
    password: sa
    driverClassName: org.h2.Driver
    platform: h2
    schema: classpath:db/schema.sql
    data: classpath:db/data.sql
  h2:
    console:
      enabled: true
      path: /h2
      settings:
        web-allow-others: false

mybatis:
  mapper-locations: classpath:mybatis/*.xml
  configuration:
    map-underscore-to-camel-case: true

logging:
  level:
    ROOT: info
```

```
    com.cloudnative: debug
```

该配置与在单体应用时用到的一样。添加完毕后，再把前面介绍的集成 logstash 的相关依赖以及 LoggingConfiguration 添加到 order 工程中，添加步骤与 product 工程一样，不再赘述。

与 product 工程同理，order 工程中还需要把之前的 resources 目录下的 db、mybatis 复制过来，处理方式也与 product 工程一样。接下来需要把 order 工程中之前使用的 RestTemplate 全部替换成 Feign，并且添加好熔断降级处理。

在查看 order 工程时，从之前的代码中可以看到使用 RestTemplate 的地方主要涉及商品与地址的调用，所以需要新建两个 FeignClient。一个是 ProductFeignClient，另一个是 AddressFeignClient。在前面实现熔断时， ProductFeignClient 已经准备好了，所以只需再准备一个 AddressFeignClient 及对应的熔断降级处理，代码示例如下：

```
@FeignClient(value = "user-service", fallbackFactory = AddressFeignClient
Fallback.class)
public interface AddressFeignClient {

    @GetMapping("/api/address/detail/{addressId}")
    AddressDto detail(@PathVariable("addressId") String addressId);
}

@Component
@Slf4j
class AddressFeignClientFallback implements FallbackFactory<Address
FeignClient> {

    @Override
    public AddressFeignClient create(Throwable throwable) {
        return addressId -> {
            log.error("AddressFeignClient detail failed! start fallback.",
throwable);
            return null;
        };
    }

}
```

在 ProductFeignClient 和 AddressFeignClient 准备完毕后，只需在 OrderService 中将之前对应的 RestTemplate 调用改成 ProductFeignClient 和 AddressFeignClient 即可；之后在 order 工程的启动类中加上@EnableFeignClients，同时还要在统一配置中心的 order-service.yml 中

添加 feign.hystrix.enabled 属性。

至此，order 工程准备完毕。接下来，创建用户（user）工程。

4．创建 user 工程

首先，通过 Spring Initializr 生成 User Service 的基本框架并选择好相应的依赖，如图 4-31 所示。

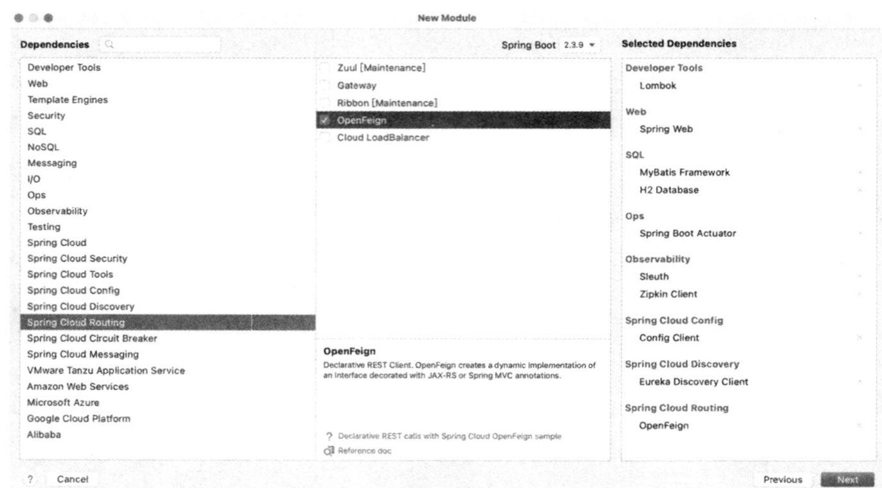

图 4-31　生成 User Service 基本框架

在选择好相应的依赖后，下一步定义好项目名称及项目路径后即可生成项目结构。然后便可直接将之前单体应用内已经准备好的 user 包整体移动至新增的 user 工程中，如图 4-32 所示。

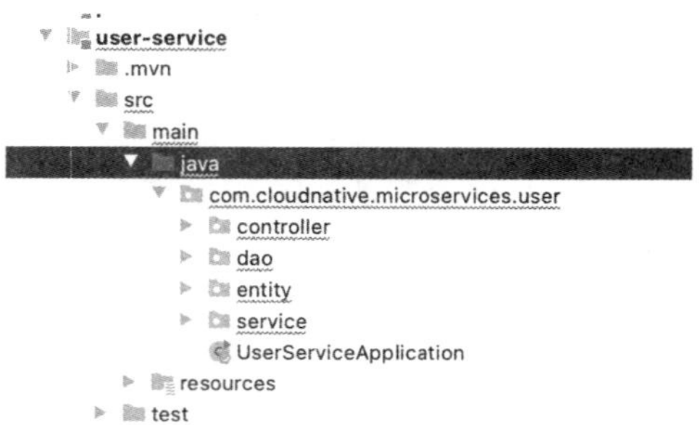

图 4-32　user 包整体移动至新增的 user 工程

从图 4-32 中可以看到，该操作后代码会报错，原因是缺少相关依赖，而且引用的类路径不对了。

首先在 user 工程中添加前面的 commons 依赖实现代码如下：

```
<dependency>
    <groupId>com.cloudnative</groupId>
    <artifactId>commons</artifactId>
```

```
    <version>0.0.1-SNAPSHOT</version>
</dependency>
```

在添加完前面的 commons 依赖之后，再检查各个类中的报错，删除之前的引用类路径，重新导入报错的类。

重新导入后，发现还缺少 swagger 的依赖以及自定义的注解，因此需要在 user 工程的 pom.xml 中将 swagger 的依赖添加进去，添加依赖如下：

```
<dependency>
    <groupId>io.springfox</groupId>
    <artifactId>springfox-swagger2</artifactId>
    <version>2.9.2</version>
</dependency>
<dependency>
    <groupId>io.springfox</groupId>
    <artifactId>springfox-swagger-ui</artifactId>
    <version>2.9.2</version>
</dependency>
```

添加完依赖后将之前的工程中的 annotation、config、interceptor 包也移动到 user 工程中，然后检查各个类中的报错，删除之前的引用类路径，重新导入报错的类。

之后，在 user 工程中添加对该工程的配置文件，以便于使用统一配置中心，在 user-service/src/main/resources/bootstrap.yml 中添加如下配置：

```
spring:
  cloud:
    config:
      uri: http://localhost:8888
  application:
    name: user-service
```

同样，由于统一配置中心的全局配置文件中已经添加了 eureka、zipkin、sleuth、logstash 的配置，所以在统一配置中心中增加的 user 的配置时就不需要再添加这些配置了。

接下来进行 user 工程的配置。在 config-server/src/main/resources/configurations/user-service.yml 中添加如下内容：

```
server:
  port: 8092

spring:
  datasource:
    url: jdbc:h2:mem:dbtest;database_to_upper=false
    username: sa
```

```
    password: sa
    driverClassName: org.h2.Driver
    platform: h2
    schema: classpath:db/schema.sql
    data: classpath:db/data.sql
  h2:
    console:
      enabled: true
      path: /h2
      settings:
        web-allow-others: false

mybatis:
  mapper-locations: classpath:mybatis/*.xml
  configuration:
    map-underscore-to-camel-case: true

logging:
  level:
    ROOT: info
    com.cloudnative: debug
```

该配置与在单体应用时用到的一样。添加完毕后，同样需要再把前面介绍的集成 logstash 的相关依赖以及 LoggingConfiguration 添加到 user 工程中，添加步骤不再赘述。

user 工程中还需要把之前的 resources 目录下的 db、mybatis 复制过来，处理方式也与 product 工程一样。接下来，需要把 user 工程中之前使用的 RestTemplate 全部替换成 Feign，并且添加好熔断降级处理。

查看 user 工程，发现只需新建一个 ProductFeignClient 并且添加好对应的熔断降级处理即可，代码示例如下：

```
@FeignClient(value = "product-service", fallbackFactory = ProductFeign
ClientFallback.class)
public interface ProductFeignClient {

    @GetMapping("/api/product/detail/{productId}")
    ProductDto detail(@PathVariable("productId") String productId);
}

@Component
@Slf4j
```

```
    class ProductFeignClientFallback implements FallbackFactory<ProductFeign
Client> {

        @Override
        public ProductFeignClient create(Throwable throwable) {
            return productId -> {
                log.error("ProductFeignClient detail failed! start fallback.",
throwable);
                return null;
            };
        }
    }
```

最后，在 user 工程的启动类中加上@EnableFeignClients，同时需要在统一配置中心的 user-service.yml 中添加 feign.hystrix.enabled 属性。

至此，user 工程准备完毕，微商城项目也从单体应用完全拆分成了微服务架构。接下来，试试启动我们的微商城微服务。

4.9.3　微商城微服务启动实践

4.9.2 小节只是实现了微商城微服务总体架构图中的各个组成部分，到目前为止还没有将全部的组成部分同时使用过；接下来我们启动整体工程，试试微商城项目的微服务。

先把 ELK、Zipkin 启动起来，之后将统一配置中心、服务注册中心、用户服务、订单服务、商品业务服务以及 API 网关依次启动。

启动完毕后，先访问 http://localhost:8761/，打开服务注册中心的界面，查看服务是否都已经注册成功，如图 4-33 所示。

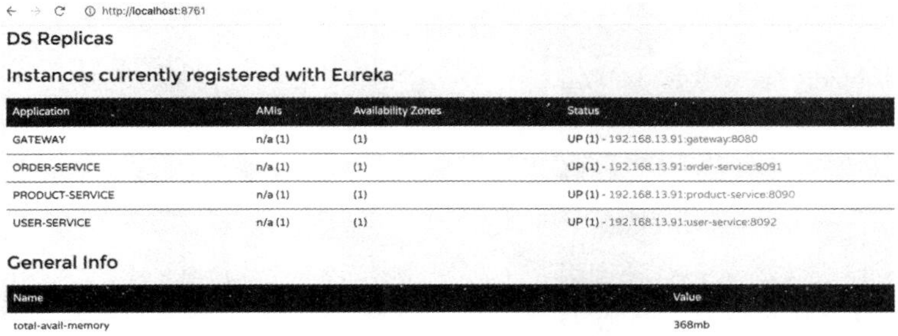

http://localhost:8761

DS Replicas

Instances currently registered with Eureka

Application	AMIs	Availability Zones	Status
GATEWAY	n/a (1)	(1)	UP (1) - 192.168.13.91:gateway:8080
ORDER-SERVICE	n/a (1)	(1)	UP (1) - 192.168.13.91:order-service:8091
PRODUCT-SERVICE	n/a (1)	(1)	UP (1) - 192.168.13.91:product-service:8090
USER-SERVICE	n/a (1)	(1)	UP (1) - 192.168.13.91:user-service:8092

General Info

Name	Value
total-avail-memory	368mb

图 4-33　服务注册中心服务注册

从图 4-33 中可以看到，服务都已经注册到了服务注册中心，这些服务都使用到了统一配置中心，因为相关服务注册中心的配置都放在统一配置中心，做到这一点非常关键。

接下来，通过网关进行用户的登录操作，如图 4-34 所示。

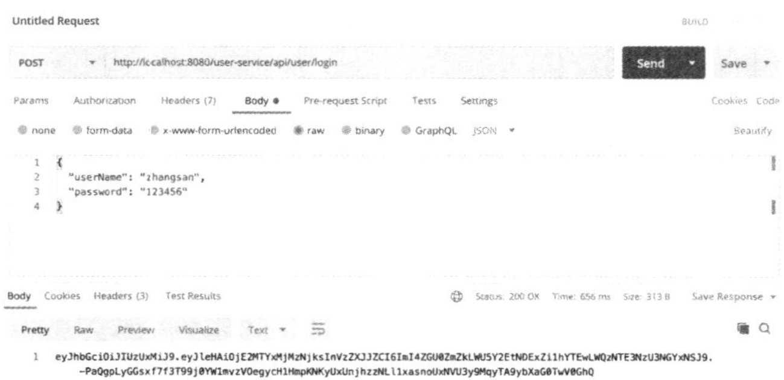

图 4-34　通过网关进行用户登录

从图 4-34 中可以看到，已经成功地通过网关进行了用户登录，接下来我们尝试添加一个商品至购物车，如图 4-35 所示。

图 4-35　添加商品至购物车

在添加商品至购物车后，最后试一下服务之间的相互调用，通过前面的代码分析可以知道，在查看购物车列表时，用户服务会去调用商品服务，最后进行购物车列表的查看，如图 4-36 所示。

图 4-36　查看购物车列表

从图 4-36 中可以看到，可以成功地获取对应的数据，证明服务之间的调用可以正常使用。如果停掉商品的服务，发现进行购物车查看时，用户服务中的 ProductFeignClient 会去进行熔断降级处理。由于熔断降级处理中并没有实际的熔断降级处理业务操作，并且 CartService 中没有进一步的容错处理，所以再次查看购物车列表时并不能获取到预期的数据响应。

但是当停掉商品的服务时，实现的熔断降级处理确实已经被调用了。在实际的工作中，熔断降级处理一定要根据实际的业务需求进行相关的业务处理，另外在调用 FeignClient 的地方也需要做进一步的容错处理。

最后，我们来试一下 ELK 和 Zipkin 的功能，微服务微商城项目就结束了。

首先，看一下 Zipkin，通过 http://localhost:9411/访问 Zipkin 的界面，如图 4-37 所示。

图 4-37　访问 Zipkin

之前访问 Zipkin 并不会有任何数据显示，主要是因为服务没有集成 Zipkin，而现在访问 Zipkin 就可以看到各个服务之间的调用链路。如果单击具体的服务还可以看到调用时间、调用耗时等信息。

对于 ELK，我们通过 http://localhost:5601/访问 Kibana 的界面，并且到 Kibana 管理界面中创建之前 Logstash 配置的 index => "micro-%{servicename}"的索引匹配规则，如图 4-38 所示。

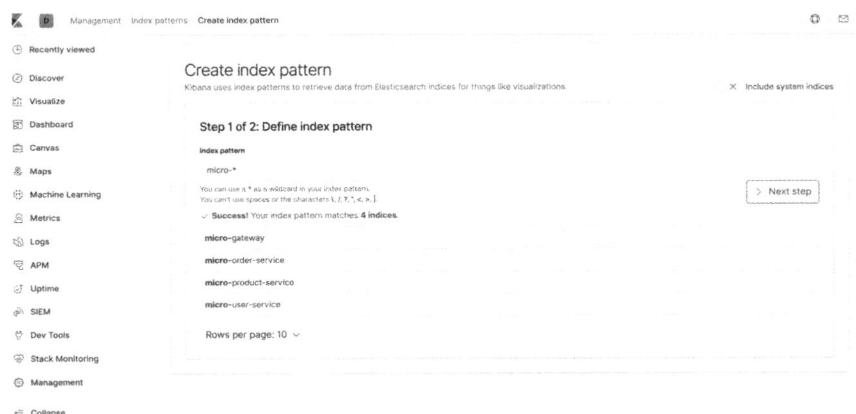

图 4-38　定义 Kibana 索引匹配规则

创建好 Kibana 的索引匹配规则后，即可查看日志数据，还可以自定义需要查看的时间范围以及要查看的数据项，如图 4-39 所示。

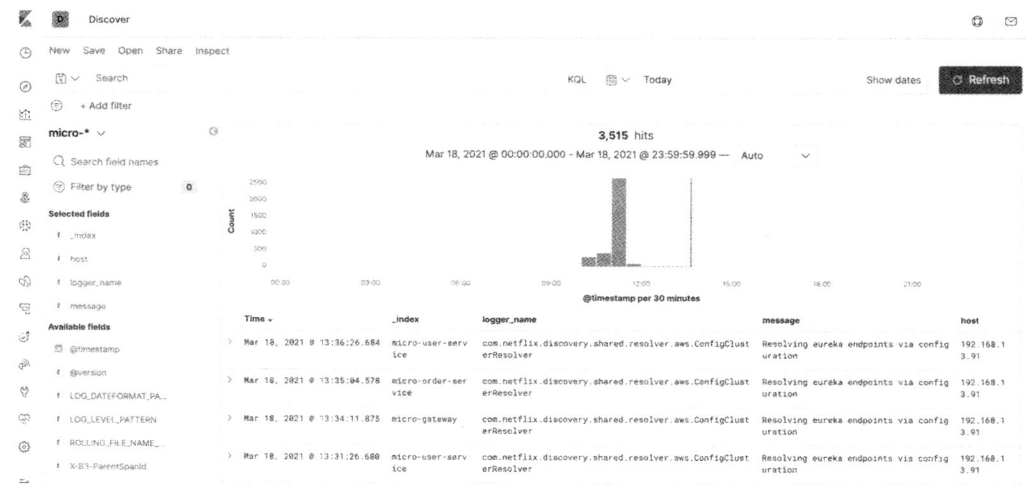

图 4-39　通过 Kibana 查看日志数据

从图 4-39 中可以看到，各个服务的日志都会显示出来。如果各个服务存在多个机器部署的情况，也可以快速定位到目标机器上目标服务的日志数据，也可以通过 Kibana 的日志流来查看对应的日志数据，如图 4-40 所示。

图 4-40　通过 Kibana 的日志流查看日志数据

至此，微商城项目的微服务全部改造完毕，并且还成功进行了启动实践。

4.10　本章小结

虽然微商城项目的微服务改造完毕，但是示例项目涉及业务操作的代码并无实际意义且不严谨，这一块的业务操作并不是重点，侧重点在于通过示例项目来了解微服务的组件，同时理解微服务的核心原则及主要特性，最主要的还是提供了一个基于原有的单体应用项目来分割与实现微服务的思路与方法。

本章主要是贯穿之前的理论基础并且实际动手将原本的单体应用改造成微服务。到目前为止，可以说是完成了构建云原生应用的第一步，接下来我们会继续朝着构建云原生应用的道路上前进，下一章将介绍云原生的必备知识：容器。

第 5 章　微服务进阶——容器化技术

实现了单体应用的微服务改造后，我们朝着云原生应用的道路上才迈出了第一步。本章将继续介绍云原生的关键技术，同时也是微服务进阶的必备知识：容器。

为什么说容器是必备知识呢？

此前的微服务相较于单体应用来说就是划分了功能模块，切分了服务，但是整个软件系统是一个整体，需要各个服务之间相互的配合协作才能正常运行业务，在实际工作中系统往往有多个服务，并且多个服务还会在多台主机上部署多个实例，并且不一定各个服务都使用相同的技术栈、依赖库，从而也导致了服务部署与迁移的复杂性和烦琐性。

容器技术可以将服务应用标准化为可管理，并且易迁移，可以极大地缓解微服务带来的上述问题，如果将微服务应用放到容器中，可以达到“一次构建，到处运行”的效果。与此同时，在云原生构建体系中少不了容器编排，容器编排的前提是得有容器。

本章将介绍容器化技术以及主流的开源应用容器引擎 Docker 的基本概念、架构和安装使用方法。

5.1　容器化技术介绍

在讲容器化技术之前，先跟大家分享个小故事，以便于大家更好地理解。

故事的主角是被尊称为“集装箱运输之父”的马尔科姆 • 麦克莱恩，他是 20 世纪 40 年代美国一家运输公司的老板，他改造了集装箱，提高了集装箱的便利性，使得整个运输行业发生了巨大的变化。

在马尔科姆·麦克莱恩经商过程中，他发现一艘船的货物装卸需要花费很长时间，因为在集装箱运输之前，码头货物运输大多以散件的方式进行运输，码头师傅需要先把货打散，然后再合理地利用空间将货物装载到船上。

然而装卸货物花费的时间越长，运营成本就越高；为了降低运营成本，马尔科姆·麦克莱恩做了一个尝试：以散件的方式运输一批啤酒和以集装箱的方式运输一批啤酒，得到的结果是可以降低 95%的成本（当然，在复杂的货物运输中，还有很多影响成本的环节，这些不在我们的讨论范畴之内）。在此之后的时间里，集装箱迎来了繁荣时期。

为什么要讲“集装箱运输之父”马尔科姆 • 麦克莱恩呢？

因为容器化技术的思想来源于集装箱（container），容器化技术与此同名。集装箱解决的问题是将各类散件装到一个标准的集装箱内，以此提高效率，降低成本。容器化技术类似于集装箱，可以提高开发、运维人员的效率，降低成本。

5.1.1　容器化：应用程序级别的虚拟化

在微服务项目开发完之后，采用的部署方式一般是将应用程序打包成 jar 文件，然后放到服务器上运行。这种部署方式没有任何问题，不过在实际运行过程中，假设应用程序全都部署在同一台主机上，但是其中某个应用程序存在严重的内存泄漏的 bug，一旦这个应用程序的内存泄漏 bug 被触发后，很有可能导致整个主机的内存资源被耗光，进而会导致其他应用程序无法正常运行。

应用程序在同一台主机上时，所有的应用程序都共享同一个操作系统和操作系统依赖库，即使应用程序没有严重级别的 bug，但是由于某些原因（如修复系统漏洞）需要更新操作系统依赖库时，如果这些更新出现了不兼容的情况，那么可能会影响应用程序正常运行。

抑或是应用程序需要迁移至其他主机时，也可能因为需要迁移的主机环境与当前主机环境不一致而导致应用程序迁移失败。

怎样可以规避这种风险呢？

容器化技术可以帮我们做到。容器化技术可以将单个操作系统的资源划到单独的组中，以此达到资源隔离和限制，并且构建一次后到处都可以运行，这样可以使开发人员更快、更安全地创建和部署应用程序。

在日常的开发工作中，一般是在自己的计算机上或者公司配备的计算机上进行开发，代码是在自己特定的开发环境中开发的，比如在 Windows 10 上、jdk 版本为 jdk8 等。但是部署开发后的应用程序到测试环境或者生产环境时，由于服务器大部分选用的是 Linux 操作系统，部署到新环境 Linux 系统中时，可能会导致部署启动失败。

将应用程序从 Windows 环境迁移部署到 Linux 环境时，如果采用容器化技术，容器化会把应用程序代码以及运行应用程序所需的相关配置文件、依赖项和操作系统库等打包捆绑到一起，类似于将所需的东西都放到一个标准的集装箱里一样，以此来消除新的操作系统环境的影响。

在这个迁移过程中，应用程序从当前操作系统中抽象出来，它是独立的、可移植的，所以放到任何其他主机环境下都不会出现问题。

容器化，简言之就是应用程序级别的虚拟化，应用程序虚拟化打破了应用程序与操作系统之间的联系，并且应用程序只运行在自己的计算空间内，从而降低了影响其他应用程序的风险。

5.1.2 容器：标准化的软件单元

容器化是应用程序级别的虚拟化，可是我们常说的容器又在哪里呢？

容器化允许单个内核上拥有多个彼此独立的用户空间实例，而这些彼此独立的用户空间实例就是我们常说的容器。

容器，也就是我们所说的集装箱，而应用程序类似于集装箱里的货物，集装箱可以对货物进行打包隔离，容器可以对应用程序进行打包隔离。容器提供了将应用程序的代码、相关的配置文件以及运行环境、操作系统库等打包到一个实例中的标准方法。

通过容器可以轻而易举地将应用程序放在任意环境里并且以我们期望的方式来运行。比如，在日常开发过程中，在本机上创建了容器，如果要发布到测试环境和生产环境的虚拟机或物理机上运行时，无须做任何修改即可发布。

简言之，容器是将软件打包成标准化单元，以用于开发、交付和部署。

使用容器以后，通过对应用程序进行打包隔离可以很轻松地解决应用程序依赖库等软件不兼容导致的问题，应用迁移也会变得简单很多。由于容器的轻量级，使用容器可以减少虚拟机或者物理机的使用数量，降低服务器成本。

那么应该选择什么容器引擎来使用容器呢，接下来将介绍目前主流的开源的应用容器引擎 Docker。

5.2 开源的应用容器引擎 Docker

Docker 是容器服务中的一种，在 Docker 出现之前，在计算机领域中已经有了容器的相关概念，容器技术很早就已经存在，但是传统的容器技术一直没有变成主流，因为传统的容器技术没有提供标准化的应用运行环境，而 Docker 做到了这一点，容器技术才开始变成主流。要单独讲述 Docker 是因为 Docker 是目前使用人数较多的容器服务，同时也是之后的章节应用走向云原生需要使用到的技术。

当前的 Docker 是开源的应用容器引擎，但是在早期 Docker 并不是开源的。Docker 早期是由 dotCloud 公司研发的，dotCloud 之前主要是基于 PaaS（Platform as a Service，平台即服务）平台提供技术服务的；由于市场竞争激烈，dotCloud 公司举步维艰，为了求得发展，dotCloud 公司开源了他们基于 LXC（英文 Linux container，是一种基于容器的内核虚拟化技术）的应用容器引擎 Docker。

Docker 作为应用容器引擎，是一个用于开发、交付和运行应用程序的开放平台，基于 Go 语言并遵从 Apache2.0 协议开源。Docker 平台提供了在容器中打包和运行应用程序的功能，可以在给定的物理机或虚拟机中运行多个 Docker 容器，使用 Docker 可以将应用程序以及各种依赖项打包到一个可移植的镜像中，然后即可发布到各种不同的主机上，也就是我们常说的“一次构建，到处运行”。

5.2.1　运行和管理容器的核心软件 Docker Engine

一般我们常说的 Docker 或者 Docker 平台是指 Docker Engine（Docker 引擎），Docker 引擎是用来运行和管理容器的核心软件。Docker 引擎类似于汽车引擎，都是由很多组件组成的，汽车引擎的组件协作工作时可以使汽车跑起来，Docker 引擎的组件协作工作时可以创建和运行容器；Docker Engine 的组成如图 5-1 所示。

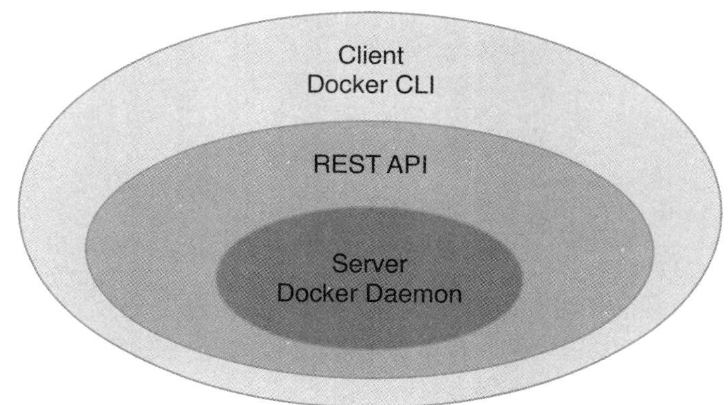

图 5-1　Docker Engine 组成图

通过 Docker Engine 组成图可知，Docker Engine 主要由三个部分组成：

- docker daemon：Docker 的守护进程，属于 C/S 中的 server；
- docker REST API：docker daemon 向外暴露的 REST 接口；
- docker CLI：Docker 向外暴露的命令行接口（Command Line API）。

Docker 引擎是 C/S（client-server）模型，用户通过 docker CLI 使用 REST API 与 docker daemon 进行交互，并且 Docker 引擎管理容器、镜像、网络及数据卷。

5.2.2　Docker 容器的特点

在学习一个新技术时，要透彻地了解这个新技术的特点才能更好地理解与应用。Docker 作为开源的应用容器引擎有轻量、标准和安全等重要特点。

1. 轻量

可以在一台主机上运行多个 Docker 容器，这些容器可以共享这台主机的操作系统内核，并且这些容器只占用很少的 CPU 和内存资源，便可以迅速启动，对于单台主机可以很轻松地就运行上百个容器。

2. 标准

Docker 容器基于开放式标准，能够在所有主流的、不同版本的 Windows、Linux 操作系统以及包含虚拟机、云服务器在内的基础设施上运行。

3．安全

Docker 能够对操作系统资源进行有效的隔离，如果出现单个应用程序的严重 bug，也只是单个应用程序归属的单个容器的问题，不会影响其他应用程序的运行。

5.2.3 为什么要使用 Docker

Docker 作为目前主流的开源的应用容器引擎，大家不是因为它是主流的应用容器引擎就使用它，而是因为它可以切实地解决我们的问题，大家才开始使用它，而使用的人多了，它才变成主流。

Docker 可以从 5 个方面解决我们遇到的问题，并提高效率。

1．运行环境一致性

在日常开发过程中，一个最常见的问题就是开发运行环境的问题，由于日常的开发环境多半都在本机，然后经常会出现测试环境、生产环境等由于服务器规格、环境依赖库等不一样，有些隐匿的 bug 都无法在开发过程中被发现，可能到了线上环境才发现，但是这时 bug 又不好重现，因此提高了故障排查的难度。Docker 的镜像提供了除内核外一套完整的一致运行时环境，从而降低了隐匿 bug 的概率且提高了故障排查的速度。

2．启动时间更快

以往应用程序直接部署在物理机上或者虚拟机上，如果先启动物理机或者虚拟机，然后再启动应用程序时，经常需要花费几分钟时间。使用 Docker 只需启动 Docker 容器，因为 Docker 容器直接运行于宿主机内核，不需要启动完整的操作系统，因此启动时间可以变成秒级，甚至毫秒级，启动时间变得更快，大大地缩短了开发、测试与部署的时间。

3．系统资源利用率提高

在日常的工作中，一台物理机会虚拟化出来多台虚拟机以供不同的部门及项目组使用，随着项目越来越多，虚拟机会出现不够用的情况。使用 Docker，在不新增物理机的情况下，可以一定程度上缓解这种情况。相比虚拟机技术来说，一般一个同等配置的主机，运行容器的数量比虚拟机的数量多出几倍，因为容器不需要进行硬件虚拟化，也不需要运行完整的操作系统，这些额外的开销变少后，Docker 对系统资源的利用率就提高了。

4．持续交付与部署

对开发运维人员来说，日常工作中最希望的就是对应用程序进行一次构建或配置后，应用程序就可以在任意地方正常运行，不用为集成、部署应用程序花费太多时间和精力。使用 Docker，就可以通过定制应用的镜像来实现持续集成、交付与部署。比如，开发人员可以通过 Dockerfile 进行镜像的构建，并结合 CI（Continuous Integration，持续集成）系统进行集成后测试，运维人员可以直接在预生产环境、生产环境中快速地部署该镜像，或者是结合 CD（Continuous Delivery/Deployment，持续部署） 系统进行自动化部署。

5．迁移方便

由于 Docker 可以确保运行环境的一致性，所以在进行应用的迁移时会更加容易；Docker 可以在多平台上运行，不管是物理机、虚拟机、公有云、私有云或者是个人计算机，使用 Docker 运行的结果是一样的，所以可以很快、很轻松地将应用程序从一个平台迁移到另一个相同或者不同的平台上去，并且迁移过程中不用担心运行环境的变化导致应用程序无法正常运行的情况出现。

5.2.4　容器与虚拟机的区别

在说容器与虚拟机的区别前，我们先了解一下最初的时候是如何部署应用程序的。在虚拟机更早期，要部署应用程序，首先需要一台物理服务器，然后再到物理服务器上安装好指定版本的操作系统以及各种依赖环境，如 JDK。接下来才是部署应用程序。

在这种情况下如果需要扩展、迁移应用时又要重复安装操作系统及依赖环境，部署应用程序，虚拟化技术缓解了这种情况，因为虚拟化技术在操作系统上增加了 Hypervisor 层（一种运行在物理服务器和操作系统之间的中间软件层），Hypervisor 可以让多个操作系统和应用共享物理硬件，对硬件资源进行虚拟化，如 CPU、内存等。通过 Hypervisor 就可以在同一台物理机上创建不同的虚拟机，每个虚拟机都是相互独立的。

虚拟机和容器具有相似的资源隔离和分配优势，但是虚拟机和容器各自的功能不一样（见图 5-2）。

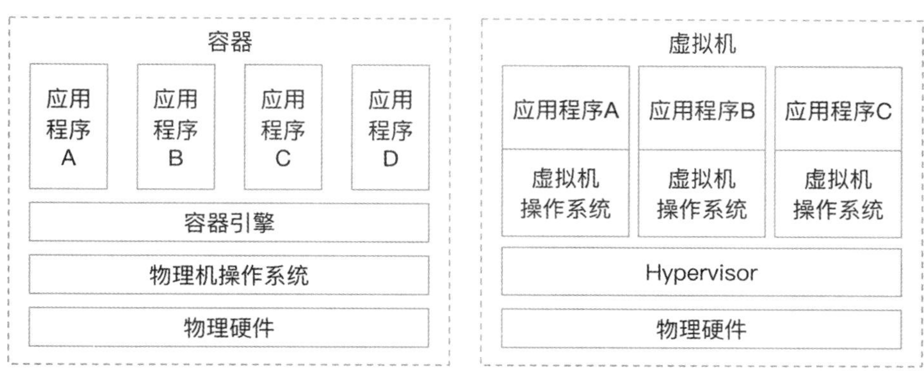

图 5-2　容器与虚拟机的区别

从图 5-2 可以看出，容器虚拟化的是操作系统，而虚拟机虚拟化的是硬件。

接下来，我们从三个不同的角度看容器与虚拟机的区别。

（1）隔离级别

虚拟机是一个物理硬件层的抽象，每个虚拟机都包含一整套操作系统及相关的依赖库资源，虚拟机的隔离级别为操作系统级别。

容器是一个应用层的抽象，容器之间共享操作系统的内核，各个容器作为独立的进程在用户空间中运行，容器的隔离级别为进程级别。

（2）占用空间与启动速度

由于虚拟机包含一整套操作系统及相关的依赖库资源，因此它会占用大量空间，占用空间按 GB 计算，启动按照分钟计算。

与虚拟机相比，容器占用的空间较少，一般容器镜像的占用空间按 MB 计算，启动按照秒计算。

（3）系统支持与性能

单机一般支持的虚拟机运行数量为几十个，由于虚拟机增加了虚拟硬件层，数值计算在 Hypervisor 虚拟的 CPU 上完成，相较于物理机的计算能力有损耗，会弱于物理机。

单机一般支持的容器运行数量成百上千个，容器没有像虚拟机那样增加虚拟硬件层，也就少了这一层的计算能力损耗，相较于物理机的计算能力几乎没有损耗，接近于物理机。

注意：使用容器后不一定就要取代现有的虚拟机方案，容器与虚拟机可以搭配使用。

本节我们主要是对 Docker 作了基本的介绍，让我们知道了什么是 Docker、Docker 可以做什么以及我们为什么要使用 Docker；为了我们后面能更好地理解与使用 Docker，下一节我们将进一步介绍 Docker 的架构。

5.3 Docker 架构

Docker 使用的是 C/S（client-server）体系的架构，如图 5-3 所示。

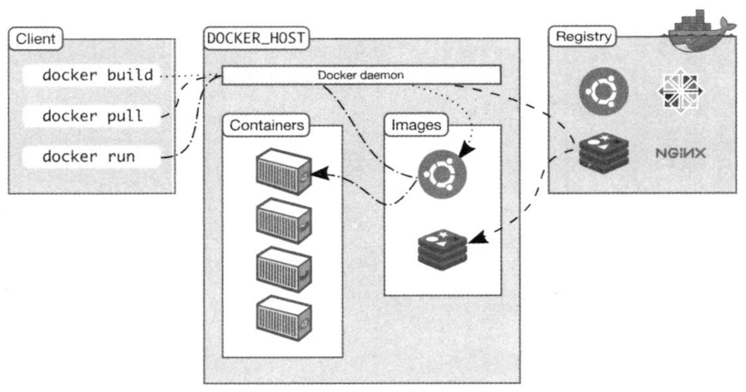

图 5-3 Docker 架构

Docker 总体架构主要由以下 3 部分组成：

- Docker Client：Docker 客户端；
- Docker Host：Docker 主机，主机中包含 Docker 守护进程、容器、镜像；
- Docker Registry：Docker 仓库。

Docker 客户端通过 REST API 与 Docker 主机中的 Docker daemon（Docker 守护进程）

进行通信，Docker 守护进程负责构建、运行和分发 Docker 容器，如有需要，Docker 守护进程会与 Docker 仓库进行交互，如拉取镜像等。

注意：Docker 客户端与 Docker 守护进程可以在同一台主机上运行，也可以在不同主机上运行。

5.3.1　Docker 守护进程

Docker 守护进程（Docker daemon，也被称为 dockerd）是 Docker 架构中特别重要的部分，主要用来监听 Docker API 的请求以及管理 Docker 对象（如容器、镜像、网络等）。它是在后台运行的特殊进程，用于执行特定的任务，大部分守护进程在系统引导时就启动，一直到系统关闭时结束。

当成功安装并启动 Docker 后，Docker 守护进程便一直在后台运行；在后台启动 Docker Server 以用于接收 Docker Client（Docker 客户端）的请求，Docker Server 接收到请求后根据对应的路由规则分发请求到运行引擎中去执行不同的请求任务。

Docker 守护进程采用默认配置运行，如果需要修改 Docker 守护进程的配置，可以通过配置文件进行修改，也可以通过命令行参数进行修改。

如果要使用配置文件对 Docker 守护进程进行配置，在 Linux 系统中的/etc/docker/路径下创建 daemon.json，或者在 Windows 系统中的 C:\ProgramData\docker\config\路径下创建 daemon.json，相关配置写入 daemon.json 文件即可。

我们看下面这个小例子，daemon.json 配置如下：

```
{
  "insecure-registries": ["192.168.6.226:5000"], <1>
  "registry-mirrors": ["https://hub-mirror.c.163.com"] <2>
}
```

上面这一段配置是什么意思呢，说明如下：

- insecure-registries 表示定义的非 https 的私有仓库地址。
- registry-mirrors 表示定义的镜像加速地址。

如果要通过命令行参数对 Docker 守护进程进行配置，则直接命令行运行即可，如下面的示例代码：

```
dockerd --insecure-registries 192.168.6.226:5000 \
  --registry-mirrors https://hub-mirror.c.163.com
```

通常情况下，我们推荐通过配置文件对 Docker 守护进程的配置进行修改，因为配置文件更直观方便且便于维护。

5.3.2 Docker 客户端

Docker 客户端（Docker Client）是 Docker 架构中用户使用的和 Docker 守护进程进行通信的客户端。

从使用角度上来说，当安装好 Docker 后，使用可执行文件 docker 通过 docker 命令就可以发起管理容器的请求。比如，通过 docker start/stop 命令启动或者停止容器，docker 客户端会把启动或停止命令发送到 Docker 守护进程（dockerd），Docker 守护进程负责接受并处理这些命令请求。

默认情况下，Docker 守护进程通过/var/run/docker.sock 监听 unix 套接字，也可以通过 DOCKER_HOST 环境变量将其修改为监听 tcp 套接字，比如使用如下命令：

```
export DOCKER_HOST=tcp://192.168.0.10:2376
```

当修改为监听 tcp 链接后，那么可以实现 Docker 客户端与多个守护程序进行通信。

如果容器要使用 HTTP 或 HTTPS 代理服务器时，可以通过配置 Docker 客户端来实现，如果需要配置，则在~/.docker/路径下创建或者修改 config.json 即可，示例代码如下：

```
{
 "proxies":
 {
   "default":
   {
     "httpProxy": "http://127.0.0.1:8080", <1>
     "httpsProxy": "http://127.0.0.1:8080", <2>
     "noProxy": "*.test.com,.example.com" <3>
   }
 }
}
```

上面这段配置说明如下：

<1>：httpProxy 表示定义的 http 代理地址；

<2>：httpsProxy 表示定义的 https 代理地址；

<3>：noProxy 表示定义不使用代理的范围，即选择性地排除通过代理服务器的主机或范围。

5.3.3 Docker 仓库

Docker 注册表（Docker registry）主要用来存储 Docker 镜像，一个 Docker 注册表经常包含一个或者多个 Docker 仓库（Docker Repository），一般也把 Docker registry 说成是 Docker 仓库，并没有进行严格的区分。

Docker 仓库类似于 Maven 仓库，Docker 仓库里包含多个镜像，一个镜像可能包含不同的标签，不同的标签对应镜像的不同版本。

Docker 仓库分为两种不同的形式：公共仓库和私有仓库。在安装好 Docker 后，需要拉取镜像时，默认情况下将从 Docker Hub 仓库中拉取镜像（注：Docker Hub 是 Docker 官方提供的一个公共仓库，任何人都可以使用）。而私有仓库则需要自己搭建；比如，服务器不能连网或者是业务镜像不允许放在公网中时，可以考虑搭建私有仓库，以便于存储及管理 Docker 镜像。

当安装完 Docker 后，由于网络等原因，一般情况下访问 Docker 官方仓库时会比较慢，这时我们可以对 Docker 进行镜像源的配置，在/etc/docker/daemon.json 中添加如下内容：

```
{
 "registry-mirrors": [
   "https://hub-mirror.c.163.com"
  ]
}
```

在前面介绍 Docker 守护进程时，已经介绍了 registry-mirrors，它表示定义的镜像加速地址，上面代码中的 https://hub- mirror.c.163.com 便是网易的镜像加速地址，当然也可以使用其他的镜像加速地址，比如阿里云、腾讯云等。

如果搭建了私有仓库，而私有仓库又是 http 的情况下，那么就需要配置私有仓库地址，配置方法是在/etc/docker/daemon.json 中添加如下内容：

```
{
 "insecure-registries" : ["192.168.0.100:5000"]
}
```

在前面介绍 Docker 守护进程时，也介绍过 insecure-registries，它表示定义的非 https 的私有仓库地址，在实际的工作中私有仓库有时候会用到，所以最好能够加深些印象，知道怎样配置。

http 的私有仓库地址需要配置在 insecure-registries 中的原因是 Docker 默认采用 https 链接使用仓库，如果要使用未加密的 http 链接，就需要通过配置忽略注册表的安全性。在进行如上配置后，Docker 在链接使用仓库时首先会尝试使用 https，如果 https 可用但是证书无效则忽略证书错误；如果 https 不可用则使用 http。

如果要对 Docker 进行镜像源的配置，同时也要对 http 的私有仓库进行配置，配置方法如下：

```
{
 "registry-mirrors": [
   "https://hub-mirror.c.163.com"
  ],
```

```
  "insecure-registries" : ["192.168.0.100:5000"]
}
```

5.3.4 Docker 对象

使用 Docker 时就会用到 Docker 对象，Docker 对象一般包括镜像、容器、网络、卷、插件等。这些不同的 Docker 对象各司其职，但又是相互依赖的，比如容器需要通过镜像来进行创建，而我们访问容器又需要网络。接下来，我们逐一介绍一下这几个重要的 Docker 对象。

1. 镜像

镜像（images）是用于创建 Docker 容器的一个只读模板，在镜像中不包含任何动态数据，Docker 镜像的内容在构建之后就不会被改变，可以将其理解为一个特殊的文件系统，Docker 镜像可以提供容器运行时所需的程序、资源、库等文件，还包含为运行时准备的一些配置参数，比如环境变量、匿名卷等。常用的官方镜像 ubuntu:16.04 就包含一套完整的 Ubuntu16.04（最小系统）的 root 文件系统。

镜像并不是简单地由一些文件组成，而是由多层文件系统叠加而成。

构建镜像时，通过多层文件系统一层层地构建，后一层的构建都是基于前一层的，每一层构建完后就不会再改变了。比如，在后一层删除前一层的某些文件，其实只是在当前层将这些文件标记为删除，这些文件还是存在于镜像中的。所以在构建镜像时，每一层尽量做到只包含当前层必需的东西，任何非必要的文件一定要在该层构建完成前清理掉，这样可以保证镜像不臃肿，占用存储空间少且加载更快。

2. 容器

容器（containers），是一个镜像的可运行实例，可以通过使用 Docker API 或者 CLI 来创建、启动、停止、移动或者删除等。

从本质上来说，容器就是进程，不过这个进程与直接运行在宿主机上的进程不一样，虽然都是以进程的形式存在，但是容器进程相对于直接运行在宿主机上的进程来说更为安全。

为什么说容器进程更安全呢？

因为容器进程是一个独立于宿主机的隔离进程，运行在属于自己的独立的命名空间里，容器可以拥有自己的 root 文件系统、网络、进程空间、用户 ID 空间，就好比容器进程运行在一个独立的系统中一样。

相对于镜像的只读，容器是可读可写的，因为容器在镜像上多加了一层读写层。

3. 网络

Docker 提供了多种网络驱动，官网给出的网络驱动共有 6 种模式：bridge、host、overlay、macvlan、none 和 network plugins，我们可以根据自己的需求，选择合适的网络模式。

（1）bridge 模式是 Docker 默认使用的，当启动时，Docker 会自动在我们的主机上创建一个名为 docker0 的虚拟网桥，这个 docker0 本质上就是一个 Linux 的 bridge，类似于软件交换机。所以当运行了 Docker 容器后，就可以通过宿主机 IP+宿主机映射的容器服务端口访问我们的容器服务。

（2）host 模式是指容器直接使用主机的网络，如果使用 host 模式，容器就不会创建虚拟网卡，会直接使用宿主机的 IP 和端口访问容器服务。

（3）overlay 模式是容器跨节点数据传输及路由的网络驱动，使用 overlay 可以将多个 Docker 守护进程连接到一起，使得集群服务之间可以相互通信；overlay 还可以用于集群服务与单独的容器之间或者运行在不同的 Docker 守护进程上的容器之间的通信。

（4）macvlan 模式可以为容器分配 mac 地址的网络驱动，当要访问容器服务时，Docker 守护进程会通过该容器服务的 mac 地址将请求路由到容器服务里。

（5）none 模式不为容器进行任何的网络配置，如果需要联网访问该容器，那么需要为容器创建网卡、配置 IP 信息等。

（6）network plugins 是指第三方的网络插件，所有的网络插件都是基于 Docker 提供的插件 API 来定制的，可以到 Docker 的官方公共仓库中去查找相关网络插件，每个网络插件的作用要看插件提供方的相关介绍。在实际工作中，自定义网络插件一般使用得不多。

4. 卷

卷（Volume）是容器的一个数据挂载点。

默认情况下，容器不使用任何卷，在容器中数据随着容器的删除而删除，如果想要持久化容器中的数据就会用到卷。数据卷与容器的生命周期无关，也就是说如果使用了卷，当删除一个容器时，容器中的数据不会因为容器的删除而删除。

5. 插件

插件（Plugin）是为 docker 引擎增加功能的进程外扩展。

Docker 插件运行在 Docker 守护进程之外，当容器按名称使用插件时，Docker 会去插件目录中查找插件，更新插件时不需要重启 Docker。

Docker 官方提供了 4 种类型的插件：鉴权、网络、数据卷和 IPAM。鉴权插件是对于鉴权机制的扩展，比如，通过鉴权指定谁可以进行容器创建，谁只能查看容器；网络插件是对于网络管理的扩展，比如，Docker 提供的网络驱动都不满足业务需求，就可以通过网络插件重新设计网络模型；数据卷插件是对于持久化存储的扩展，比如，提供分布式存储；IPAM 插件是对于 IP 地址管理的扩展，比如，要管理 IP 地址的分配。

5.3.5　底层技术支持

Docker 的功能如此强大，离不开其底层技术支持。

Docker 使用 Google 公司推出的 Go 语言进行开发实现，属于操作系统层面的虚拟化技术，它的底层是基于 Linux 内核的 Namespaces、Control groups 以及 Union file systems 等技术，以此达到对进程的封装、隔离等。

1. Namespaces

Namespaces 主要提供容器的隔离工作区的技术。比如，运行一个容器时，Docker 会为该容器创建对应的命名空间并且为该命名空间提供一层隔离，以确保每个容器运行在相对独立的环境中。

2. Control groups

Control groups（cgroups）主要对容器做资源限制，比如，可以限制每个容器可用的 CPU、内存等资源。

3. Union file systems

Union file systems（UnionFS）主要是对镜像和容器的分层支持。比如，不同的容器之间可以共享一些基础文件系统层，在基础层上修改自己的特有的层，以此减少资源存储占用率。

本节主要介绍了 Docker 的架构、Docker 对象以及 Docker 的底层技术支持，介绍完这些概念后，我们必须自己动手安装一个 Docker 来透彻理解前面所学的内容，让理论落地。

5.4 Docker 安装

Docker 的安装主要涉及如何卸载已安装的旧版本 Docker、选择 Docker 的安装方法以及根据选择的安装方法进行 Docker 的安装；在安装完成后我们会运行第一个容器。

总的来说，Docker 的安装比较简单，基本上就是根据自己的操作系统，到官网找到对应的安装步骤，一步步跟着操作即可，由于实际工作中我们的服务器操作系统一般以 CentOS 较多，所以本安装以 CentOS 7 为例。

注：如果要进行其他平台的安装，则可以查看 https://docs.docker.com/get-docker/

5.4.1 卸载旧版本

如果此前我们的主机已经安装过 Docker，则先卸载之前安装过的 Docker，卸载命令如下：

```
$ sudo yum remove docker \
                  docker-client \
                  docker-client-latest \
                  docker-common \
                  docker-latest \
                  docker-latest-logrotate \
```

```
                  docker-logrotate \
                  docker-engine
```

注意：

（1）现在的 Docker 引擎被称为 docker-ce，较旧版本的 Docker 引擎称为 Docker 或者 docker-engine，卸载掉相关依赖项即可。

（2）如果之前安装并使用过 Docker，那么执行此命令后/var/lib/docker/目录中的镜像、容器、卷、网络还会存在。

5.4.2　安装方法的选择

Docker 的安装方法主要有 3 种：使用 Docker 仓库进行安装、使用 RPM 安装和使用脚本安装，官方推荐的方式是使用 Docker 仓库进行安装。

1．使用 Docker 仓库进行安装

使用 Docker 仓库进行安装是指设置 Docker 仓库，然后从 Docker 仓库中进行安装、更新 Docker。

2．使用 RPM 安装

使用 RPM 安装是指下载 rpm 包然后进行安装，如果我们的主机无法联网，使用这种方式安装 Docker 比较好用。

3．使用脚本安装

使用脚本安装是指直接使用官方提供的安装脚本进行自动安装，这种方式在开发、测试环境使用是可以的，但是不要在生产环境使用这种方式，因为这种安装方式有很多风险，比如，在运行安装脚本时需要提供 root 或者 sudo 权限，如果脚本被动过手脚，主机可能存在风险。另外，安装脚本不允许自定义安装参数，也不支持指定安装的 Docker 版本等。

在本节中，我们使用 Docker 仓库进行安装。如果使用 RPM 进行离线安装，那么在安装时主机还缺少其他依赖项，我们还要安装一个个的依赖项，这样太麻烦了。另外，如果使用脚本进行安装可能存在风险，所以有条件的情况下就不考虑这种方式了。

5.4.3　使用 Docker 仓库进行安装

在首次使用 Docker 仓库进行安装时，需要先设置 Docker 仓库，这样就可以从 Docker 仓库中进行安装和更新 Docker。我们来看一下具体的安装步骤。

1．设置仓库

在设置仓库前，需要先安装 yum-utils 包，因为 yum-utils 包里包含了 yum-config- manager，需要通过 yum-config-manager 设置仓库，安装软件包及设置仓库命令如下：

```
$ sudo yum install -y yum-utils
```

```
$ sudo yum-config-manager \
    --add-repo \
    https://download.docker.com/linux/centos/docker-ce.repo <1>
```

注意：如果因为网络问题使用官方的源地址加载很慢，可以将源地址替换为阿里云或者其他的源地址，阿里云源地址：http://mirrors.aliyun.com/docker-ce/linux/centos/ docker-ce.repo

2．安装 Docker 引擎

在设置好仓库后，就可以通过如下命令进行 Docker 引擎的安装：

```
$ sudo yum install docker-ce docker-ce-cli containerd.io
```

注意：Docker 安装完成后，默认未启动并且创建了 Docker 用户组，不过该用户组下面没有用户。

在执行上面的命令进行 Docker 安装时，安装的是最新版本，如果我们有多台机器并且这些机器都不是在同一时间点安装 Docker，那么各台机器之间的 Docker 版本可能不一致，所以有时候安装 Docker 时需要指定安装的 Docker 版本。

如果安装要指定版本的 Docker，首先要列出仓库中可用的版本，然后再进行选择安装。

（1）列出仓库中可用的版本并按照版本号从高到低进行排序。

```
$ yum list docker-ce --showduplicates | sort -r

docker-ce.x86_64  3:18.09.1-3.el7                          docker-ce-stable
docker-ce.x86_64  3:18.09.0-3.el7                          docker-ce-stable
docker-ce.x86_64  18.06.1.ce-3.el7                         docker-ce-stable
docker-ce.x86_64  18.06.0.ce-3.el7                         docker-ce-stable
```

（2）选择指定的 Docker 版本进行安装，命令如下：

```
$ sudo yum install docker-ce-<VERSION_STRING> docker-ce-cli-<VERSION_STR
ING> containerd.io
```

注意：VERSION_STRING 是指版本号，版本号从第 1 步返回的列表结果的第二列中获取，第二列的结果中从第一个冒号（:）到第一个连接符（-）即为版本号，如 18.09.1。

3．配置镜像加速

如之前所述，安装完 Docker 后，由于网络等原因，一般情况下访问 Docker 官方仓库时可能会比较慢，为了避免这种情况，安装完 Docker 就直接配置镜像加速。

配置方法为在/etc/docker/daemon.json 中添加如下内容：

```
{
  "registry-mirrors": [
    "https://hub-mirror.c.163.com"   <1>
  ]
}
```

注意：

如果在配置镜像加速前已经启动过 Docker，配置完毕后需要重启 Docker 才生效。

4．启动 Docker

走到这一步，Docker 已经完全安装并配置完毕，现在可以直接通过命令启动 Docker，启动如下命令：

```
$ sudo systemctl start docker
```

如果要将服务设置为开机启动则执行如下命令：

```
$  sudo systemctl enable docker
```

5.4.4 运行第一个容器

前面已经安装好了 Docker，接下来我们运行第一个容器；不是在运行第一个容器之前，还是通过 docker version 检查我们安装的版本是否和预期一致。

通过 docker version 检查安装的版本，代码如下：

```
[root@localhost ~]# docker version
Client: Docker Engine - Community
 Version:           19.03.8
 API version:       1.40
 Go version:        go1.12.17
 Git commit:        afacb8b
 Built:             Wed Mar 11 01:27:04 2020
 OS/Arch:           linux/amd64
 Experimental:      false

Server: Docker Engine - Community
 Engine:
  Version:          19.03.8
  API version:      1.40 (minimum version 1.12)
  Go version:       go1.12.17
  Git commit:       afacb8b
  Built:            Wed Mar 11 01:25:42 2020
  OS/Arch:          linux/amd64
  Experimental:     false
 containerd:
  Version:          1.2.13
  GitCommit:        7ad184331fa3e55e52b890ea95e65ba581ae3429
 runc:
  Version:          1.0.0-rc10
```

```
  GitCommit:        dc9208a3303feef5b3839f4323d9beb36df0a9dd
 docker-init:
  Version:          0.18.0
  GitCommit:        fec3683
```

检查完安装版本并确认无误后，可以运行第一个容器，比如运行 hello-world。这样也可以测试 Docker 是否安装成功，实现代码如下：

```
    [root@localhost ~]# docker run hello-world
Unable to find image 'hello-world:latest' locally
latest: Pulling from library/hello-world
0e03bdcc26d7: Pull complete
Digest:
sha256:6a65f928fb91fcfbc963f7aa6d57c8eeb426ad9a20c7ee045538ef34847f44f1
Status: Downloaded newer image for hello-world:latest
Hello from Docker!
This message shows that your installation appears to be working correctly.
To generate this message, Docker took the following steps:
 1. The Docker client contacted the Docker daemon.
 2. The Docker daemon pulled the "hello-world" image from the Docker Hub.
    (amd64)
 3. The Docker daemon created a new container from that image which runs the
    executable that produces the output you are currently reading.
 4. The Docker daemon streamed that output to the Docker client, which sent
it
    to your terminal.
To try something more ambitious, you can run an Ubuntu container with:
 $ docker run -it ubuntu bash
Share images, automate workflows, and more with a free Docker ID:
 https://hub.docker.com/
For more examples and ideas, visit:
 https://docs.docker.com/get-started/
[root@localhost ~]#
```

注意：当终端输出以上代码中的信息时，则表示 Docker 安装成功。

使用 Docker 运行容器 hello-world 时，在 Docker 内部发生了哪些事情呢？

首先，Docker 客户端会将我们的请求发送至 Docker 守护进程。

其次，Docker 守护进程会根据我们的请求自动获取对应的 hello-world 镜像，由于我们的请求没有指定 hello-world 镜像的版本，所以获取 hello-world 镜像时会获取最新的版本，获取镜像的方式是先到本地查找是否存在对应镜像，如果不存在则从远程仓库中去拉取。

再次，Docker 守护进程会通过这个 hello-world 镜像创建一个新的容器。

最后，Docker 守护进程将结果返回 Docker 客户端。

5.5 镜像和容器的基本操作

在上一小节已经成功安装好 Docker，为了便于大家快速上手 Docker，现在要介绍镜像和容器的一些基本操作。

5.5.1 获取镜像

获取镜像的命令是 docker pull，表示从镜像仓库中拉取或者更新指定镜像。docker pull 在实际工作中是常用的一个命令，毕竟我们要运行容器就会使用到镜像，而镜像大多时候是先从镜像仓库中拉取指定镜像。

docker pull 的语法如下：

```
docker pull [OPTIONS] NAME[:TAG|@DIGEST]
```

语法中“OPTIONS”可选参数名称、默认值及描述如表 5-1 所示。

表 5-1　“OPTIONS”可选参数名称、默认值及描述

名　称	默 认 值	描　述
--all-tags , -a		获取仓库中所有的标记镜像
--disable-content-trust	true	跳过镜像验证，默认开启
--quiet , -q		简要输出

【示例 5-1】拉取 ubuntu:16.04 镜像。

在拉取 ubuntu:16.04 镜像时，一定要将 16.04 的版本号标签带上，如果不带，默认会去拉取 ubuntu: latest。需要注意的是，latest 这个标签从字面上看是最新版本，但是实际上 latest 只是个普通标签，并不一定是最新版本，以下为拉取 ubuntu:16.04 镜像示例：

```
[root@localhost ~]# docker pull ubuntu:16.04
16.04: Pulling from library/ubuntu
e92ed755c008: Pull complete
b9fd7cb1ff8f: Pull complete
ee690f2d57a1: Pull complete
53e3366ec435: Pull complete
Digest:
sha256:db6697a61d5679b7ca69dbde3dad6be0d17064d5b6b0e9f7be8d456ebb337209
Status: Downloaded newer image for ubuntu:16.04
docker.io/library/ubuntu:16.04
[root@localhost ~]#
```

5.5.2 列出镜像

列出镜像的命令是 docker images。 docker images 在实际工作中也比较常用，比如，

要查看本地到底有多少镜像时会用到，查看已经拉取好的镜像时也会用到等。

docker images 的语法如下：

```
docker images [OPTIONS] [REPOSITORY[:TAG]]
```

语法中“OPTIONS”可选参数名称、默认值及描述如表 5-2 所示。

表 5-2 “OPTIONS”可选参数名称、默认值及描述

名　　称	默 认 值	描　　述
--all , -a		列出本地所有的镜像，默认是隐藏了中间镜像层的
--digests		显示镜像的摘要信息
--filter , -f		根据过滤条件显示满足条件的镜像
--format		使用 Go 语言模板显示镜像
--no-trunc		显示完整的镜像信息
--quiet , -q		只显示镜像 ID

【示例 5-2】列出本地镜像。

在拉取了 ubuntu:16.04 镜像后，查看 ubuntu:16.04 镜像是否在我们本地，就需要列出本地镜像，以下为本地镜像示例：

```
[root@localhost ~]# docker images
REPOSITORY    TAG         IMAGE ID        CREATED         SIZE
ubuntu        16.04       005d2078bdfa    4 weeks ago     125MB
nginx         latest      ed21b7a8aee9    8 weeks ago     127MB
hello-world   latest      bf756fb1ae65    4 months ago    13.3kB
[root@localhost ~]#
```

5.5.3 删除镜像

删除镜像的命令是 docker rmi。在实际工作中，如果下载了错误版本的镜像，或者有些镜像已经不再需要了，这时就可以使用 docker rmi 来删除。

docker rmi 的语法如下：

```
docker rmi [OPTIONS] IMAGE [IMAGE...]
```

语法中“OPTIONS”可选参数名称、默认值及描述如表 5-3 所示。

表 5-3 “OPTIONS”可选参数名称、默认值及描述

名　　称	默 认 值	描　　述
--force , -f		强制删除镜像
--no-prune		不删除该镜像的过程镜像，默认是删除的

【示例 5-3】删除 ubuntu:16.04 镜像。

在拉取了 ubuntu:16.04 镜像后，如果不再需要这个镜像，那么就可以利用 docker run 命令删除它，以下为删除 ubuntu:16.04 镜像示例：

```
[root@localhost ~]# docker rmi ubuntu:16.04
Untagged: ubuntu:16.04
Untagged: ubuntu@sha256:db6697a61d5679b7ca69dbde3dad6be0d17064d5b6b0e9f
7be8d456ebb337209
Deleted:
sha256:005d2078bdfab5066ae941cea93f644f5fd25521849c870f4e1496f4526d1d5b
Deleted:
sha256:a83c92a7c7a0f4a52fc74fa38496be9a5e6b738bc5fd5d60e54768fed238c173
Deleted:
sha256:c6a36d55655e576fc8166a32fd05e281d03bedc26b1118902e92e7ba421dfa72
Deleted:
sha256:d1c997f15060e07ff557383387d6839e0377873837025fc843fa5d94bea2c4e5
Deleted:
sha256:b592b5433bbffb04389a0e6349cdba6af8d006779bbb93beb69aa77d59133be4
[root@localhost ~]#
```

5.5.4 运行容器

运行容器的命令是 docker run，表示创建一个新的容器并在新的容器里运行命令。

docker run 的语法如下：

```
docker run [OPTIONS] IMAGE [COMMAND] [ARG...]
```

语法中“OPTIONS”可选参数名称、默认值及描述如表 5-4 所示。

表 5-4 “OPTIONS”可选参数名称、默认值及描述

名 称	默认值	描 述
--add-host		添加自定义的主机 IP 映射
--cidfile		在指定文件中写入容器 ID
--detach , -d		在后台运行容器并打印容器 ID
--dns		设置自定义 DNS 服务器
--env , -e		设置环境变量
--env-file		从指定文件中读取环境变量
--expose		开放一个或一组端口
--hostname , -h		指定容器的主机名
--interactive , -i		确保容器中 STDIN 开启
--ip		设置 IPv4 地址
--ip6		设置 IPv6 地址
--link		添加链接到其他容器
--mac-address		设置容器 mac 地址
--memory , -m		设置容器最大使用内存
--mount		将文件系统挂载到容器

续表

名　称	默 认 值	描　述
--name		设置容器的名称
--net		设置容器的网络连接类型，比如 bridge、host、none
--publish , -p		设置端口映射，格式为主机端口：容器端口
--publish-all , -P		设定随机端口映射，容器内部端口会随机映射到主机的端口
--restart	no	设置容器的重启策略，默认为容器退出时不重启容器，可配置为容器非正常退出时重启容器（on-failure）、在容器退出时总是重启容器（always）等
--tty , -t		为容器重新分配一个伪终端
--volume , -v		绑定挂载卷

注：docker run options 较多，并没有全部列出，如需查看全部选项可以通过官网进行查看：https://docs.docker.com/engine/reference/commandline/run/

比如，我们要以后台运行的方式使用 nginx 镜像启动一个容器，并且将该容器命名为 mynginx，那么在使用 docker run 时，通过--name 设置容器的名称，同时通过-d 指定在后台运行容器，示例代码如下：

```
docker run --name mynginx -d nginx:latest
```

再复杂一些，比如我们以后台运行的方式使用 nginx 镜像启动一个容器，并且将该容器的 80 端口映射到主机的 80 端口，容器的/data 目录映射到主机的/data 目录，那么在使用 docker run 时，可以通过-p 设置端口映射，第一个端口号为主机端口，第二个端口号为容器端口。同理，通过-v 进行主机目录挂载，第一个目录为主机目录，第二个目录为容器目录，最后通过-d 指定在后台运行容器，示例代码如下：

```
docker run -p 80:80 -v /data:/data -d nginx:latest
```

注意：使用 docker run 命令创建容器时，Docker 内部做了很多操作，比如获取镜像、使用镜像创建容器、在只读的镜像层外挂载一层读写层、从主机配置的网桥接口中桥接一个虚拟接口到容器中以及为容器分配一个 IP 地址等。

5.5.5　列出容器

列出容器的命令是 docker ps。运行容器后，怎样查看正在运行容器的相关信息呢，这时就可以使用 docker ps 来查看。

docker ps 的语法如下：

```
docker ps [OPTIONS]
```

语法中“OPTIONS”可选参数名称、默认值及描述如表 5-5 所示。

表 5-5 “OPTIONS”可选参数名称、默认值及描述

名　称	默 认 值	描　述
--all , -a		显示所有容器，默认只显示了正在运行的，没有包括未运行的
--filter , -f		根据过滤条件显示满足条件的容器
--format		使用 Go 模板显示容器
--last , -n	-1	显示最近创建的 n 个容器，包含所有状态的容器
--latest , -l		显示最近创建的容器，包含所有状态的容器
--no-trunc		显示完整的容器信息
--quiet , -q		只显示容器 ID
--size , -s		显示文件总大小

【示例 5-4】显示所有容器。

有些时候我们需要查看所有容器的信息，以便知道哪些容器正在运行，哪种容器没有运行。这时可以通过“-a”参数来进行查看，如图 5-4 所示。

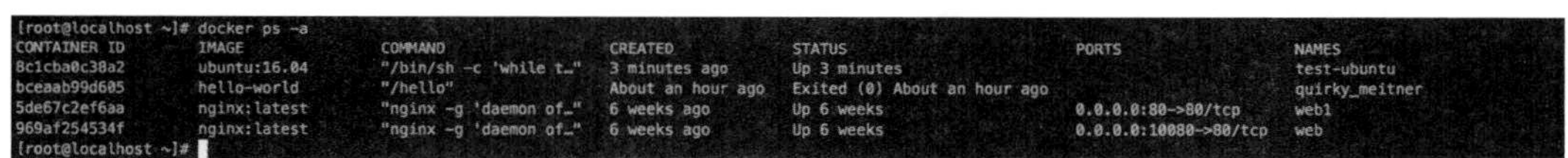

图 5-4 显示所有容器

5.5.6 查看容器日志

查看容器日志的命令是 docker logs。运行容器后，如何得知容器是否按照我们的预期在运行呢，比较直接的办法就是通过查看容器的日志来确定，而 docker logs 命令会帮助我们显示容器日志的具体内容。

docker logs 的语法如下：

```
docker logs [OPTIONS] CONTAINER
```

语法中“OPTIONS”可选参数名称、默认值及描述如表 5-6 所示。

表 5-6 “OPTIONS”可选参数名称、默认值及描述

名　称	默 认 值	描　述
--details		显示额外的详细日志信息
--follow , -f		跟踪日志输出
--since		显示某个时间点或者相对时间之后的所有日志
--tail	all	显示最新的 n 条日志信息，默认是全部显示
--timestamps , -t		显示时间戳
--until		显示某个时间点或者相对时间之前的所有日志

【示例 5-5】查看容器最后 10 条日志信息。

如果要查看容器的最后 10 条日志信息时，则需要通过--tail 参数设置显示日志信息的条款。需要注意的是，--tail 默认是全部显示，需要指定为 10 才能显示最后 10 条日志信息，如图 5-5 所示。

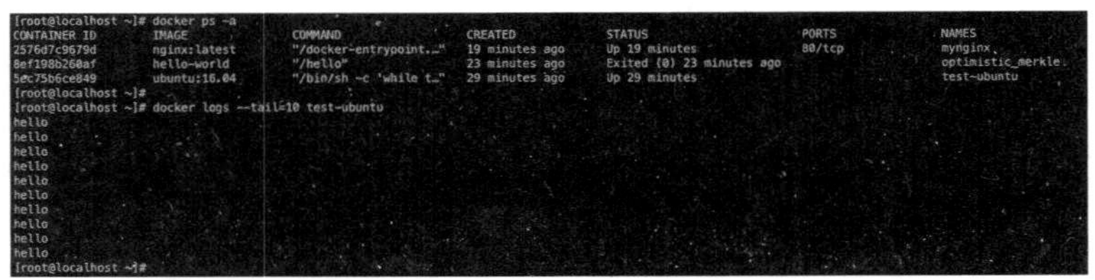

图 5-5　最后 10 条日志信息

5.5.7　在运行的容器中执行命令

使用容器时，如果想与已经启动运行的容器进行交互，就可以考虑使用 docker exec 命令。

docker exec 的语法如下：

```
docker exec [OPTIONS] CONTAINER COMMAND [ARG...]
```

语法中“OPTIONS”可选参数名称、默认值及描述如表 5-7 所示。

表 5-7　“OPTIONS”可选参数名称、默认值及描述

名　　称	默 认 值	描　　述
--detach , -d		在后台运行命令
--env , -e		设置环境变量
--interactive , -i		确保 STDIN 开启
--privileged		为命令提供一些扩展权限
--tty , -t		分配一个伪终端
--user , -u		设置用户名或者 UID
--workdir , -w		指定容器内的工作目录

【示例 5-6】到正在运行的容器中显示当前目录下的内容。

如果想要运行的容器中显示当前目录下的内容，首先可以通过-i、-t 参数以及 bash 进入容器终端并且保留为容器终端的输入形式，然后使用 ls 命令显示当前目录下的内容，示例代码如下：

```
[root@localhost ~]# docker exec -it test-ubuntu /bin/sh
# ls
bin  boot  dev  etc  home  lib  lib64  media  mnt  opt  proc  root  run
sbin  srv  sys  tmp  usr  var
# pwd
```

```
/
# exit
[root@localhost ~]#
```

注意：使用 docker exec 命令时，如果只用到-i，由于没有分配伪终端，界面不会有 Linux 命令提示符，但命令执行结果仍然可以返回，只有当-i、-t 参数一起使用时，才可以看到 Linux 命令提示符。

5.5.8 启停容器

在启停容器方面，不但包括容器的启动和停止，还包括容器的重启，尤其是后者，在实际工作中会经常用到。我们分别讲解一下这三种操作，并通过一个示例整体演示一下。

（1）启动容器的命令是 docker start。

docker start 的语法如下：

```
docker start [OPTIONS] CONTAINER [CONTAINER...]
```

语法中“OPTIONS”可选参数名称、默认值及描述如表 5-8 所示。

表 5-8 “OPTIONS”可选参数名称、默认值及描述

名　称	默 认 值	描　述
--attach , -a		连接 STDOUT 或 STDERR 及转发信号，即在前台运行容器并输出日志
--interactive , -i		启动并进入交互模式

（2）停止容器的命令是 docker stop。

docker stop 的语法如下：

```
docker stop [OPTIONS] CONTAINER [CONTAINER...]
```

语法中“OPTIONS”可选参数名称、默认值及描述如表 5-9 所示。

表 5-9 “OPTIONS”可选参数名称、默认值及描述

名　称	默 认 值	描　述
--time , -t	10	等待 10s 后停止容器

（3）重启容器的命令是 docker restart。

docker restart 的语法如下：

```
docker restart [OPTIONS] CONTAINER [CONTAINER...]
```

语法中“OPTIONS”可选参数名称、默认值及描述与表 5-9 一样，不再赘述。

【示例 5-7】对容器 test-ubun tu 进行启动、停止和重启操作。

首先通过启动命令来启动容器，然后列出容器查看是否启动了；接下来，通过停止命令来停止容器，再次列出容器看下是否停止了，最后通过重启命令来重启容器，然后列出容器看下是否重启了，具体命令如图 5-6 所示。

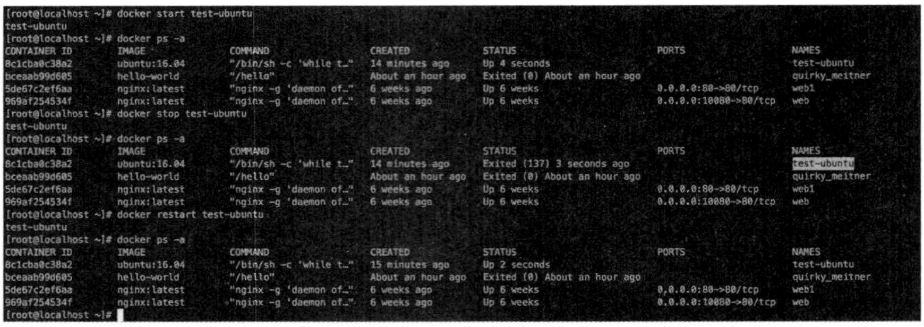

```
[root@localhost ~]# docker start test-ubuntu
test-ubuntu
[root@localhost ~]# docker ps -a
CONTAINER ID   IMAGE          COMMAND                   CREATED             STATUS                           PORTS                     NAMES
8c1cba0c38a2   ubuntu:16.04   "/bin/sh -c 'while t…"   14 minutes ago      Up 4 seconds                                               test-ubuntu
bceaab99d605   hello-world    "/hello"                  About an hour ago   Exited (0) About an hour ago                               quirky_meitner
5de67c2ef6aa   nginx:latest   "nginx -g 'daemon of…"   6 weeks ago         Up 6 weeks                       0.0.0.0:80->80/tcp        web1
969af254534f   nginx:latest   "nginx -g 'daemon of…"   6 weeks ago         Up 6 weeks                       0.0.0.0:10080->80/tcp     web
[root@localhost ~]# docker stop test-ubuntu
test-ubuntu
[root@localhost ~]# docker ps -a
CONTAINER ID   IMAGE          COMMAND                   CREATED             STATUS                           PORTS                     NAMES
8c1cba0c38a2   ubuntu:16.04   "/bin/sh -c 'while t…"   14 minutes ago      Exited (137) 3 seconds ago                                 test-ubuntu
bceaab99d605   hello-world    "/hello"                  About an hour ago   Exited (0) About an hour ago                               quirky_meitner
5de67c2ef6aa   nginx:latest   "nginx -g 'daemon of…"   6 weeks ago         Up 6 weeks                       0.0.0.0:80->80/tcp        web1
969af254534f   nginx:latest   "nginx -g 'daemon of…"   6 weeks ago         Up 6 weeks                       0.0.0.0:10080->80/tcp     web
[root@localhost ~]# docker restart test-ubuntu
test-ubuntu
[root@localhost ~]# docker ps -a
CONTAINER ID   IMAGE          COMMAND                   CREATED             STATUS                           PORTS                     NAMES
8c1cba0c38a2   ubuntu:16.04   "/bin/sh -c 'while t…"   15 minutes ago      Up 2 seconds                                               test-ubuntu
bceaab99d605   hello-world    "/hello"                  About an hour ago   Exited (0) About an hour ago                               quirky_meitner
5de67c2ef6aa   nginx:latest   "nginx -g 'daemon of…"   6 weeks ago         Up 6 weeks                       0.0.0.0:80->80/tcp        web1
969af254534f   nginx:latest   "nginx -g 'daemon of…"   6 weeks ago         Up 6 weeks                       0.0.0.0:10080->80/tcp     web
[root@localhost ~]#
```

图 5-6 启停容器

5.5.9 删除容器

删除容器的命令是 docker rm。在实际工作中，如果容器已经不需要了，这时可以使用 docker rm 来删除；更需要的是，docker rm 命令可以强制删除正在运行的容器。

docker rm 的语法如下：

```
docker rm [OPTIONS] CONTAINER [CONTAINER...]
```

语法中“OPTIONS”可选参数名称、默认值及描述如表 5-10 所示。

表 5-10 “OPTIONS”可选参数名称、默认值及描述

名　称	默认值	描　述
--force , -f		强制删除运行中的容器
--link , -l		删除容器间的链接
--volumes , -v		删除容器关联的卷

【示例 5-8】强制删除正在运行和已经停止的 test-ubuntu 容器。

如果需要强制删除正在运行的容器时，就使用-f 参数来进行强制删除，示例代码如下：

（1）删除正在运行的容器。

```
[root@localhost ~]# docker rm -f test-ubuntu
test-ubuntu
[root@localhost ~]#
```

当需要删除所有已经停止的容器时，首先通过 docker ps 加上参数列出符合条件的容器，然后再结合 docker rm 命令即可删除，示例代码如下：

```
docker rm $(docker ps -a -q)
```

5.5.10 删除不再使用的 Docker 对象

在 Docker 的设计机制中，垃圾回收机制比较保守，在清理未使用的对象时，像镜像、容器、卷、网络这些对象一般是不会被删除的，这些对象不被删除会导致被占用的存储空间一直不被释放。Docker 针对这种情况提供了 docker prune 命令，以便于删除不再使

用的对象，同时也可以使用 docker system prune 命令来一次性清理多种类型的对象。

prune 命令示例如下：

- 删除未被标记和未被容器使用的镜像：

```
docker image prune
```

- 删除所有未被现有容器使用的镜像：

```
docker image prune -a
```

- 删除所有停止运行的容器：

```
docker container prune
```

- 删除所有未使用的卷：

```
docker volume prune
```

- 删除所有未使用的网络：

```
docker network prune
```

注意：在执行以上命令时，系统都会有是否确认的提示（Y/N）。如果不想要确认提示，可以在执行命令时加上-f 或者- -force。

如果想要一次性清理所有的对象，可以使用 docker system prune 命令，我们来看一个简单的示例。

【示例 5-9】一次性清理所有的对象。

示例代码如下：

```
$ docker system prune

WARNING! This will remove:
        - all stopped containers
        - all networks not used by at least one container
        - all dangling images
        - all build cache
Are you sure you want to continue? [y/N] y
```

以上代码在默认情况下会删除镜像、容器与网络，但不包含卷；如果要同时删除卷，则需要加上--volumes 示例代码如下：

```
$ docker system prune --volumes

WARNING! This will remove:
        - all stopped containers
        - all networks not used by at least one container
        - all volumes not used by at least one container
        - all dangling images
        - all build cache
Are you sure you want to continue? [y/N] y
```

5.6 本章小结

本章主要介绍了容器相关的概念，比如什么是容器，为什么要使用容器以及目前主流的 Docker 容器的相关架构、安装方法和基本操作。本章的意义在于为后面容器相关的实际操作做好理论铺垫，毕竟我们学习的最终目的是在工作中落地实践，提升实践技能。接下来的第 6 章将进行 Docker 的实践操作，并对我们改造好的微服务进行容器化操作。

第 6 章　Docker 实践及容器化微服务

在云原生构建的道路上少不了容器，前一章节已经介绍了关于容器的基础理论知识，但是仅仅局限于理论知识，对于实际工作中要如何运用容器还没有涉及，并且之前改造好的微服务好像与容器完全不沾边，我们既然要构建云原生应用，那么还必须将之前的微服务进行容器化。

本章将循序渐进地从如何自定义一个镜像，如何发布镜像到从实际工作的角度出发，详细讲解如何自动构建镜像和部署 Docker 服务，最后再将之前的微服务进行容器化。

6.1　Dockerfile 方式下镜像的定义、自动构建和运行

传统方式下要做一个 Java 应用时，首先要在自己的计算机上安装 JDK，安装好后再进行开发，开发完毕后部署到生产环境中，但是部署应用到生产环境时，还需要检查生产环境是否已经安装了 JDK，以及生产环境的 JDK 版本是否不低于本地环境的 JDK 版本，以避免部署应用到生产环境时出现问题。

在这种场景之下，可以使用 Docker 将 JDK 作为一个镜像来构建，以确保不需要再到生产环境单独安装 JDK，以及核对生产环境与本地环境的 JDK 版本。

使用 Docker 的方式做 Java 应用时，会构建应用镜像，构建时会把应用、相关的依赖项以及运行环境都放到一起。这样不论到测试环境、生产环境运行，应用都可以一个镜像解决问题且不用担心环境依赖。

那么该如何构建镜像呢?

在构建镜像前，需要先定义好镜像，而定义镜像则可以通过 Dockerfile 来完成。在本节中，我们会详细介绍什么是 Dockerfile 以及 Dockerfile 的基本语法格式与常用指令，接下来动手实践来定义一个镜像，然后创建一个简单的 Java 应用，以此来构建相应的镜像，最后运行构建的镜像。

6.1.1　镜像构建图纸 Dockerfile

Dockerfile 是一个用来构建镜像的文本文件，文件的内容包含一条条构建镜像所需的指令和说明。比如，乐高的拼装积木打开里面都有一本组装图纸，按照组装图纸一步步地拼装，最后就把对应的积木模型拼装出来了，Dockerfile 类似于组装图纸，镜像文件类似于最后的积木模型。

Dockerfile 的语法格式如下：

```
# Comment  <1>
INSTRUCTION arguments <2>
```

注：

<1>表示注释的内容;

<2> INSTRUCTION 表示指令，arguments 表示指令后的参数。指令不区分大小写，一般将其大写，便于与参数区分。

Docker 以从上到下的顺序依次执行 Dockerfile 中的指令，Dockerfile 必须以 FROM 指令开始，因为 FROM 指令指定了我们要使用的基础镜像。在 FROM 指令之前可以有 ARG 指令，ARG 指令一般用来声明在 FROM 中要用到的参数。

在动手写 Dockerfile 前，先介绍一些 Dockerfile 的常用指令。

（1）FROM 指令

FROM 指令主要用来指定基础镜像。

语法如下：

```
FROM [--platform=<platform>] <image> [AS <name>]
FROM [--platform=<platform>] <image>[:<tag>] [AS <name>]
FROM [--platform=<platform>] <image>[@<digest>] [AS <name>]
```

FROM 语法参数解释如下：

- platform 是可选参数，主要用来指定构建的平台，默认为本机平台；
- image 是必填参数，即镜像名；
- AS 是可选参数，AS name 可以用来为镜像设置一个别名；
- tag 是可选参数，即镜像标签；
- digest 是可选参数，即摘要，是根据镜像内容产生的一个 ID。

示例代码如下：

```
FROM busybox
```

该示例代码表示指定 busybox:latest 为基础镜像，busybox 是一个集成了常用的 Linux 命令和工具的软件。

（2）ARG 指令

ARG 指令是唯一可以在 FROM 之前的指令，我们通过 ARG 定义变量，然后在 FROM 中引用定义的变量。

示例代码如下：

```
ARG VERSION=latest
FROM busybox:$VERSION
```

该示例代码表示首先通过 ARG 定义了 VERSION 变量，值为 latest，之后在 FROM 中引用了该 VERSION 变量。

（3）RUN 指令

RUN 指令主要用来在当前镜像之上的新层中执行命令，RUN 指令有 shell 和 exec 两种格式。

语法如下：

```
RUN <command>
RUN ["executable", "param1", "param2"]
```

RUN 指令语法解释如下：

- RUN <command>即 shell 格式，command 会在 shell 中执行，在 Linux 中默认执行 /bin/sh -c，Windows 中默认执行 cmd /S /C；
- RUN ["executable", "param1", "param2"]即 exec 格式，如果想使用除/bin/sh 以外的 shell，可以采用 exec 格式来传递所需的 shell。需要注意的是，exec 格式会被解析为 json 数组，在传参时需要带上双引号。

示例代码如下：

```
RUN /bin/bash -c 'source $HOME/.bashrc; echo $HOME'
RUN ["/bin/bash", "-c", "echo hello"]
```

上述代码中的第一行使用 shell 格式，在当前 bash 环境下读取并执行当前用户的 bash 信息中的命令，然后输出当前用户的主目录。第二行使用 exec 格式，使用/bin/bash shell 输出 hello，/bin/bash 加入-c 参数表示后面的参数将会作为字符串读入作为执行的命令。

（4）CMD 指令

CMD 指令主要用来指定在容器启动时所要执行的命令，CMD 命令有 shell、exec 和参数三种格式。

语法如下：

```
CMD command param1 param2
CMD ["executable","param1","param2"]
CMD ["param1","param2"]
```

CMD 命令的 shell、exec 格式与 RUN 命令的 shell、exec 格式类似，而 CMD 命令的参数格式主要是作为 ENTRYPOINT 指令的默认参数。

注意：CMD 与 RUN 指令都是用于执行命令，但两者是不同的，CMD 指令用于指定在容器启动时所要执行的命令，RUN 指令用于指定容器构建时所要执行的命令。也就是说，CMD 指令在 docker run 时运行，RUN 指令在 docker build 时运行。

示例代码如下：

```
CMD echo "This is a test."
CMD ["/usr/bin/wc","--help"]
```

上述代码中的第一行使用 shell 格式，输出指定的字符串。第二行使用 exec 格式，显示 wc 命令的帮助信息，wc 命令一般用于文件的 Byte 数、字数或列数。

（5）LABEL 指令

LABEL 指令主要用来为镜像添加元数据。

语法如下：

```
LABEL <key>=<value> <key>=<value>
```

语法中的 key、value 即元数据的键值对。

示例代码如下：

```
LABEL version="1.0" maintainer=test@mail.com
```

该示例代码是什么意思呢，即为镜像添加 version 为 1.0，maintainer 为 test@mail.com 的元数据。

（6）ENV 指令

ENV 指令主要用来设置环境变量。

语法如下：

```
ENV <key>=<value>
```

语法中的 key、value 即环境变量的键值对。

示例代码如下：

```
ENV SPRING_OUTPUT_ANSI_ENABLED=ALWAYS
```

该示例代码的功能是设置彩色编码输出的环境变量。

（7）ADD 指令

ADD 指令主要用来将文件添加到容器中。

语法如下：

```
ADD <src>... <dest>
```

ADD 指令语法解释：

- src 为宿主机文件或者 url；
- dest 为容器内部路径。

示例代码如下：

```
ADD test.txt /absoluteDir/
ADD test.txt relativeDir/
```

上述代码中的第一行表示将宿主机的 test.txt 文件添加到容器内的绝对路径，第二行表示将宿主机的 test.txt 文件添加到容器内的相对路径。

（8）WORKDIR 指令

WORKDIR 指令主要用来指定工作目录，类似于 Linux 中的 CD 命令。

语法如下：

```
WORKDIR /path/to/workdir
```

示例代码如下：

```
WORKDIR /a
```

```
WORKDIR b
WORKDIR c
```

注意：如果依次执行以上三条命令，则此时的目录在/a/b/c。

（9）EXPOSE 指令

EXPOSE 指令主要用来通知 Docker 容器在运行时监听指定的网络端口。

语法如下：

```
EXPOSE <port> [<port>/<protocol>...]
```

port 即端口号，protocol 即协议，如果没有指定协议则默认为 TCP。

示例代码如下：

```
EXPOSE 8080/tcp
EXPOSE 8080/udp
```

注意：EXPOSE 默认监听 TCP，如果同时还需要监听 UDP，则执行以上两条命令。

6.1.2　使用 Dockerfile 定制镜像

我们已经了解了 Dockerfile 的基本语法格式和常用指令，现在直接动手实践做一个 Dockerfile。

假设要制作一个 Java 应用的镜像，首先在自己的本机下新建一个空白的目录，创建一个文本文件，并命名为 Dockerfile，然后将以下内容复制粘贴到 Dockerfile 文件中。

```
FROM openjdk:8-jre-alpine   <1>
#LABEL maintainer="test@mail.com" <2>
ENV SPRING OUTPUT ANSI ENABLED=ALWAYS \ <3>
JAVA OPTS=""    <3>
WORKDIR /app   <4>
ADD *.jar app.jar  <5>
EXPOSE 8080   <6>
CMD ["java", "-Djava.security.egd=file:/dev/./urandom", "-jar", "/app
/app.jar"]  <7>
```

这些指令是不是看起来很熟悉，这些指令都是之前介绍过的 Dockerfile 的常用指令。

为了加深记忆，介绍一下 Dockerfile 各自的含义：

<1>：通过 FROM 指令指定我们要使用的基础镜像；

<2>：为镜像设置了元数据，比如镜像创建者，在该行前面加了“#”号表示注释该行；

<3>：设置了环境变量，比如控制台彩色输出、JVM 相关运行参数；

<4>：指定了工作目录为/app；

<5>：将当前目录下的 jar 包添加到容器中；

<6>：声明容器在运行时监听 8080 端口；

<7>：为启动的容器指定默认要运行的程序，即我们的 jar 包。

虽然已经有了 Dockerfile，但是按照创建的 Dockerfile，还缺少 jar 包，也就是还缺少

Java 应用。为了能够顺利构建镜像，接下来再创建一个 Java 应用。

6.1.3 创建一个 Java 应用

创建 Java 应用时，我们还是采用 Spring Boot 作为 Java 应用的基础框架。另外，本节中的 Java 应用主要是为了配合 Dockerfile，以便于后面构建镜像，所以此 Java 应用一切从简。

1. 生成 docker-demo 基本框架

首先通过 Spring Initializr 来生成基本框架，添加 Web、Actuator 这两个依赖，由于此前已经介绍过 Web、Actuator 这两个依赖，这里不再赘述；生成的 docker-demo 基本框架如图 6-1 所示。

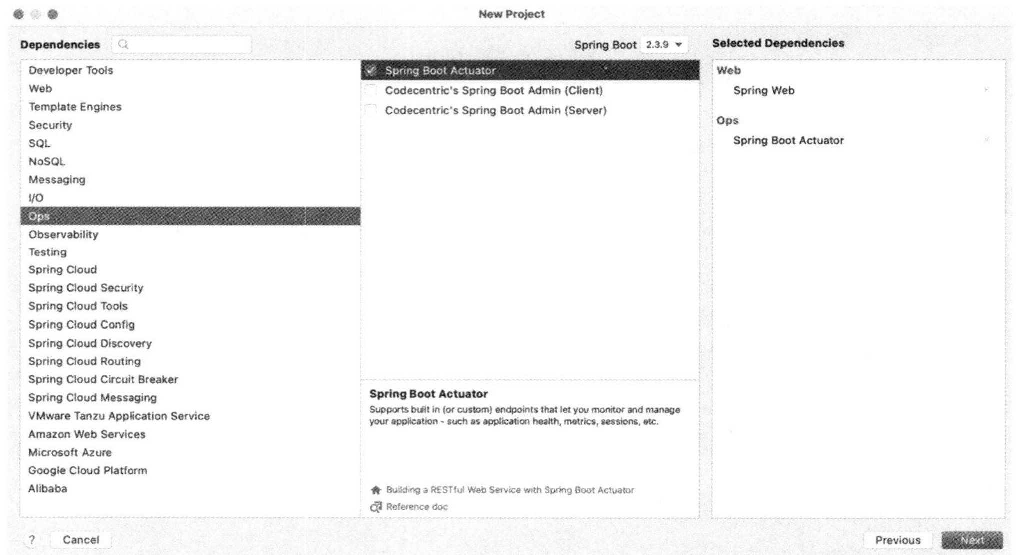

图 6-1　生成 docker demo 基本框架

2. 创建 RestController

为了便于后面的测试，我们还要创建一个简单的 RestController，比如访问/hello，然后返回 docker demo Hello World。创建 RestController 代码如下：

```
@RestController
@SpringBootApplication
public class DockerDemoApplication {

    public static void main(String[] args) {
        SpringApplication.run(DockerDemoApplication.class, args);
    }
```

```
    @GetMapping("/hello")
    public String hello() {
        return "docker demo Hello World!";
    }

}
```

注意：此处代码直接在启动类中添加，主要是为了测试时方便一些，在实际的业务中不要在启动类中添加 RestController，应按照分包原则将 RestController 放在对应的位置。

3. 构建 docker-demo 的 jar 包

至此，配套 Java 应用已经创建完成，由于在 Dockerfile 中指定的是 jar 包运行，所以现在基于 docker-demo 来构建对应的 jar 包，构建 jar 包直接执行“mvn clean package-Dmaven.test.skip=true”即可，实现代码如下：

```
mvn clean package -Dmaven.test.skip=true
[INFO] Scanning for projects...
[INFO]
[INFO] --------------------< com.cloudnative:docker-demo >---------------------
[INFO] Building docker-demo 0.0.1-SNAPSHOT
[INFO] --------------------------------[ jar ]----------------------------------
[INFO]
[INFO] --- maven-clean-plugin:3.1.0:clean (default-clean) @ docker-demo ---
[INFO]
[INFO] --- maven-resources-plugin:3.1.0:resources (default-resources) @ docker-demo ---
[INFO] Using 'UTF-8' encoding to copy filtered resources.
[INFO] Copying 1 resource
[INFO] Copying 0 resource
[INFO]
[INFO] --- maven-compiler-plugin:3.8.1:compile (default-compile) @ docker-demo ---
[INFO] Changes detected - recompiling the module!
[INFO] Compiling 1 source file to /Users/xxx/cloud-native-book-projects/docker-demo/target/classes
[INFO]
[INFO] --- maven-resources-plugin:3.1.0:testResources (default-testResources) @ docker-demo ---
[INFO] Not copying test resources
[INFO]
```

```
[INFO] --- maven-compiler-plugin:3.8.1:testCompile (default-testCompile)
@ docker-demo ---
[INFO] Not compiling test sources
[INFO]
[INFO] --- maven-surefire-plugin:2.22.2:test (default-test) @ docker-demo
---
[INFO] Tests are skipped.
[INFO]
[INFO] --- maven-jar-plugin:3.2.0:jar (default-jar) @ docker-demo ---
[INFO] Building jar: /Users/xxx/cloud-native-book-projects/docker-demo
/target/docker-demo-0.0.1-SNAPSHOT.jar
[INFO]
[INFO] --- spring-boot-maven-plugin:2.3.9.RELEASE:repackage (repackage)
@ docker-demo ---
[INFO] Replacing main artifact with repackaged archive
[INFO]
------------------------------------------------------------------------
[INFO] BUILD SUCCESS
[INFO]
------------------------------------------------------------------------
[INFO] Total time:  3.229 s
[INFO] Finished at: 2021-03-19T15:30:31+08:00
[INFO]
------------------------------------------------------------------------
```

6.1.4 构建镜像

构建完 jar 包后，可以在 docker-demo 工程的 target 目录下看到我们所需要的 jar 包（docker-demo-0.0.1-SNAPSHOT.jar），现在将此 jar 包与之前创建的 Dockerfile 放到同一个目录下。

```
[root@localhost docker-demo]# ls
docker-demo-0.0.1-SNAPSHOT.jar  Dockerfile
[root@localhost docker-demo]#
```

接下来，我们通过 docker build 来构建镜像，具体命令如下：

```
docker build -t test-hello .
```

注意：-t（--tag）表示设置镜像的名字及标签，一般情况下格式为 name:tag 或者 name，在一次构建中可以为一个镜像设置多个标签。

构建示例如下：

```
[root@localhost docker-demo]# docker build -t test-hello .
Sending build context to Docker daemon  18.35MB
```

```
Step 1/6 : FROM openjdk:8-jre-alpine <1>
8-jre-alpine: Pulling from library/openjdk <1>
e7c96db7181b: Downloading <1>
f910a506b6cb: Download complete <1>
b6abafe80f63: Download complete <1>
8-jre-alpine: Pulling from library/openjdk <1>
e7c96db7181b: Pull complete <1>
f910a506b6cb: Pull complete <1>
b6abafe80f63: Pull complete <1>
Digest: sha256:f362b165b870ef129cbe730f29065ff37399c0aa8bcab3e44b51c302
938c9193 <1>
Status: Downloaded newer image for openjdk:8-jre-alpine <1>
 ---> f7a292bbb70c <1>
Step 2/6 : ENV SPRING_OUTPUT_ANSI_ENABLED=ALWAYS JAVA_OPTS=""
 ---> Running in 05002b096c4a
Removing intermediate container 05002b096c4a
 ---> 07d9ac147644 <2>
Step 3/6 : WORKDIR /app
 ---> Running in 45ee9df4c23a
Removing intermediate container 45ee9df4c23a
 ---> b7bccf787041 <2>
Step 4/6 : ADD *.jar app.jar
 ---> 088dbe773805 <2>
Step 5/6 : EXPOSE 8080
 ---> Running in c162eeae07ac
Removing intermediate container c162eeae07ac
 ---> d617871d3dd7 <2>
Step 6/6 : CMD ["java", "-Djava.security.egd=file:/dev/./urandom", "-jar",
"/app/app.jar"]
 ---> Running in e1b17bc21d9e
Removing intermediate container e1b17bc21d9e
 ---> 15d13d861948 <2>
Successfully built 15d13d861948 <3>
Successfully tagged test-hello:latest <4>
[root@localhost docker-demo]#
```

注：

<1>: 表示 docker 没有在本地找到 openjdk:8-jre-alpine 镜像，由于没有在本地找到该镜像，所以从镜像仓库中获取此镜像；

<2>：表示层 ID，Dockerfile 中的每一条指令都会构建一层，每个步骤的结尾就是层 ID;

<3>：表示镜像 ID，镜像构建完毕后会有自己的镜像 ID;

<4>：表示为构建的镜像打了标签，latest 是 docker 自动为此镜像添加的。

6.1.5　运行容器

在正式运行容器前先查看下构建的镜像，通过 docker images 查看，代码如下：

```
[root@localhost docker-demo]# docker images
REPOSITORY        TAG             IMAGE ID          CREATED             SIZE
test-hello        latest          15d13d861948      19 minutes ago      103MB
openjdk         8-jre-alpine      f7a292bbb70c      12 months ago       84.9MB
[root@localhost docker-demo]#
```

通过上面的代码我们可以看到有两个镜像，其中 openjdk 是基础镜像，test-hello 是构建的镜像。

镜像没有问题，那接下来，我们正式运行容器，通过 docker run 命令运行，并且计划运行时将主机的 18080 端口映射到容器暴露的 8080 端口上，运行示例如下：

```
[root@localhost docker-demo]# docker run -p 18080:8080 test-hello
  .   ____          _            __ _ _
 /\\ / ___'_ __ _ _(_)_ __  __ _ \ \ \ \
( ( )\___ | '_ | '_| | '_ \/ _` | \ \ \ \
 \\/  ___)| |_)| | | | | || (_| |  ) ) ) )
  '  |____| .__|_| |_|_| |_\__, | / / / /
 =========|_|==============|___/=/_/_/_/
 :: Spring Boot ::        (v2.3.9.RELEASE)


2021-03-19 08:07:32.572  INFO 1 --- [           main]
c.c.docker.DockerDemoApplication         : Starting DockerDemoApplication
v0.0.1-SNAPSHOT on 22cb04d01aa1 with PID 1 (/app/app.jar started by root in /app)
2021-03-19 08:07:32.594  INFO 1 --- [           main]
c.c.docker.DockerDemoApplication         : No active profile set, falling back
to default profiles: default
2021-03-19 08:07:38.893  INFO 1 --- [           main]
o.s.b.w.embedded.tomcat.TomcatWebServer  : Tomcat initialized with port(s):
8080 (http)
2021-03-19 08:07:39.039  INFO 1 --- [           main]
o.apache.catalina.core.StandardService   : Starting service [Tomcat]
2021-03-19 08:07:39.048  INFO 1 --- [           main]
org.apache.catalina.core.StandardEngine  : Starting Servlet engine: [Apache
Tomcat/9.0.43]
2021-03-19 08:07:39.971  INFO 1 --- [           main] o.a.c.
```

```
c.C.[Tomcat].[localhost].[/]              : Initializing Spring embedded WebApplicationContext
    2021-03-19 08:07:39.979  INFO 1 --- [           main] w.s.c.ServletWebServerApplicationContext : Root WebApplicationContext: initialization completed in 7015 ms
    2021-03-19 08:07:44.445  INFO 1 --- [           main] o.s.s.concurrent.ThreadPoolTaskExecutor  : Initializing ExecutorService 'applicationTaskExecutor'
    2021-03-19 08:07:45.350  INFO 1 --- [           main] o.s.b.a.e.web.EndpointLinksResolver      : Exposing 2 endpoint(s) beneath base path '/actuator'
    2021-03-19 08:07:45.726  INFO 1 --- [           main] o.s.b.w.embedded.tomcat.TomcatWebServer  : Tomcat started on port(s): 8080 (http) with context path ''
    2021-03-19 08:07:45.788  INFO 1 --- [           main] c.c.docker.DockerDemoApplication         : Started DockerDemoApplication in 16.172 seconds (JVM running for 18.147)
```

在执行 docker run 后，可以在控制台看到应用的启动日志，启动完毕后，可以通过 http://localhost:18080/hello 访问。

在实际业务中，一般会在后台运行容器，后台运行容器示例如下：

```
[root@localhost docker-demo]# docker run -d -p 18080:8080 test-hello
3c642e49cec17153fcfad687848e071624d8395cdc401f8329f160b19e792da7
[root@localhost docker-demo]#
```

当运行容器后，还可以查看容器，示例如下：

```
[root@localhost docker-demo]# docker ps
CONTAINER ID   IMAGE        COMMAND                  CREATED          STATUS         PORTS                     NAMES
3c642e49cec1   test-hello   "java -Djava.securit…"   40 seconds ago   Up 38 seconds  0.0.0.0:18080->8080/tcp   sad_hamilton
[root@localhost docker-demo]#
```

如果不想继续运行容器，那么可以通过“docker stop <CONTAINER ID>”命令停止容器。

注意：在上一章已经介绍过镜像和容器的一些基本操作，这里不再赘述。

6.2 发布镜像

在上一节中，已经通过 Dockerfile 定义了镜像并且成功地构建和运行了镜像，但是有些时候还需要把镜像给发布出去，以便于其他人来使用我们的镜像。

6.2.1 私有库与公共库

在进行镜像发布时，可以把我们的镜像发布到私有库或者公共库，本小节中会将镜像发布到 Docker Hub（Docker 官方提供的一个公共仓库，即任何人都可以使用的）中。如果在实际应用时，假设服务器不能联网或者业务镜像不允许放在公网中时，就需要考虑搭建自己的私有库，然后将镜像发布到私有库中。

关于私有库，Docker 官方提供了 registry 镜像，以便于搭建私有库，可以直接通过 docker pull、docker run 命令下载该镜像和运行容器。需要注意的是，如果搭建了私有仓库，而私有仓库又是 http 的情况下，那么要在 insecure-registries 中配置私有仓库地址，具体原因在上一章已经讲过，这里我们只讲如何操作，配置方法为在/etc/docker/daemon.json 中添加如下内容：

```
{
  "insecure-registries" : ["192.168.0.100:5000"]
}
```

关于公共库，本小节将使用 Docker Hub，在使用 Docker Hub 之前，如果没有注册过 Docker Hub 账号，先到官网注册一个账号。

注：官网地址为 https://hub.docker.com/

在注册完 Docker Hub 账号后，即可使用账号进行 Docker Hub 的登录操作，使用 docker login 进行登录，示例如下：

```
[root@localhost docker-demo]# docker login
Login with your Docker ID to push and pull images from Docker Hub. If you don't have a Docker ID, head over to https://hub.docker.com to create one.
Username: xxx
Password:
WARNING! Your password will be stored unencrypted in /root/.docker/config.json.
Configure a credential helper to remove this warning. See
https://docs.docker.com/engine/reference/commandline/login/#credentials-store

Login Succeeded
[root@localhost docker-demo]#
```

注意：docker login 也可以使用 docker login -u 用户名-p 密码直接登录，如果要登出，则使用 docker logout 命令。docker login/ logout 表示登录/登出 Docker 镜像仓库，默认为官方仓库 Docker Hub，如果使用私有仓库，则在后面指定私有仓库地址即可。

6.2.2　镜像的标记、发布与运行

在上一小节，我们已经登录了 Docker 仓库，本小节将讲述镜像的标记、发布与运行，为什么发布镜像还要讲述镜像的标记与运行呢，因为在实际工作中不可能只是发布我们的镜像，还要让自己或者其他人快速找到对应的镜像并使用。

1．标记本地镜像

在发布镜像前，先对其进行标记操作，便于后续使用时快速找到对应的镜像，标记镜像使用 docker tag 命令。

docker tag 的语法如下：

```
docker tag image username/repository:tag
```

标记镜像示例如下：

```
docker tag test-hello testtdockertest/docker-demo:v1
```

在对镜像进行标记后，列出本地镜像查看确认一下，如图 6-2 所示。

```
[root@localhost docker-demo]# docker images
REPOSITORY                    TAG             IMAGE ID        CREATED          SIZE
test-hello                    latest          9c613418633d    46 minutes ago   103MB
testtdockertest/docker-demo   v1              9c613418633d    46 minutes ago   103MB
hello-world                   latest          bf756fb1ae65    4 months ago     13.3kB
openjdk                       8-jre-alpine    f7a292bbb70c    12 months ago    84.9MB
[root@localhost docker-demo]#
[root@localhost docker-demo]#
```

图 6-2　标记镜像后列出本地镜像

2．发布镜像

在标记完镜像后，现在进行镜像的发布，也就是上传镜像，使用 docker push 命令，表示将本地的镜像上传到镜像仓库；注意要先登录到镜像仓库。

docker push 的语法如下：

```
docker push username/repository:tag
```

发布镜像示例如下：

```
[root@localhost docker-demo]# docker push testtdockertest/docker-demo:v1
The push refers to repository [docker.io/testtdockertest/docker-demo]
2928da3bfde6: Pushed
25bd39174b9a: Pushed
edd61588d126: Mounted from library/openjdk
9b9b7f3d56a0: Mounted from library/openjdk
f1b5933fe4b5: Mounted from library/openjdk
v1:    digest:    sha256:eec5b60561ef0745af96666c70ea36d449dca3d57808441
0ab152088d1ad5609 size: 1365
[root@localhost docker-demo]#
```

在发布镜像后，我们可以通过登录 Docker Hub 网站确认一下镜像是否发布成功，如

图 6-3 所示。

图 6-3　登录 Docker Hub 网站查看镜像

3. 拉取镜像并运行

前面已经完成了镜像的标记与发布，假设现在要使用我们之前发布的镜像，那么可以拉取之前的镜像并运行。

为了便于更好地完成示例，我们使用另一台主机通过 docker run 命令运行应用。

docker run 命令参考：

```
docker run -p 18080:8080 username/repository:tag
```

注意：-p 表示指定端口映射，格式为：

```
宿主机端口:容器端口
```

运行示例如下：

```
[root@VM_117_101_centos opt]# docker run -d -p 18080:8080 testtdockertest/docker-demo:v1
Unable to find image 'testtdockertest/docker-demo:v1' locally
v1: Pulling from testtdockertest/docker-demo
e7c96db7181b: Already exists
f910a506b6cb: Already exists
b6abafe80f63: Already exists
51e110600558: Pull complete
4854875eae46: Pull complete
Digest: sha256:eec5b60561ef0745af96666c70ea36d449dca3d578084410ab152088d1ad5609
Status: Downloaded newer image for testtdockertest/docker-demo:v1
622283a4c34ef91f8dd1a0479117ee2a41d38b9f31e75b988160e2d43f0d0ce4
[root@VM_117_101_centos opt]#
```

注意：由于另一台主机上没有之前发布的镜像，所以 Docker 会从远程仓库中获取。

6.3　使用 maven 插件自动构建镜像

前面已经介绍了如何构建和发布镜像，但是在实际开发过程中，在构建应用程序时可能会出现多次修改的情况，如果每次都手动构建和发布镜像，则十分烦琐。接下来将介绍如何使用 maven 插件自动构建镜像。

6.3.1　早期的 Spotify Maven 插件

Spotify Maven 插件是 Spotify 公司开发的 docker-maven-plugin 插件，用来自动构建 Docker 镜像。dockerfile-maven-plugin 可以将 Docker 与 maven 进行无缝集成，关于这个插件的源码地址为 https://github.com/spotify/dockerfile-maven。

如何使用 dockerfile-maven-plugin 呢？通过以下三个步骤实现。

1．添加 Dockerfile

首先，在项目的根目录下新建一个 Dockerfile 文件，如图 6-4 所示。

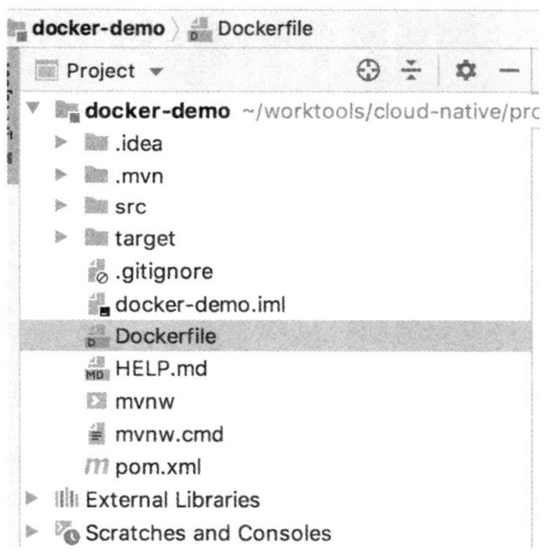

图 6-4　项目的根目录下 Dockerfile

其中，Dockerfile 的内容如下：

```
# FROM 指定基础镜像
FROM openjdk:8-jre-alpine
# 为镜像设置元数据，例如镜像创建者或者镜像说明
#LABEL maintainer="test@mail.com"
# 设置环境变量
ENV SPRING_OUTPUT_ANSI_ENABLED=ALWAYS \
JAVA_OPTS=""
# 指定工作目录
WORKDIR /app
# 将指定目录下的 jar 包添加到容器中
ADD target/*.jar app.jar
# 声明端口
EXPOSE 8080
```

```
# 为启动的容器指定默认要运行的程序
CMD ["java", "-Djava.security.egd=file:/dev/./urandom", "-jar", "/app/app.jar"]
```

注意：Dockerfile 内容与之前介绍的 Dockerfile 内容几乎一样，为加深对 Dockerfile 内容的理解，我们添加了简短的注释。

2. 修改 pom.xml 文件

在添加完 Dockerfile 后，接下来需要修改 pom.xml 文件，修改 pom.xml 文件主要是为了将插件配置添加到 pom.xml 文件中。

pom.xml 添加内容如下：

```
<plugin>
    <groupId>com.spotify</groupId>
    <artifactId>dockerfile-maven-plugin</artifactId>
    <version>1.4.3</version>
    <configuration>
        <username>xxx</username>
        <password>xxx</password>
        <repository>testtdockertest/${project.artifactId}</repository> <1>
        <tag>${project.version}</tag> <2>
    </configuration>
    <executions>
        <execution>
            <id>default</id> <3>
            <phase>install</phase> <3>
            <goals> <3>
                <goal>build</goal> <3>
                <goal>push</goal> <3>
            </goals>
        </execution>
    </executions>
</plugin>
```

注：

<1>：构建的 docker 镜像库/镜像名称；

<2>：构建的 docker 镜像标记；

<3>：使用 executions 配置插件执行的目标，在 install 阶段执行 build、push，也就是说执行 mvn install 时，dockerfile-maven-plugin 会构建镜像并推送到远程仓库。

3. 构建

完成了添加 Dockerfile 与修改 pom.xml 文件后，接下来可以通过 mvn install 直接构建镜像。

具体的镜像构建示例代码如下：

```
[INFO] Scanning for projects...
[INFO]
[INFO] ------------------------------------------------------------------------
[INFO] Building docker-demo 0.0.1-SNAPSHOT
[INFO] ------------------------------------------------------------------------
[INFO]
[INFO] ...
[INFO]
[INFO] --- maven-install-plugin:2.5.2:install (default-install) @ docker-demo ---
[INFO] Installing docker-demo/target/docker-demo-0.0.1-SNAPSHOT.jar to /m2repo/xxx/docker-demo/0.0.1-SNAPSHOT/docker-demo-0.0.1-SNAPSHOT.jar
[INFO] Installing docker-demo/pom.xml to /m2repo/xxx/docker-demo/0.0.1-SNAPSHOT/docker-demo-0.0.1-SNAPSHOT.pom
[INFO]
[INFO] --- dockerfile-maven-plugin:1.4.3:build (default) @ docker-demo ---
[INFO] Building Docker context /Users/xxx/cloud-native-book-projects/docker-demo
[INFO]
[INFO] Image will be built as testtdockertest/docker-demo:0.0.1-SNAPSHOT
[INFO]
[INFO] Step 1/6 : FROM openjdk:8-jre-alpine
[INFO]
[INFO] Pulling from library/openjdk
[INFO] Digest: sha256:f362b165b870ef129cbe730f29065ff37399c0aa8bcab3e44b51c302938c9193
[INFO] Status: Image is up to date for openjdk:8-jre-alpine
[INFO]  ---> f7a292bbb70c
[INFO] Step 2/6 : ENV SPRING_OUTPUT_ANSI_ENABLED=ALWAYS JAVA_OPTS=""
[INFO]
[INFO]  ---> Using cache
[INFO]  ---> b3a80c7ad33a
[INFO] Step 3/6 : WORKDIR /app
[INFO]
[INFO]  ---> Using cache
[INFO]  ---> b17c7c884896
[INFO] Step 4/6 : ADD target/*.jar app.jar
```

```
[INFO]
[INFO]  ---> 934d9b521a90
[INFO] Step 5/6 : EXPOSE 8080
[INFO]
[INFO]  ---> Running in 609763bb91fa
[INFO] Removing intermediate container 609763bb91fa
[INFO]  ---> 760c1c86070e
[INFO] Step 6/6 : CMD ["java", "-Djava.security.egd=file:/dev/./urandom",
"-jar", "/app/app.jar"]
[INFO]
[INFO]  ---> Running in 7ca19b6c3b44
[INFO] Removing intermediate container 7ca19b6c3b44
[INFO]  ---> c992b6cb904d
[INFO] Successfully built c992b6cb904d
[INFO] Successfully tagged testtdockertest/docker-demo:0.0.1-SNAPSHOT
[INFO]
[INFO] Detected build of image with id c992b6cb904d
[INFO]  Building  jar:  /Users/xxx/cloud-native-book-projects/docker-
demo/target/docker-demo-0.0.1-SNAPSHOT-docker-info.jar
[INFO] Successfully built testtdockertest/docker-demo:0.0.1-SNAPSHOT
[INFO]
[INFO] --- dockerfile-maven-plugin:1.4.3:push (default) @ docker-demo ---
[INFO] The push refers to repository [docker.io/testtdockertest/docker-
demo]
[INFO] Image 72545c2ef21c: Preparing
[INFO] Image 932ae4f0dbe6: Preparing
[INFO] Image edd61588d126: Preparing
[INFO] Image 9b9b7f3d56a0: Preparing
[INFO] Image f1b5933fe4b5: Preparing
[INFO] Image f1b5933fe4b5: Layer already exists
[INFO] Image edd61588d126: Layer already exists
[INFO] Image 9b9b7f3d56a0: Layer already exists
[INFO] Image 932ae4f0dbe6: Pushing
[INFO] Image 72545c2ef21c: Pushing
[INFO] Image 932ae4f0dbe6: Pushed
[INFO] Image 72545c2ef21c: Pushed
[INFO] 0.0.1-SNAPSHOT: digest: sha256:9c66bd68f8675281e8e3f0023fd9f63e2
f43a c08ad456d1d8d2664a9c9c9e491 size: 1365
[INFO]
------------------------------------------------------------------------
```

```
[INFO] BUILD SUCCESS
```

通过 mvn install 构建完毕后，就可以在远程仓库中查看到我们构建的镜像。

6.3.2 便捷的 GoogleContainerTools jib Maven 插件

GoogleContainerTools jib Maven 插件简称为 Jib，它是由谷歌云平台官方发布的新的开源工具，是一个快速且简单的容器镜像构建工具。

一般情况下，我们要容器化一个 Java 应用程序时，要编写 Dockerfile，然后运行 Docker 守护进程，等待镜像构建完成，最后将镜像推送到远程仓库，回想一下前面容器化的 Java 应用程序就是这样的流程。但是，在实际工作中并非所有的 Java 开发人员都熟悉容器，并且当用传统的方式来容器化应用程序时，这是一个烦琐且单调乏味的流程。

为了解决上述问题，Google 发布了 Jib，Jib 将容器化 Java 应用程序的流程整合成为一个单一的步骤，Jib 支持在不使用 Dockerfile 或者不安装 Docker 的情况下构建容器镜像；具体工作实践中，我们可以在 Maven 或 Gradle 中集成 Jib 插件，也可以使用 Jib Java 库。

注：

Jib 插件地址为 https://github.com/GoogleContainerTools/jib

JibJava 库地址为 https://github.com/GoogleContainerTools /jib/tree/master/ jib-core

在使用 Jib 前，再看下 Docker 与 Jib 的构建流程，以便于更好地理解它们的差异。Docker 构建流程如图 6-5 所示，Jib 构建流程如图 6-6 所示。

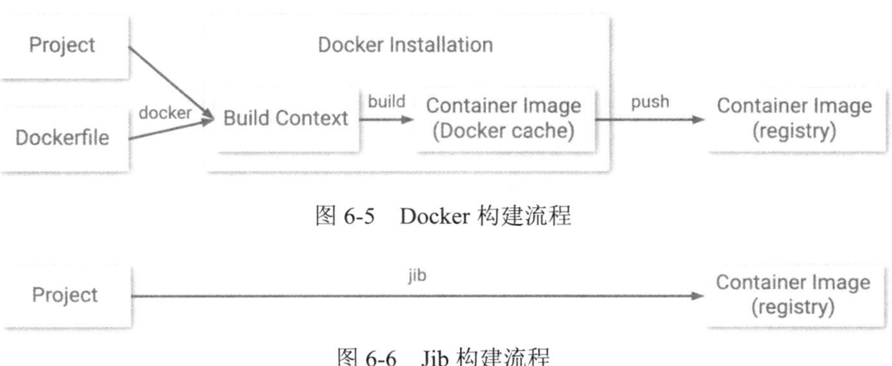

图 6-5 Docker 构建流程

图 6-6 Jib 构建流程

Jib 是一个快速且简单的容器镜像构建工具，现在看到了化繁为简，但是快速又从何说起呢？

Jib 的快速要从 Jib 的实现说起，Jib 会将应用整理成不同的层、依赖项、资源和类，并且 Jib 会利用 Docker 镜像层缓存仅通过重建更改来保持构建速度。另外 Jib 的层组织和小型基础镜像可以使整体镜像占用变小，从而提升性能和可移植性。

接下来开始进行实践，我们应该如何使用 Jib 呢？

1．修改 pom.xml 文件

使用 Jib 不需要像我们之前使用 Spotify Maven 插件一样去创建 Dockerfile，而是直接修改 pom.xml 文件即可，修改 pom.xml 文件同样也是为了将插件配置添加到 pom.xml 文件中。

pom.xml 添加内容如下：

```
<plugin>
    <groupId>com.google.cloud.tools</groupId>
    <artifactId>jib-maven-plugin</artifactId>
    <version>2.1.0</version>
    <configuration>
        <from>
            <image>openjdk:8-jre-alpine</image>
        </from>
        <to>

<image>testtdockertest/${project.artifactId}:${project.version}</image>
            <auth>
                <username>xxx</username>
                <password>xxx</password>
            </auth>
        </to>
    </configuration>
</plugin>
```

注意：在 from、to 中可以配置仓库地址及鉴权信息。

2．构建镜像

在完成了修改 pom.xml 后，就可以通过 mvn clean compile jib:build 直接构建镜像了。

构建示例如下：

```
mvn clean compile jib:build
[INFO] Scanning for projects...
[INFO]
[INFO] ------------------------------------------------------------------
----------
[INFO] Building docker-demo 0.0.1-SNAPSHOT
[INFO] ------------------------------------------------------------------
---------
[INFO]
[INFO] --- maven-clean-plugin:3.1.0:clean (default-clean) @ docker-demo
---
```

```
[INFO]
[INFO] --- maven-resources-plugin:3.1.0:resources (default-resources) @
docker-demo ---
[INFO] Using 'UTF-8' encoding to copy filtered resources.
[INFO] Copying 1 resource
[INFO] Copying 0 resource
[INFO]
[INFO] --- maven-compiler-plugin:3.8.1:compile (default-compile) @
docker-demo ---
[INFO] Changes detected - recompiling the module!
[INFO] Compiling 1 source file to /Users/xxx/worktools/cloud-native/pr
ojects/docker-demo/target/classes
[INFO]
[INFO] --- jib-maven-plugin:2.1.0:build (default-cli) @ docker-demo ---
[INFO]
[INFO] Containerizing application to testtdockertest/docker-demo:0.0.1-
SNAPSHOT...
[WARNING] Base image 'openjdk:8-jre-alpine' does not use a specific image
digest - build may not be reproducible
[INFO] Using credentials from <to><auth> for testtdockertest/docker-demo:
0.0.1-SNAPSHOT
[INFO] The base image requires auth. Trying again for openjdk:8-jre-
alpine...
[INFO] Using base image with digest: sha256:b2ad93b079b1495488cc01375de7
99c402d45086015a120c105ea00e1be0fd52
[INFO]
[INFO] Container entrypoint set to [java, -cp, /app/resources:/ app/class
es:/app/libs/*, com.cloudnative.docker.DockerDemoApplication]
[INFO]
[INFO] Built and pushed image as testtdockertest/docker-demo: 0.0.1-
SNAPSHOT
[INFO] Executing tasks:
[INFO] [============================  ] 88.9% complete
[INFO] > launching layer pushers
[INFO]
[INFO]
------------------------------------------------------------------------
[INFO] BUILD SUCCESS
[INFO]
------------------------------------------------------------------------
[INFO] Total time: 30.251 s
```

```
[INFO] Finished at: T17:11:32+08:00
[INFO] Final Memory: 30M/107M
[INFO]
------------------------------------------------------------------------
```

通过 mvn clean compile jib:build 构建完毕后，就可以在远程仓库中查看到我们构建的镜像。

如果我们的需求是将镜像构建到本地的 Docker 守护进程中，那么可以使用 mvn compile jib:dockerBuild 来完成。

构建示例如下：

```
mvn compile jib:dockerBuild
[INFO] Scanning for projects...
[INFO]
[INFO] ------------------------------------------------------------------------
[INFO] Building docker-demo 0.0.1-SNAPSHOT
[INFO] ------------------------------------------------------------------------
[INFO]
[INFO] --- maven-resources-plugin:3.1.0:resources (default-resources) @ docker-demo ---
[INFO] Using 'UTF-8' encoding to copy filtered resources.
[INFO] Copying 1 resource
[INFO] Copying 0 resource
[INFO]
[INFO] --- maven-compiler-plugin:3.8.1:compile (default-compile) @ docker-demo ---
[INFO] Nothing to compile - all classes are up to date
[INFO]
[INFO] --- jib-maven-plugin:2.1.0:dockerBuild (default-cli) @ docker-demo ---
[INFO]
[INFO] Containerizing application to Docker daemon as testtdockertest/docker-demo:0.0.1-SNAPSHOT...
[WARNING] Base image 'openjdk:8-jre-alpine' does not use a specific image digest - build may not be reproducible
[INFO] The base image requires auth. Trying again for openjdk:8-jre-alpine...
[INFO] Using base image with digest: sha256:b2ad93b079b1495488cc01375de799c402d45086015a120c105ea00e1be0fd52
[INFO]
```

```
    [INFO] Container entrypoint set to [java, -cp, /app/resources:/app/classes:/app/libs/*, com.cloudnative.docker.DockerDemoApplication]
    [INFO]
    [INFO] Built image to Docker daemon as testtdockertest/docker-demo:0.0.1-SNAPSHOT
    [INFO] Executing tasks:
    [INFO] [==============================] 100.0% complete
    [INFO]
    [INFO]
------------------------------------------------------------------------
    [INFO] BUILD SUCCESS
    [INFO]
------------------------------------------------------------------------
    [INFO] Total time: 16.398 s
    [INFO] Finished at: T17:17:15+08:00
    [INFO] Final Memory: 27M/94M
    [INFO]
------------------------------------------------------------------------
```

在使用 mvn compile jib:dockerBuild 构建完毕后，同样可以在本地镜像中查看到我们构建的镜像。

6.3.3 Spring Boot 官方的 Spring Boot Maven 插件

Java 应用是基于 Spring Boot 开发的，之前 Spring Boot 并没有提供将应用程序打包到 Docker 镜像中的插件。在 Spring Boot 2.3 版本新增了一些功能，其中有一个功能便是将 Spring Boot 应用程序打包到 Docker 镜像中，它就是 Spring Boot Maven 插件，官网文档可以参考：https://docs.spring.io/spring-boot/docs/2.3.9.RELEASE/maven-plugin/reference/html/#build-image。

如何使用 spring-boot-maven-plugin？接下来分为两步走。

1. 修改 pom.xml 文件

首先是修改 pom.xml 文件将插件配置添加到 pom.xml 文件中，添加内容如下：

```
<plugin>
    <groupId>org.springframework.boot</groupId>
    <artifactId>spring-boot-maven-plugin</artifactId>
    <configuration>
        <image>
            <name>docker.io/testtdockertest/${project.artifactId}:${project.version}</name>
        </image>
```

```
    </configuration>
</plugin>
```

2. 构建镜像

完成了修改 pom.xml 文件后，就可以通过 mvn spring-boot:build-image 在本地直接构建镜像。

构建示例如下：

```
mvn spring-boot:build-image
[INFO] Scanning for projects...
[INFO]
[INFO]
------------------------------------------------------------------------
[INFO] Building docker-demo 0.0.1-SNAPSHOT
[INFO]
------------------------------------------------------------------------
[INFO]
[INFO] ...
[INFO]
[INFO] --- spring-boot-maven-plugin:2.3.9.RELEASE:build-image (default-cli) @ docker-demo ---
[INFO]  Building  image  'docker.io/testtdockertest/docker-demo:0.0.1-SNAPSHOT'
[INFO]
[INFO]  > Pulling builder image 'gcr.io/paketo-buildpacks/builder:base-platform-api-0.3' 100%
[INFO]   >  Pulled  builder  image  'gcr.io/paketo-buildpacks/builder@sha256:200fb7945ef0f4a3c79befb1262fd592f54ba7b7ffcc8a37716434dd11d0e5e9'
[INFO]  > Pulling run image 'gcr.io/paketo-buildpacks/run:base-cnb' 100%
[INFO]  > Pulled run image 'gcr.io/paketo-buildpacks/run@sha256:f7f27462fb513a70370322ada08440a642d24a700056d4c6b8cbb344610bf486'
[INFO]  > Executing lifecycle version v0.7.5
[INFO]  > Using build cache volume 'pack-cache-49c366aaa7c1.build'
[INFO]
[INFO]  > Running creator
[INFO]     [creator]     ===> DETECTING
[INFO]     [creator]     5 of 15 buildpacks participating
[INFO]     [creator]     paketo-buildpacks/bellsoft-liberica 2.7.1
[INFO]     [creator]     paketo-buildpacks/executable-jar   1.2.5
[INFO]     [creator]     paketo-buildpacks/apache-tomcat    1.1.5
[INFO]     [creator]     paketo-buildpacks/dist-zip         1.3.2
```

```
[INFO]  [creator]  paketo-buildpacks/spring-boot      1.5.5
[INFO]  [creator]  ---> ANALYZING
[INFO]  [creator]  Restoring metadata for "paketo-buildpacks/bellsoft-liberica:java-security-properties" from app image
[INFO]  [creator]  Restoring metadata for "paketo-buildpacks/bellsoft-liberica:jre" from app image
[INFO]  [creator]  Restoring metadata for "paketo-buildpacks/bellsoft-liberica:jvmkill" from app image
[INFO]  [creator]  Restoring metadata for "paketo-buildpacks/bellsoft-liberica:link-local-dns" from app image
[INFO]  [creator]  Restoring metadata for "paketo-buildpacks/bellsoft-liberica:memory-calculator" from app image
[INFO]  [creator]  Restoring metadata for "paketo-buildpacks/bellsoft-liberica:openssl-security-provider" from app image
[INFO]  [creator]  Restoring metadata for "paketo-buildpacks/bellsoft-liberica:security-providers-configurer" from app image
[INFO]  [creator]  Restoring metadata for "paketo-buildpacks/bellsoft-liberica:class-counter" from app image
[INFO]  [creator]  Restoring metadata for "paketo-buildpacks/executable-jar:class-path" from app image
[INFO]  [creator]  ---> RESTORING
[INFO]  [creator]  ---> BUILDING
[INFO]  [creator]
[INFO]  [creator]  Paketo BellSoft Liberica Buildpack 2.7.1
[INFO]  [creator]    Set $BPL_JVM_HEAD_ROOM to configure the headroom in memory calculation. Default 0.
[INFO]  [creator]    Set $BPL_JVM_LOADED_CLASS_COUNT to configure the number of loaded classes in memory calculation. Default 35% of classes.
[INFO]  [creator]    Set $BPL_JVM_THREAD_COUNT to configure the number of threads in memory calculation. Default 250.
[INFO]  [creator]    Set $BP_JVM_VERSION to configure the Java version. Default 11.*.
[INFO]  [creator]   BellSoft Liberica JRE 8.0.252: Reusing cached layer
[INFO]  [creator]   Memory Calculator 4.0.0: Reusing cached layer
[INFO]  [creator]   Class Counter: Reusing cached layer
[INFO]  [creator]   JVMKill Agent 1.16.0: Reusing cached layer
[INFO]  [creator]   Link-Local DNS: Reusing cached layer
[INFO]  [creator]   Java Security Properties: Reusing cached layer
[INFO]  [creator]   Security Providers Configurer: Reusing cached layer
[INFO]  [creator]   OpenSSL Certificate Loader: Reusing cached layer
```

```
[INFO]    [creator]
[INFO]    [creator]    Paketo Executable JAR Buildpack 1.2.5
[INFO]    [creator]      Process types:
[INFO]    [creator]        executable-jar: java -cp "${CLASSPATH}"
${JAVA_OPTS} org.springframework.boot.loader.JarLauncher
[INFO]    [creator]        task:           java -cp "${CLASSPATH}"
${JAVA_OPTS} org.springframework.boot.loader.JarLauncher
[INFO]    [creator]        web:            java -cp "${CLASSPATH}"
${JAVA_OPTS} org.springframework.boot.loader.JarLauncher
[INFO]    [creator]
[INFO]    [creator]    Paketo Spring Boot Buildpack 1.5.5
[INFO]    [creator]      Image labels:
[INFO]    [creator]        org.opencontainers.image.title
[INFO]    [creator]        org.opencontainers.image.version
[INFO]    [creator]        org.springframework.boot.spring-configurat
ion-metadata.json
[INFO]    [creator]        org.springframework.boot.version
[INFO]    [creator]    ---> EXPORTING
[INFO]    [creator]    Reusing layer 'launcher'
[INFO]    [creator]    Reusing layer 'paketo-buildpacks/bellsoft-liber
ica:class-counter'
[INFO]    [creator]    Reusing layer 'paketo-buildpacks/bellsoft-lib
erica:java-security-properties'
[INFO]    [creator]    Reusing layer 'paketo-buildpacks/bellsoft-li
berica:jre'
[INFO]    [creator]    Reusing layer 'paketo-buildpacks/bellsoft-libe
rica:jvmkill'
[INFO]    [creator]    Reusing layer 'paketo-buildpacks/bellsoft-liber
ica:link-local-dns'
[INFO]    [creator]    Reusing layer 'paketo-buildpacks/bellsoft-li
berica:memory-calculator'
[INFO]    [creator]    Reusing layer 'paketo-buildpacks/bellsoft-libe
rica:openssl-security-provider'
[INFO]    [creator]    Reusing layer 'paketo-buildpacks/bellsoft-libe
rica:security-providers-configurer'
[INFO]    [creator]    Reusing layer 'paketo-buildpacks/executable-ja
r:class-path'
[INFO]    [creator]    Adding 1/1 app layer(s)
[INFO]    [creator]    Reusing layer 'config'
[INFO]    [creator]    *** Images (56230d8fd03b):
[INFO]    [creator]          docker.io/ testtdockertest/docker -dem
```

```
o:0.0.1-SNAPSHOT
    [INFO]
    [INFO] Successfully built image 'docker.io/testtdockertest/docker-de
mo:0.0.1-SNAPSHOT'
    [INFO]
    [INFO]
------------------------------------------------------------------------
    [INFO] BUILD SUCCESS
```

通过 mvn spring-boot:build-image 构建镜像完毕后，就可以在本地镜像中查看到我们构建的镜像。不过，在实际使用过程中，构建时可能会出现错误，因为涉及与 gcr.io 的交互时会出现网络问题，所以不一定能连上镜像库。

虽然介绍了如何通过 maven 插件来自动构建镜像，并且我们也成功地构建了镜像，但是我们的镜像如何使用呢，接下来介绍一下如何部署 Docker 服务。

6.4 部署 Docker 服务

在前面的章节中，已经介绍了 Dockerfile 模板文件，该模板文件可以很方便地帮助我们定义一个单独的应用容器。但是，在实际的工作中，上线业务时，一般情况下都不会是一个单独的应用容器就可以的，通常都需要部署多个容器来相互配合。

如何理解上面的话呢？

假设有一个视频网站需要部署，那么可能需要部署多个服务，比如数据存储的服务、视频转码的服务、前端展现的服务等。这些不同的服务会在容器中运行各自的镜像，并且在遇到用户量增加的情况时，可能还会根据具体业务情况对某个服务进行扩展，比如多个容器副本等。

针对这种情况，应该如何解决部署问题呢？可以通过编写 docker-compose. yml 来解决。

6.4.1 什么是 Docker Compose

Docker Compose 是 Docker 官方的编排项目之一，它是用于定义和运行多容器 Docker 应用程序的工具。

通过 Compose 可以使用 YML 文件来配置应用程序需要的所有服务，配置完毕后只用一个命令就可以从 YML 文件配置中创建并启动所有的服务，达到快速地部署分布式应用的目的。

在具体使用 Docker Compose 时，基本上是围绕着以下三个步骤来进行：

（1）使用 Dockerfile 定义应用程序的环境；

（2）使用 docker-compose.yml 定义构成应用程序的服务，这样服务可以在隔离环境中一起运行；

（3）执行 docker-compose up 命令来启动并运行整个应用程序。

了解了 Docker Compose 的基本使用流程后，是不是觉得 Docker Compose 很好理解了；不过在我们使用 Docker Compose 进行实践前，还要着重讲述 Compose 中两个重要的概念：服务和项目，让大家先行了解它们具体表示什么，相互之间是什么关系。

（1）服务

服务（service）是 Compose 表示一个应用的容器，可以包括若干运行相同镜像的容器实例。

（2）项目

项目（project）表示由一组关联的应用容器组成的一个完整业务单元，在 docker-compose.yml 文件中定义。

注意：Compose 的默认管理对象是 project，通过子命令对 project 中的一组容器进行便捷的生命周期管理。另外，Compose 项目是由 Python 语言编写的，对于 Compose 的实现，其实是调用 Docker API 对容器进行管理，所以只要所操作的平台支持 Docker API，就可以在上面利用 Compose 进行编排管理。

6.4.2 安装 Docker Compose

Compose 的安装可以通过 Python 的包管理工具 pip 进行，也可以直接下载编译好的二进制文件，还可以直接在 Docker 容器中运行，并且支持多个平台。

由于在实际工作中，服务器操作系统一般为 Linux 系统，所以本例中使用 Linux 二进制文件进行，其他平台或安装方式可以参考：https://docs.docker.com/compose/install/。

1. 下载二进制文件

首先下载二进制文件，示例如下：

```
sudo curl -L "https://github.com/docker/compose/releases/download/1.25.5
/docker-compose-$(uname -s)-$(uname -m)" -o /usr/local/bin/docker-compose
```

注意：如果要安装其他版本的 Compose，直接替换 1.25.5 为要安装的 Compose 的版本号即可。

2. 将可执行权限应用于二进制文件

下载完二进制文件后，直接将可执行权限应用于二进制文件，示例如下：

```
sudo chmod +x /usr/local/bin/docker-compose
```

3. 测试是否安装成功

执行完以上两步后，Compose 就已经安装完毕，接下来直接测试是否安装成功，示例如下：

```
$ docker-compose --version
```

```
docker-compose version 1.25.5, build 1110ad01
```

使用 docker-compose –version 能够正确输出 docker-compose 的版本信息时就说明安装已经成功。如果不能够正确输出 docker-compose 的版本信息，就要回头检查确认我们下载的二进制文件是否正确。

6.4.3 实践 Docker Compose：创建 docker-compose.yml

实践 Docker Compose 最好的方式就是创建 docker-compose.yml 文件。

我们先创建一个名为 docker-compose 的 yml 文件，并将如下内容放入该文件中，内容如下：

```
version: '3'
services:
  web:
    image: testtdockertest/docker-demo:v1
    deploy:
      replicas: 5
      resources:
        limits:
          cpus: "0.1"
          memory: 100M
      restart policy:
        condition: on-failure
        delay: 10s
        max attempts: 3
        window: 60s
    ports:
      - "18080:8080"
    networks:
      - webnet
networks:
  webnet:
```

以上的 docker-compose.yml 告诉 Docker 要做哪些事情呢？

（1）从镜像仓库中获取之前上传的镜像；

（2）这个名为 Web 的 service 使用这个镜像运行 5 个副本，并且每个实例最多使用 10%的 CPU 和 100M 内存；

（3）在容器非正常退出时，10 秒后自动重启容器，且尝试重启容器的次数为 3，若超出此次数，则不再尝试，另外容器重启超时时间为 60 秒；

（4）将主机的 18080 端口映射到 Web 服务的 8080 端口；

（5）通过名为 webnet 的负载均衡共享 8080 端口；

（6）用默认设置定义 webnet 网络。

注意：webnet 网络是一个负载均衡覆盖网络，覆盖网络是应用层网络，是面向应用层的。

创建好 docker-compose.yml 后，在单机模式下，就可以使用 docker-compose up 来部署运行。但是在实际的项目中，我们的环境大部分是集群环境，那就需要用到集群化部署。

6.4.4 集群化部署

集群化部署在实际的工作项目中非常常见，通过集群化部署可以确保服务的高可用性以及并发处理能力，在 Docker 中使用 docker stack 可以帮助我们完成集群下的应用部署。

不过，在进行集群化部署之前，需要先初始化集群，下面详细介绍在进行集群化部署时如何初始化集群与部署服务，在部署服务后会重点讲解如何伸缩应用以及删除服务和节点。

1. 初始化集群

首先，进行集群的初始化，示例如下：

```
[root@localhost docker-compose]# docker swarm init
Swarm initialized: current node (iqyctmg9sx62kwt6edry0vy3j) is now a manager.
To add a worker to this swarm, run the following command:
    docker swarm join --token SWMTKN-1-0iq6wmmzbspbvn51axit3pd7cg8vdom8uunc855rpnj4talnq2-0cst1bgr3cgihos5q7pu0r2cw 192.168.7.46:2377
To add a manager to this swarm, run 'docker swarm join-token manager' and follow the instructions.
[root@localhost docker-compose]#
```

大家应该注意到了，我们使用了 swarm，什么是 swarm 呢？

Swarm 是一个使用 SwarmKit 构建的集群管理和编排工具，它主要提供 Docker 容器集群服务，使用 Swarm 可以将多个 Docker 主机封装为单个大型的虚拟 Docker 主机，快速打造一套容器云平台。

在使用过程中，执行 init 命令的节点会自动成为管理节点，如果要增加工作节点，使用 docker swarm join 命令即可。如果要增加管理节点，则可以使用 docker swarm join-token manager 命令。

2. 部署服务

集群初始化完毕后，就可以开始部署服务了，示例代码如下：

```
[root@localhost docker-compose]# docker stack deploy -c docker-compose.yml test
Creating network test_webnet
Creating service test_web
[root@localhost docker-compose]#
```

执行完以上命令后，服务就部署完毕，我们可以通过 docker service ls 查看服务确认，如图 6-7 所示。

```
[root@localhost docker-compose]# docker service ls
ID                 NAME        MODE          REPLICAS     IMAGE                                PORTS
t70o7mjt3o6i       test_web    replicated    5/5          testtdockertest/docker-demo:v1       *:18080->8080/tcp
[root@localhost docker-compose]#
```

图 6-7　查看服务

如果要列出服务的任务，可以通过 docker service ps 列出，如图 6-8 所示。

```
[root@localhost docker-compose]# docker service ps test_web
ID              NAME          IMAGE                            NODE                    DESIRED STATE   CURRENT STATE            ERROR   PORTS
wic5s4zdflz3    test_web.1    testtdockertest/docker-demo:v1   localhost.localdomain   Running         Running 3 minutes ago
ysjfdjp6swy4    test_web.2    testtdockertest/docker-demo:v1   localhost.localdomain   Running         Running 3 minutes ago
wjzkyka8d4e2    test_web.3    testtdockertest/docker-demo:v1   localhost.localdomain   Running         Running 3 minutes ago
99vhnkdzdgcl    test_web.4    testtdockertest/docker-demo:v1   localhost.localdomain   Running         Running 3 minutes ago
lax4uwqdfxky    test_web.5    testtdockertest/docker-demo:v1   localhost.localdomain   Running         Running 3 minutes ago
[root@localhost docker-compose]#
```

图 6-8　列出服务的任务

如果要列出容器，使用 docker ps 即可，如图 6-9 所示。

```
[root@localhost docker-compose]# docker ps
CONTAINER ID    IMAGE                            COMMAND                    CREATED          STATUS         PORTS      NAMES
f8e1f711a5c0    testtdockertest/docker-demo:v1   "java -Djava.securit…"     5 minutes ago    Up 5 minutes   8080/tcp   test_web.4.99vhnkdzdgcljmrc2k0q1
lwo2
3c9b084e9abc    testtdockertest/docker-demo:v1   "java -Djava.securit…"     5 minutes ago    Up 5 minutes   8080/tcp   test_web.1.wic5s4zdflz3wdwxcxsis
es46
07d6d9951420    testtdockertest/docker-demo:v1   "java -Djava.securit…"     5 minutes ago    Up 5 minutes   8080/tcp   test_web.3.wjzkyka8d4e2oa8oqerj9
f515
d652b3839ff8    testtdockertest/docker-demo:v1   "java -Djava.securit…"     5 minutes ago    Up 5 minutes   8080/tcp   test_web.2.ysjfdjp6swy4za481taed
pgqq
40ea3abff3cc    testtdockertest/docker-demo:v1   "java -Djava.securit…"     5 minutes ago    Up 5 minutes   8080/tcp   test_web.5.lax4uwqdfxkydutwubku3
yomz
```

图 6-9　列出容器

3．伸缩应用

在示例中，我们运行了 5 个实例，如果需要对应用进行伸缩，应该怎么做呢？

对应用的伸缩可以通过修改 docker-compose.yml 中服务的副本值来解决，不过修改后需要重新执行 docker stack deploy，示例代码如下：

```
version: '3'
services:
  web:
    image: testtdockertest/docker-demo:v1
    deploy:
      replicas: 2
      resources:
        limits:
          cpus: "0.1"
          memory: 100M
      restart policy:
        condition: on-failure
        delay: 10s
        max attempts: 3
        window: 60s
    ports:
```

```
        - "18080:8080"
      networks:
        - webnet
  networks:
    webnet:
```

通过上述示例可以看到，与此前 docker-compose.yml 的内容相比，replicas 的值由之前的 5 修改为了 2，即服务的副本值从 5 修改为了 2。

修改完毕后重新执行 docker stack deploy，示例如下：

```
[root@localhost docker-compose]# docker stack deploy -c docker-compose.yml test
Updating service test_web (id: t70o7mjt3o6idq3b5ls58srnv)
[root@localhost docker-compose]#
```

执行完以上命令后，可以通过 docker service ls 查看服务，我们看到服务实例已经动态扩展了。

4. 删除服务和节点

在实际的工作中，除了初始化集群、部署、动态扩展外，还可能碰到需要删除服务和节点的需求。

删除集群服务通过 docker stack rm 即可，实现代码如下：

```
[root@localhost docker-compose]# docker stack rm test
Removing service test_web
Removing network test_webnet
[root@localhost docker-compose]#
```

删除节点通过 docker swarm leave 即可，实现代码如下：

```
[root@localhost docker-compose]# docker swarm leave --force
Node left the swarm.
[root@localhost docker-compose]#
```

在实践了如何部署以及如何集群化部署 Docker 服务后，接下来我们将之前改造的微服务进行容器化并尝试运行它。

6.5 容器化微服务

本章的前 4 节主要介绍了如何自定义一个镜像、如何构建与发布我们自己的镜像以及如何部署服务，但是这些都是以一个单独的工程为例进行介绍以及实践的，旨在帮助读者在极简情况下透彻理解容器技术，但是在实际工作中，情况要复杂得多。

接下来将之前的微服务实例（微商城）进行容器化，朝着云原生的道路更进一步。

如何容器化微服务呢？

首先要构建镜像，然后逐个微服务进行容器化运行即可。接下来，我们具体展开容器化微服务的实践。

6.5.1　添加 Jib Maven 插件

为了简化构建镜像的工作，采用 Jib Maven 插件，Jib Maven 插件前面已经介绍过，这里不再赘述，直接进行实践。

在微服务的 pom.xml 添加相关配置，配置内容如下：

```
<plugin>
    <groupId>com.google.cloud.tools</groupId>
    <artifactId>jib-maven-plugin</artifactId>
    <version>2.1.0</version>
    <configuration>
        <from>
            <image>openjdk:8-jre-alpine</image>
        </from>
        <to>
            <image>docker.io/testtdockertest/${project.artifactId}:${project.version}</image>
            <auth>
                <username>xxx</username>
                <password>xxx</password>
            </auth>
        </to>
    </configuration>
</plugin>
```

6.5.2　构建镜像

完成了 pom.xml 的配置后，通过 mvn clean compile jib:build 对各个微服务进行镜像的构建，此前已经有过构建示例，这里不再进行示例。镜像构建完毕后，可以通过 Docker Hub 进行查看确认，如图 6-10 所示。

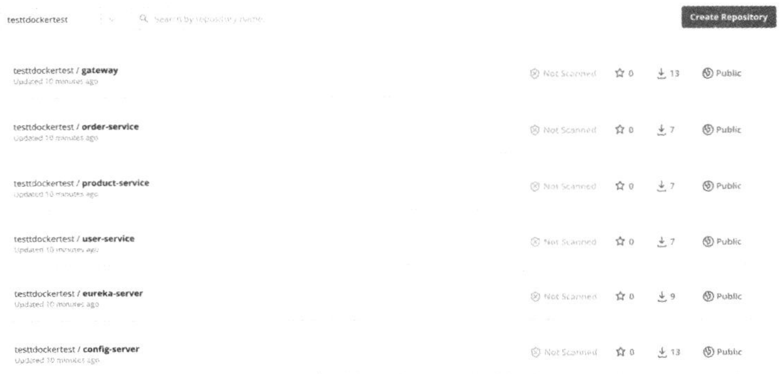

图 6-10　微服务镜像

6.5.3 微服务容器化运行

微服务镜像构建完毕后，就可以逐个微服务的进行容器化运行，在改造的微商城示例中共涉及 7 个服务，我们一一展开讲解。

1. 统一配置中心

首先运行统一配置中心，按照之前 docker run 的语法设置好容器名称、端口映射，示例如下：

```
docker run \
  --name config-server \
  -p 8888:8888 \
  -d testtdockertest/config-server:1.0-SNAPSHOT
```

2. 服务注册与发现

运行服务注册与发现，与运行统一配置中心类似，示例如下：

```
docker run \
  --name eureka-server \
  -p 8761:8761 \
  -d testtdockertest/eureka-server:1.0-SNAPSHOT
```

需要注意的是，当运行了服务注册与发现后，当使用 docker logs 查看 eureka-server 的启动日志时，会发现有报错，报错原因是无法连接到统一配置中心。

那么应该如何解决 eureka-server 的这个报错问题呢？

最普通的方法是通过指定统一配置中心的 IP 来解决。

首先需要修改 eureka-server 和其他容器连接到统一配置中心的容器地址，因为之前的配置是连接到 http://localhost:8888，可以通过设置系统环境变量，让 springboot 应用获取到设置的系统环境变量值，以此来配置正确的统一配置中心地址。

在 Docker 中可以通过如下方式在容器创建时声明环境变量：

```
docker run -e/--env "env.name=env.value" image
```

启动 eureka-server 的命令，代码如下：

```
docker run \
  --name eureka-server \
  -e spring.cloud.config.uri=http://<config-server-container-ip>:<config-server-container-port> \
  -p 8761:8761 \
  -d testtdockertest/eureka-server:1.0-SNAPSHOT
```

从以上命令中可以看到需要获取 config-server-container-ip 以及 config-server-container-port 的具体的值，config-server-container-port 此前我们已经定义了，所以只需要获取对应的统一配置中心的 IP，可以通过如下方式获取：

```
[root@localhost opt]# docker inspect -f '{{range.NetworkSettings.Ne
```

```
tworks}}{{.IPAddress}}{{end}}' config-server
  172.17.0.2
  [root@localhost opt]#
```

最后，修改启动 eureka-server 的命令，代码如下：

```
docker run \
  --name eureka-server \
  -e spring.cloud.config.uri=http://172.17.0.2:8888  \
  -p 8761:8761 \
  -d testtdockertest/eureka-server:1.0-SNAPSHOT
```

虽然可以通过指定统一配置中心的 IP 来解决上面的报错问题，不过使用这种方式解决却存在着隐患，比如，容器每次启动后 IP 信息会发生变化，也就需要每次都去获取统一配置中心的 IP 信息，这样一来，效率就低了。更高效的解决方法是考虑如何建立容器之间的连接。

在使用 Docker 时，经常需要连接到其他的容器，比如，服务注册与发现需要连接到统一配置中心，只要服务注册与发现连接到统一配置中心，上面的报错问题也不会存在了。针对容器之间连接的场景，Docker 有对应的解决方案，它提供了“--link”参数来解决。

通过 Docker 提供的“--link”参数来解决服务注册与发现的报错问题，示例如下：

```
docker run \
  --name eureka-server \
  --link config-server \ <1>
  -e spring.cloud.config.uri=http://config-server:8888  \ <2>
  -p 8761:8761 \
  -d testtdockertest/eureka-server:1.0-SNAPSHOT
```

注：

<1>：通过 link 参数使得统一配置中心容器信息在服务注册与发现容器中可用。

<2>：会将 config-server 参数解析成统一配置中心容器的 IP 地址。

为了更加便捷本节示例中使用“--link”参数来连接多个容器，但是随着 Docker 网络的完善，笔者更建议将容器加入自定义的 Docker 网络（docker network create -d bridge xxx-net）来连接多个容器，而不是使用“--link”参数，具体内容不是本书讲解范围，读者若感兴趣，可以自行学习。

3．服务追踪

关于服务追踪，Docker Zipkin 项目提供了相关镜像，所以不需要自己动手构建 Zipkin 镜像，直接通过 docker run 的语法设置好容器名称、端口映射即可，示例如下：

```
docker run \
  --name zipkin \
  -p 9411:9411 \
  -d openzipkin/zipkin
```

4. API 网关

让容器互连后，其他的微服务运行就变得简单多了。比如，API 网关的运行可以采取同样的方式。首先，按照之前 docker run 的语法设置好容器名称、端口映射。其次，通过 link 参数使得统一配置中心、服务注册中心、Zipkin 容器信息在 API 网关容器中可用，示例如下：

```
docker run \
  --name gateway \
  --link config-server \
  -e spring.cloud.config.uri=http://config-server:8888 \
  --link eureka-server \
  -e eureka.client.service-url.defaultZone=http://eureka-server:8761/eureka/ \
  -e eureka.instance.hostname=eureka-server \
  --link zipkin \
  -e spring.zipkin.base-url=http://zipkin:9411/ \
  -p 8080:8080 \
  -d testtdockertest/gateway:1.0-SNAPSHOT
```

5. 商品服务

商品服务的运行，采取与 API 网关类似的做法。首先，docker run 的语法设置好容器名称、端口映射。其次通过 link 参数使得统一配置中心、服务注册中心、Zipkin 容器信息在商品服务的容器中可用，示例如下：

```
docker run \
  --name product-service \
  --link config-server \
  -e spring.cloud.config.uri=http://config-server:8888 \
  --link eureka-server \
  -e eureka.client.service-url.defaultZone=http://eureka-server:8761/eureka/ \
  -e eureka.instance.hostname=eureka-server \
  --link zipkin \
  -e spring.zipkin.base-url=http://zipkin:9411/ \
  -p 8090:8090 \
  -d testtdockertest/product-service:1.0-SNAPSHOT
```

6. 订单服务

订单服务的运行与商品服务的运行一样，唯一的差异是将容器名称、端口映射以及镜像设置的不一样，示例如下：

```
docker run \
  --name order-service \
  --link config-server \
  -e spring.cloud.config.uri=http://config-server:8888 \
  --link eureka-server \
  -e eureka.client.service-url.defaultZone=http://eureka-server:8761/eureka/ \
```

```
  -e eureka.instance.hostname=eureka-server \
  --link zipkin \
  -e spring.zipkin.base-url=http://zipkin:9411/ \
  -p 8091:8091 \
  -d testtdockertest/order-service:1.0-SNAPSHOT
```

7. 用户服务

用户服务的运行同样也是将容器名称、端口映射以及镜像设置为用户服务自己的即可，示例如下：

```
docker run \
  --name user-service \
  --link config-server \
  -e spring.cloud.config.uri=http://config-server:8888 \
  --link eureka-server \
  -e eureka.client.service-url.defaultZone=http://eureka-server:8761/eureka/ \
  -e eureka.instance.hostname=eureka-server \
  --link zipkin \
  -e spring.zipkin.base-url=http://zipkin:9411/ \
  -p 8092:8092 \
  -d testtdockertest/user-service:1.0-SNAPSHOT
```

当微服务逐个容器化运行后，容器化之前的微服务实例已经完成。

6.6 本章小结

本章进行了 Docker 的实践操作，基于之前的微服务构建了相应的镜像，并且将之前的微服务进行容器化运行。虽然目前容器化微服务已经完成，但是在这些运行的容器中，如果其中一个服务的容器出现了故障，那么应该如何处理，如何管控容器的状态。针对类似这样的问题，将在下一章介绍容器编排，容器编排可以解决管理容器的问题，同时也是云原生道路上必不可少的内容。

第 7 章　容器编排——Kubernetes

在上一章中，为了部署应用程序，在开发阶段我们使用了 Docker。但是，在实际工作中，不可能把所有的容器全部部署在同一台服务器上。否则，这一台服务器如果出现了故障，所有的应用将不可用，因此在具体工作中，通常要把容器部署到多个服务器上面。在这种情况下，容器会跨多个主机，如何才能管理跨多个主机的容器，这就必然会使用到容器编排，因为编排系统提供了管理跨多个主机容器的解决方案，使用编排系统可以让容器管理变得轻而易举。

本章将介绍主流容器编排引擎 Kubernetes 的核心概念与安装应用实践。

7.1　容器编排引擎 Kubernetes

我们试想一个应用场景，微商城应用各个服务都以容器的方式在运行，每个服务都有一个容器实例。假设产品服务的容器出现故障，为了解决微商城应用用户无法正常浏览产品的问题，需要马上启动另外一个产品服务的容器。这时如果有系统可以帮助我们自动完成这个操作，是不是比手动完成这个操作响应更快速，用户体验是非常重要的。

创建了容器后，就要对容器进行管理，而 Kubernetes 是目前主流的容器编排引擎，Kubernetes 具备服务发现和负载均衡、存储编排、自动部署和回滚、自我修复等多种能力。

在本小节中将介绍在日常实践中为什么选择 Kubernetes，它具体又能帮助我们做什么；同时还将细致讲解 Kubernetes 的核心组件；通过这些帮助读者建立起对 Kubernetes 的基本轮廓。

7.1.1　Kubernetes 优点与适用场景

Kubernetes 是一个容器编排引擎，一般简称为 k8s。为什么叫 k8s 呢，因为 Kubernetes 这个单词太长了，而开头和结尾之间（k 和 s 之间）是 ubernete 这 8 个字母，所以就变成了 k8s。

Kubernetes 是 Google 团队发起的一个开源项目，来源于 Google 内部的大规模容器集群管理系统 Borg；Kubernetes 是一个可移植的、可扩展的、用于管理容器化的工作负载和服务的开源平台，采用 Go 语言实现，它在希腊语中表示舵手或者领航员的意思，这与其在容器管理中的作用差不多，Kubernetes 在容器管理中承担着对容器的全局调度与运行监控等职责。

1. 为什么要用 Kubernetes

市面上除了 Kubernetes 之外还有很多其他的编排引擎，比如之前介绍过的 Docker Swarm，还有 Apache Mesos，为什么要选用 Kubernetes 呢？

首先，Docker Swarm 的功能不如 Kubernetes 完整，比如，Docker Swarm 还不支持自动扩展，需要通过第三方的解决方案来进行扩展。当然，也不是说 Docker Swarm 一无是处，Swarm 是 Docker 的原生容器编排引擎。容器集群规模是小型时，Swarm 是一个很好的选择，因为 Docker 内置了很多东西，比如服务发现、DNS、Overlay 网络等，可以直接通过 docker 命令，像在一台机器上使用容器一样使用集群上的容器，非常方便。

其次，Apache Mesos 是一个集群管理器，而其容器编排是由运行在 Apache Mesos 上的一个名为 Marathon 的框架来完成的，通过 Marathon，Mesos 可以在高度灵活的设置中扩展大规模集群，但是由于其高度灵活性，Mesos 比较适合于拥有大量 IT 资源能力的大型公司或组织。

知己知彼，我们再来了解选择 Kubernetes 的理由，重点如下：

- Kubernetes 功能比较齐全，支持中等规模的集群，同时对 IT 资源能力数量的门槛要求不会特别高；
- Kubernetes 的技术背景强大，它是 CNCF（Cloud Native Computing Foundation，云原生计算基金会）大力推广的；
- 基于 Kubernetes 的周边生态很丰富，如周边生态包含容器运行时、网络、存储、数据库等。

2. Kubernetes 能做什么

在本节的开始，简单罗列过 Kubernetes 的多种能力，如服务发现和负载均衡、存储编排、自动部署和回滚、自我修复等；接下来详细了解一下它的这几种能力。

（1）服务发现和负载均衡

Kubernetes 可以使用 DNS 名称或者自己的 IP 地址来暴露一个容器，如果容器的流量很大，Kubernetes 可以进行负载均衡并分配网络流量，从而使部署更加稳定。

（2）存储编排

Kubernetes 允许自动挂载我们选择的存储系统，比如本地存储、公有云提供商提供的存储等。

（3）自动部署与回滚

可以使用 Kubernetes 为部署的容器描述所需的状态，这样可以以受控的速率将实际状态更改为所需状态。比如，可以使用 Kubernetes 为部署自动创建新容器，删除现有的容器并将其所有资源应用到新的容器中。

（4）自动打包

使用 Kubernetes 运行容器任务时，可以指定每个容器需要多少 CPU 和内存资源，当容器指定了资源请求后，Kubernetes 就可以最大化地利用服务器资源。

（5）自我修复

运行容器时，我们可以自定义容器的健康检查；如果健康检查失败，那么 Kubernetes 可以按照设定的方式重新启动失败的容器，同时替换容器并关闭没有响应自定义健康检查的容器。

（6）密钥与配置管理

在具体工作中，有时候会需要存储和管理一些数据信息，Kubernetes 为我们提供了这种支持。比如，可以使用 Kubernetes 存储和管理密码、SSH 密钥等；如果只是更新一些密钥或者配置信息时，则不需要重建容器镜像。

7.1.2 Kubernetes 核心组件：控制平面与 Node

一个 Kubernetes 集群由多个组件构成，图 7-1 便是 Kubernetes 的组件图，接下来将介绍 Kubernetes 的核心组件。

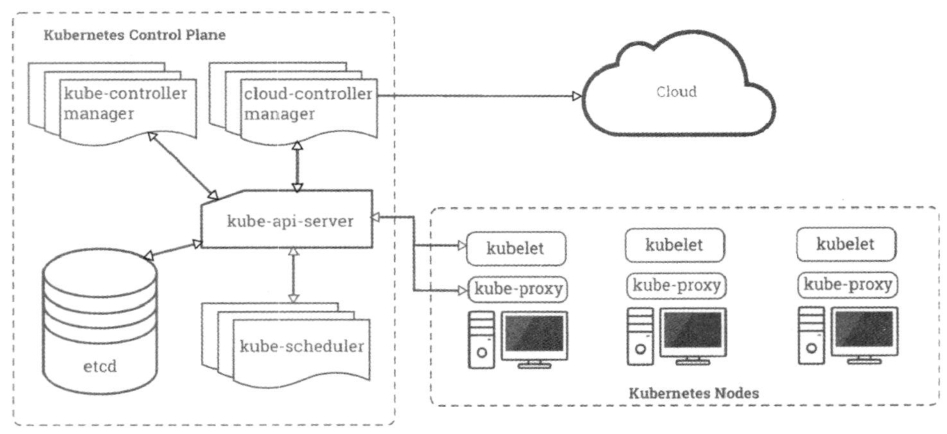

图 7-1 Kubernetes 组件

从图 7-1 中可以看出，Kubernetes 主要由两大核心组件组成：控制平面组件与 Node 组件。

1. 控制平面组件

控制平面组件主要是对整个集群做出全局决策以及检测和响应集群事件；比如，对集群做调度和当实际 pod 运行数量不满足设定的副本数量时启动新的 pod。

控制平面组件可以在集群中的任意节点上运行，一般情况下，为了简便，通常会在同一个节点上启动所有的控制平面组件，但不在该节点上运行业务容器。

从图 7-1 中也可以看出，控制平面组件又由 kube-apiserver、etcd、kube-scheduler、kube-controller-manager 和 cloud-controller-manager 等组件组成，它们的功能可通过表 7-1 来具体了解。

表 7-1 控制平面组件主要组成

组件名称	说 明
kube-apiserver	kube-apiserver 是 Kubernetes 集群中主节点上负责提供 Kubernetes API 服务的组件，它是 Kubernetes 控制面的前端，也是 Kubernetes 集群控制的入口，可提供 HTTP REST 服务
etcd	etcd 是一个兼具一致性和高可用性的键值数据库（CAP 理论中的“C”和“A”），用来作为保存 Kubernetes 所有集群数据的后台数据库
kube-apiserver	kube-apiserver 可以水平伸缩，即可以部署多个 kube-apiserver 的实例，并且将 API 流量负载均衡至多个 kube-apiserver 的实例上
kube-scheduler	kube-scheduler 是 Kubernetes 集群中主节点上用来监视那些新创建但未指定运行节点的 Pod，然后选择节点让 Pod 在上面运行。当然，kube-scheduler 的调度策略包含很多因素，比如单个 Pod 或 Pod 集合的资源需求、硬件/软件/策略约束、亲和性和反亲和性规范、数据位置、工作负载间的干扰和最后时限
kube-controller-manager	kube-controller-manager 是在 Kubernetes 集群主节点上运行控制器的组件。控制器类似于空调的温度调节器，它通过监视集群的公共状态，致力于将当前状态变为期望的状态
cloud-controller-manager	cloud-controller-manager 是云控制器管理器，是 Kubernetes 1.6 版本中引入的 alpha 功能，cloud-controller-manager 组件抽象出一层 IaaS 平台（基础计算云平台）的接口，具体的实现由各个云厂商负责提供，主要负责与 IaaS 平台（基础计算云平台）的交互。如果是在自己本地环境中运行 Kubernetes，则用不到 cloud-controller-manager 的

注意：CAP 理论分别表示一致性（Consistency）、可用性（Availability）、分区容错性（Partition tolerance）。在一个分布式系统中最多只能同时实现 CAP 中的两点，不可能同时满足三点。

通过表 7-1 我们大概了解了 Kubernetes 控制平面组件的主要组成以及主要功能；除此之外，重点讲解一下 kube-controller-manager 和 cloud-controller- manage 这两个组件。

（1）kube-controller-manager

kube-controller-manager 由一系列的控制器组成，包括节点控制器、副本控制器、端点控制器、服务账户和令牌控制器等，主要负责集群内节点、Pod 副本、服务端点、服务账户和令牌的管理。从逻辑上来说，每个控制器都是一个单独的进程，为了降低复杂性，这些控制器都被编译到同一个可执行文件中，并且在一个进程里运行。

下面来看一下在 kube-controller-manager 中这几个控制器的具体功能：

- 节点控制器（Node Controller），主要负责在节点出现故障时进行通知和响应；
- 副本控制器（Replication Controller），主要负责为系统中的每个副本控制器对象维护正确数量的 Pod；
- 端点控制器（Endpoints Controller），主要负责生成和维护所有 Endpoints 对象；

注意：Endpoints 表示 Service 对应的所有 Pod 副本的访问地址。

- 服务账户和令牌控制器（Service Account & Token Controllers），主要负责为新的命名空间创建默认账户和 API 访问令牌。

（2）cloud-controller-manager

cloud-controller-manager 与 kube-controller-manager 类似，也是由一系列的控制器组成。cloud-controller-manager 主要包括节点控制器、路由控制器和服务控制器。

下面来看一下在 cloud-controller-manager 中这几个控制器的具体功能：

- 节点控制器（Node Controller），主要用于在节点终止响应后检查云提供商以确定节点是否已被删除；
- 路由控制器（Route Controller），主要用于在底层云基础架构中设置路由；
- 服务控制器（Service Controller），主要用于创建、更新和删除云提供商负载均衡器。

2．Node 组件

Node 组件即节点组件，它在每个节点上运行，主要负责维护运行的 Pod 并提供 Kubernetes 运行环境。

从图 7-1 中也可以看出，Node 组件主要由 kubelet 以及 kube-proxy 组成，二者都是代理，下面来详细了解。

（1）kubelet

kubelet 是一个在集群中每个节点上运行的代理，主要负责确保容器都运行在 Pod 中。kubelet 是基于 PodSpecs（每个 PodSpec 就是一个描述 Pod 的 YAML 或 JSON 对象）工作的，它接受通过各种机制（主要是通过 api-server）提供的一组 PodSpec，并确保这些 PodSpecs 中描述的容器处于正常运行状态。需要注意的是，kubelet 不会管理不是由 Kubernetes 创建的容器。

（2）kube-proxy

和 kubelet 稍有不同的是，kube-proxy 是集群中每个节点上运行的网络代理，主要负责维护节点上的网络规则，这些网络规则可以让 Pod 与集群内外部进行网络通信。如果操作系统提供了数据包过滤层并且数据包过滤层可用，那么 kube-proxy 会使用操作系统的数据包过滤层，否则 kube-proxy 会自己转发流量。

7.2 Kubernetes 核心概念

Kubernetes 设计理念的背后，存在着很多核心概念，如果要使用 Kubernetes 就必须要学习与掌握这些概念。这些核心概念包括命名空间、Pod、标签、注解、标签选择器、控制器、存储、服务、配置等，了解了它们后，读者理解和使用 Kubernetes 时会更加明朗。

在介绍 Kubernetes 的核心概念之前，首先讲述在 Kubernetes 中如果要创建资源，有以下两种方式：

（1）直接使用 kubectl 命令进行创建；

（2）通过配置文件和 kubectl 命令进行创建。

为什么要介绍这个呢，因为在接下来介绍部分核心概念时，为了加深理解，会有部分核心概念的配置文件示例。

注意： kubectl 是 Kubernetes 集群的命令行工具，通过 kubectl 可以对 Kubernetes 集群本身进行管理，并且能够在集群上进行容器化应用的安装与部署。

7.2.1　逻辑分组——命名空间

命名空间（namespace）类似于 MySQL 数据库中的 database，在 Kubernetes 中，Kubernetes 通过将系统内部的对象分配到不同的命名空间中，从而将不同项目、小组或用户组形成逻辑上的分组。这样可以使得不同的分组在共享整个 Kubernetes 集群资源的同时还能被分别管理。

Kubernetes 默认会创建 4 个命名空间：default、kube-system、kube-public、kube-node-lease，这 4 个命名空间分别是干什么用的？通过表 7-2 来具体了解一下。

表 7-2　Kubernetes 默认创建的命名空间

命名空间	说　　明
default	default 命名空间一般是没有指明使用其他命名空间的对象所使用的默认命名空间
kube-system	kube-system 命名空间一般是 Kubernetes 系统创建对象所使用的命名空间
kube-public	某些资源需要在整个集群中可见和可读的情况下，就会使用 kube-public 命名空间，所有的用户都可以使用
kube-node-lease	用于节点续租状态，在 Kubernetes 中每个节点在 kube-node-lease 命名空间都有一个关联的租期（Lease）对象，该对象可以在 Kubernetes 集群扩展时提高节点的心跳检测的性能

在初始化 Kubernetes 集群后，可以通过命令来查看命名空间，查看命名空间的命令如下：

```
kubectl get namespace
```

需要注意的是，在实际使用过程中不要创建以“kube-”为前缀的命名空间，因为该前缀是为 Kubernetes 系统命名空间保留的。

7.2.2　最小单元——Pod

Pod 在 Kubernetes 中是所有业务类型的基础，同时 Pod 也是 Kubernetes 管理的最小单元，它是一个或多个容器的组合；在 Pod 中所有的容器共享网络、存储以及命名空间，对于具体的应用来说，Pod 就是逻辑主机。

接下来通过 yaml 文件来定义一个运行 nginx 应用的 Pod，示例如下：

```
apiVersion: v1 <1>
kind: Pod <2>
metadata: <3>
  name: test-nginx-pod <4>
```

```
    labels: <5>
      app: nginx
  spec: <6>
    containers: <7>
    - name: test-nginx-container <8>
      image: nginx:1.9.0 <9>
      ports: <10>
      - containerPort: 80 <11>
```

这个 yaml 文件主要用来定义描述 Pod 以及其里面容器的运行环境和期望状态，我们通过表 7-3 来详细了解一下每一行代码的解释。

注意：在实际工作中，应该通过选择合适的控制器（关于控制器后面会介绍）来创建 Pod，而不是直接创建 Pod，此处直接创建 Pod 是给了更好地向大家示范，为什么不建议直接创建 Pod 呢，会在后面介绍控制器时为大家解答。

表 7-3 yaml 文件代码行解释

代码行	解　释
<1>	表示指定使用哪个版本的 Kubernetes API 来创建此对象
<2>	表示要创建的对象类型是什么，对象类型有很多，如 Pod、Deployment 等，关于其他对象类型后面会介绍，此处创建的对象类型是 Pod
<3>	表示定义对象的元数据
<4>	表示定义的 Pod 的名称
<5>	表示定义的 Pod 的标签，标签后面会介绍，此处就不展开了
<6>	表示定义该资源的内容，此处表示 Pod 中容器的详细信息
<7>	表示定义 Pod 中的容器列表，可以有多个容器，但是最少得有一个
<8>	表示容器的名称
<9>	表示容器使用的镜像
<10>	表示容器的端口列表
<11>	表示定义的容器的端口

7.2.3 附加在对象之上的标签、注解与标签选择器

对于标签与注解来说，它们都是可以附加在 Kubernetes 对象上的，而标签选择器主要是使用标签来筛选 Kubernetes 对象。接下来详细介绍这三个概念，最后再为大家展示一个使用到这三个概念的一个例子。

1. 标签

在 Kubernetes 中标签（Label）以 key/value 键值对的形式附加到 Kubernetes 对象上，Kubernetes 对象包括 Pod、Service、ReplicationController、ReplicaSet 等。

标签可以定义这些 Kubernetes 对象的可识别属性，用来对 Kubernetes 对象进行选择

和管理；在 Kubernetes 中，标签可以在 Kubernetes 对象创建时就附加到 Kubernetes 对象上，也可以在 Kubernetes 对象创建后通过 API 进行附加。

2．注解

注解（Annotation）与标签类似，注解也是通过 key/value 键值对的形式进行定义的。但是注解与标签也有区别，标签一般定义的是 Kubernetes 对象的元数据（Metadata），并且用于标签选择器。而注解则是可以随意添加在 Kubernetes 对象上的附加信息，使用注解可以让 Kubernetes 对象带上一些额外的可读信息。

3．标签选择器

标签选择器（Label Selector）一般使用标签来筛选 Kubernetes 对象，它主要有三种操作符=、==和!=，其中=、==表示相等，!=表示不相等。

4．小示例

接下来，我们讲解一个同时使用标签、注解、标签选择器的示例，以加深我们的理解，示例如下：

```
apiVersion: apps/v1 <1>
kind: Deployment <2>
metadata: <3>
  name: test-nginx-deployment <4>
  annotations: <5>
    description: "nginx test" <6>
  labels: <7>
    app: nginx <8>
spec: <9>
  replicas: 3 <10>
  selector: <11>
    matchLabels: <12>
      app: nginx <13>
  template: <14>
    metadata: <15>
      labels: <16>
        app: nginx <17>
    spec: <18>
      containers: <19>
      - name: test-nginx-container <20>
        image: nginx:1.9.0 <21>
        ports: <22>
        - containerPort: 80 <23>
```

接下来，通过表 7-4 来解释代码行的意思。

注：部分代码行在前面表 7-3 中已有描述，在此不再赘述。

表 7-4　示例文件代码行解释

代 码 行	解　　释
<2>	表示要创建的对象类型是什么，此处创建的对象类型是 Deployment，关于 Deployment 后面会介绍到
<4>	表示定义的 deployment 的名称
<5>	表示定义注解列表
<6>	表示自定义的注解描述
<7>	表示定义的 Deployment 的标签列表
<8>	表示定义的 Deployment 的标签
<9>	表示定义该资源的内容，此处表示定义 deployment 中容器的详细信息
<10>	表示定义 Pod 的副本数量，默认为 1
<11>	表示标签选择器
<12>	表示定义匹配的标签
<13>	表示定义匹配的目标标签
<14>	表示定义模板，模板的作用是描述要创建的 pod
<15>	表示定义模板的元数据
<16>	表示模板标签列表
<17>	表示定义模板的标签，这里需要注意的是，此处的标签应该等于 matchLabels 定义的匹配标签

7.2.4　工作负载——控制器

控制器类似于空调的温度调节器，在 Kubernetes 中，控制器通过监视集群的公共状态，致力于将当前状态变为期望的状态。

在实际的工作中，一般不直接创建 Pod，而是通过选择合适的控制器来创建 Pod，当时我们故意遗留了一个问题，就是为什么不建议直接创建 Pod，而是通过控制器来创建 Pod。

现在为大家进行解答，因为控制器可以创建和管理多个 Pod，并且控制器提供了副本管理、滚动升级、自我修复等能力。假设直接创建一个 Pod，而这个 Pod 所在的节点出现故障，这个 Pod 就不可用了，但是如果通过控制器来创建 Pod，控制器就可以自动地把这个节点上的 Pod 调度到其他的节点上。

一般情况下，控制器会使用我们提供的 Pod 模板创建相应的 Pod，关于 Pod 模板，在标签、注解与标签选择器的示例中已经看到了。

接下来，介绍在 Kubernetes 中常见的控制器，这些也都是 Kubernetes 的核心概念。

1．Replication Controller

Replication Controller（简称为 RC）主要是确保在任何时候 Kubernetes 集群中都有指

定数量的 Pod 副本在运行。比如，假设 Kubernetes 集群中 Pod 副本的运行数量少于指定的数量，那么 Replication Controller 会启动所少数量的新 Pod。如果 Kubernetes 集群中 Pod 副本的运行数量多于指定的数量，那么 Replication Controller 会停掉多出指定数量的 Pod，也就是说 Replication Controller 会确保 Kubernetes 集群中一直运行着我们期望的 Pod 副本数量。

现在介绍一个使用 Replication Controller 控制器的示例，示例代码如下：

```
apiVersion: apps/v1
kind: ReplicationController
metadata:
  name: test-nginx-rc
  annotations:
    description: "nginx test"
  labels:
    app: nginx
spec:
  replicas: 3
  selector:
    matchLabels:
      app: nginx
  template:
    metadata:
      labels:
        app: nginx
    spec:
      containers:
      - name: test-nginx-container
        image: nginx:1.9.0
        ports:
        - containerPort: 80
```

上述示例代码中第二行的 kind：ReplicationController，明确地定义了要创建的对象类型为 ReplicationController，这样就可以确保在任何时候 Kubernetes 集群中都有指定数量的 Pod 副本在运行。

注意：由于该内容与之前介绍的示例内容几乎是一样的，这里就不再逐行解释含义了。

2. ReplicaSet

ReplicaSet（简称为 RS）是 Replication Controller 的升级版本；ReplicaSet 与 Replication Controller 之间唯一的区别就是选择器支持的方面，Replication Controller 只支持基于等式的选择器，比如 env=dev 或者 env!=prod，而 ReplicaSet 还支持基于集合的选择器，比如 env in (dev, prod)或 env notin (dev, prod)。

下面我们通过一个简单的示例来了解一个 ReplicaSet 控制器的使用，示例代码如下：

```
apiVersion: apps/v1
kind: ReplicaSet
metadata:
  name: test-nginx-rs
  annotations:
    description: "nginx test"
  labels:
    app: nginx
    desc: test
spec:
  replicas: 3
  selector:
    matchLabels:
      app: nginx
    matchExpressions:
      - {key: desc, operator: In, values: [test]}
  template:
    metadata:
      labels:
        app: nginx
        desc: test
    spec:
      containers:
      - name: test-nginx-container
        image: nginx:1.9.0
        ports:
        - containerPort: 80
```

在此示例中，第二行的 kind：ReplicaSet 中明确地定义了我们要创建的对象类型为 ReplicaSet。同时注意看第 15 行开始的 matchExpressions 部分，这里使用到基于集合的选择器，如前所述，这正是 ReplicaSet 与 Replication Controller 之间唯一的区别。

3. Deployment

Deployment 是一个定义及管理多副本应用（可以管理 Pod 的多个副本）的新一代对象，Deployment 为 Pod 和 ReplicaSet 提供了声明式更新。只需在 Deployment 中描述想要的目标状态，那么 Deployment 就会把 Pod 和 ReplicaSet 的实际状态改变到目标状态。也就是说，在更新部署中，Deployment 在 Pod 定义发生变化的时候，Deployment 会对每个 Pod 副本进行滚动更新。

Deployment 在 Kubernetes 集群中是较为常用的 Kubernetes 对象，一般情况下使用 Deployment 时是不关心由 Deployment 创建的 ReplicaSet 的，并且如果需要使用 ReplicaSet 时，最好直接使用 Deployment。

关于 Deployment 的示例，可以参考 7.2.3 节中标签、注解与标签选择器的示例以及代码解释，这里就不再重复列举。

4. DaemonSet

DaemonSet 用来确保在每个节点上都运行一个 Pod 副本，Kubernetes 集群中新增一个节点时，DaemonSet 会自动新增一个 Pod；Kubernetes 集群中减少一个节点时，DaemonSet 会自动减少一个 Pod。需要注意的是，删除 DaemonSet 时，该 DaemonSet 创建的 Pod 会被全部删除。

曾经使用过 zabbix 或者 elk 的读者会知道，早期每新增一个节点时，都要去新的节点上面安装对应的 zabbix agent 或者 logstash；不过有 DaemonSet 后，我们可以使用 DaemonSet 来部署一些监控插件、日志采集插件或者一些分布式集群的组件，而不用像以前那样麻烦了。

下面介绍一个使用 DaemonSet 控制器的示例，示例代码如下：

```
apiVersion: apps/v1
kind: DaemonSet
metadata:
  name: fluentd-elasticsearch
  namespace: kube-system <1>
  labels:
    k8s-app: fluentd-logging
spec:
  selector:
    matchLabels:
      name: fluentd-elasticsearch
  template:
    metadata:
      labels:
        name: fluentd-elasticsearch
    spec:
      tolerations: <2>
      - key: node-role.kubernetes.io/master <2>
        effect: NoSchedule <2>
      containers:
      - name: fluentd-elasticsearch
        image: quay.io/fluentd_elasticsearch/fluentd:v2.5.2
        resources: <3>
```

```
        limits: <4>
          memory: 200Mi <5>
        requests: <6>
          cpu: 0.1 <7>
          memory: 200Mi <8>
    terminationGracePeriodSeconds: 30 <9>
```

在此示例中，第二行代码中的 kind：DaemonSet 明确地定义了要创建的对象类型为 DaemonSet。还请大家重点关注下之前没有出现过的代码行，因为如果要创建 DaemonSet，有些时候势必会对容器资源等做一些限制，以避免影响其他的业务。

由于前面的示例中已经对相同的代码作过解释了，所以这里只解释之前没有出现过的代码行，具体如表 7-5 所示。

表 7-5　示例文件代码行解释

代 码 行	解　　释
<1>	表示将资源创建到指定的命名空间，默认为 default
<2>	设置容忍性，设置了容忍键及效果，表示让 DaemonSet 运行在主节点上
<3>	表示对容器资源进行限制设置和请求设置
<4>	表示限制容器使用的宿主机资源上限
<5>	表示对容器资源的内存限制，还可以使用 Gi 单位
<6>	表示对资源请求的设置，创建 Pod 前会去判断节点的空闲资源是否满足该资源请求的设置；若满足，才会在该节点上创建 Pod
<7>	表示 CPU 的请求数，单位是核数，也可以写成 100m（毫核）
<8>	表示内存的请求大小
<9>	表示如果要停止 Pod，在停止 Pod 前需要等待 30 秒

5．Job

Job 负责批量处理短暂的一次性任务，并且确保指定数量的 Pod 成功结束。当使用 Job 时，单个 Job 可以创建一个或多个 Pod，当 Pod 成功完成时，Job 会跟踪记录已经成功完成的 Pod 数量，当成功完成的数量达到指定值时，该 Job 就完成了。当然，在创建一个 Job 运行一个 Pod 时，如果第一个 Pod 因为节点故障或者节点重启导致 Pod 失败或者删除，Job 会创建一个新的 Pod 进行重试。

关于使用 Job 运行任务主要有以下 3 种方式。

（1）非并行 Job，这种方式一般情况下只会运行一个 Pod，并且当 Pod 成功结束后该 Job 即视为完成。

（2）固定完成次数的并行 Job，这种方式下会指定并行的 Pod 数量，直到指定数量的 Pod 成功结束该 Job 即视为完成。

（3）带工作队列的并行 Job，这种方式下可以指定并行的 Pod 数量，当 Job 中任何 Pod 成功结束后就不会再创建新的 Pod，当所有 Pod 都结束并且至少有一个 Pod 成功时，该

Job 即视为完成。

下面我们来看一个示例，了解一下 Job 控制器的具体应用，示例代码如下：

```
apiVersion: batch/v1
kind: Job
metadata:
  name: busybox-ttl
spec:
  ttlSecondsAfterFinished: 100 <1>
  template:
    spec:
      containers:
      - name: busybox
        image: busybox
        command: ["echo",  "hello"] <2>
      restartPolicy: Never <3>
```

在此示例中，第二行代码中的 kind：Job 明确地定义了要创建的对象类型为 Job。还请大家重点关注下以上代码段中的 ttlSecondsAfterFinished，可以帮助我们自动清理已完成的 Job，特别有用。

这里同样只解释之前没有出现过的代码行与其功能，具体如表 7-6 所示。

表 7-6　示例文件代码行解释

代 码 行	解　释
<1>	表示等待 100 秒后自动清理已完成的 Job。ttlSecondsAfterFinished 表示自动清理已完成的 Job，除了 ttlSecondsAfterFinished 可能还会在一些其他的 Job 中看到 activeDeadlineSeconds，activeDeadlineSeconds 字段表示不论 Job 创建了多少个 Pod，一旦 Job 运行时间达到 activeDeadlineSeconds 秒后，该 Job 创建的所有的 Pod 都会被终止并且 Job 的状态会被更新为失败。需要注意的是，在 Job 完成时虽然不会再创建新的 Pod，但是已有的 Pod 也不会被删除，需要手动删除或者使用 ttl 进行清理
<2>	表示容器启动运行的命令
<3>	表示 Pod 中容器的重启策略，Never 表示从不重启容器，除 Never 外，restartPolicy 还可以设置为 OnFailure 或 Always，不过在 Job 中只能设置为 Never 或 OnFailure，其他的控制器比如 Deployment 可以设置为 Always，其中 OnFailure 表示在失败退出时重启容器，Always 表示只要退出就重启容器

6. CronJob

CronJob 用来创建基于时间调度的 Job，它类似于 Linux 中的 crontab，即在指定的时间周期内运行指定的任务。

同样，我们通过一个简单的示例来看一下 CronJob 控制器的具体应用，示例代码如下：

```
apiVersion: batch/v1beta1
kind: CronJob
metadata:
  name: hello
```

```
spec:
  schedule: "*/1 * * * *" <1>
  jobTemplate: <2>
    spec:
      template:
        spec:
          containers:
          - name: hello
            image: busybox
            imagePullPolicy: IfNotPresent <3>
            args: <4>
            - /bin/sh
            - -c
            - date; echo Hello
          restartPolicy: OnFailure
```

在此示例中，第二行代码中的 kind：CronJob 明确地定义了要创建的对象类型为 CronJob。还请大家重点关注下代码段中的 schedule，这个也就是我们使用 CronJob 所设置的时间计划。

由于前面的示例中已经出现过相同的代码，所以这里只解释之前没有出现过的代码行，具体如表 7-7 所示。

表 7-7　示例文件代码行解释

代 码 行	解　　释
<1>	表示设置时间计划，采用 cron 表达式，此处表示每秒执行一次
<2>	表示定义 Job 模板
<3>	表示镜像拉取策略，IfNotPresent 表示优先使用本地镜像，不管本地镜像与镜像仓库中镜像信息是否一致，除了 IfNotPresent 还可以定义为 Always 或 Never，Always 表示总是先获取镜像仓库中镜像信息，若本地镜像与镜像仓库中镜像信息不一致则会从镜像仓库中拉取镜像并覆盖本地镜像，Never 表示只使用本地镜像
<4>	表示容器启动的命令参数

7．StatefulSet

StatefulSet 从本质上来说是 Deployment 的一种变体，之前介绍的控制器 Deployment 和 ReplicaSet 都是为无状态服务而设计的，而 StatefulSet 是为解决有状态服务的问题而设计的。

StatefulSet 可以应用于以下 3 个方面：

- 持久化存储方面，比如，Pod 在重新调度后还可以访问到相同的持久化数据；
- 有序部署方面，比如，在部署时需要指定其他的 Pod 必须在某个 Pod 运行后才能开始运行；

• 网络唯一标识方面，比如，Pod 在重新调度后 Pod 名称和主机名称保持不变等。

在使用 StatefulSet 时，需要特别注意的是，Pod 中的卷必须使用持久化存储卷或者管理员提前创建好的；为了保证数据安全，当删除 StatefulSet 时，该 StatefulSet 关联的存储卷不会被删除。

注意：关于存储卷将在后面的章节中介绍。

下面介绍一个控制器 StatefulSet 的简单例子，示例代码如下：

```
apiVersion: apps/v1
kind: StatefulSet
metadata:
  name: web
spec:
  selector:
    matchLabels:
      app: nginx
  replicas: 3
  template:
    metadata:
      labels:
        app: nginx
    spec:
      terminationGracePeriodSeconds: 10
      containers:
      - name: nginx
        image: k8s.gcr.io/nginx-slim:0.8
        ports:
        - containerPort: 80
          name: web <1>
        volumeMounts: <2>
        - name: www <3>
          mountPath: /usr/share/nginx/html <4>
  volumeClaimTemplates: <5>
  - metadata:
      name: www <6>
    spec:
      accessModes: [ "ReadWriteOnce" ] <7>
      storageClassName: "my-storage-class" <8>
      resources: <9>
        requests: <9>
```

```
        storage: 1Gi <9>
```

上述示例代码第二行中的 kind：StatefulSet 明确地定义了要创建的对象类型为 StatefulSet。还请大家重点关注下之前没有出现过的代码行，因为如果要创建 StatefulSet，那么一定会对应用进行持久化设置。

前面的示例中已经出现过的代码不再解释，这里只解释之前没有出现过的代码行，如表 7-8 所示。

表 7-8　示例文件代码行解释

代码行	解　释
<1>	表示端口名称
<2>	表示挂载设置
<3>	表示挂载设备的名称
<4>	表示挂载路径
<5>	表示存储卷申请模板
<6>	表示挂载设备的名称
<7>	表示存储卷的访问模式，ReadWriteOnce 表示单路读/写，除 ReadWriteOnce 外还有 ReadOnlyMany 和 ReadWriteMany，其中 ReadOnlyMany 表示多路只读，ReadWriteMany 表示多路读写
<8>	表示存储类名称
<9>	表示请求的存储资源空间大小

7.2.5　持久化——存储

只要有应用运行就绕不开存储，在 Kubernetes 中，应用运行一般都会产生运行数据，而当运行应用的 Pod 被删除或重启后，应用运行产生的数据也会随之消失，如果需要保存这些数据就需要进行数据的持久化，也就是将这些数据存储起来。

前面的示例中已经使用到存储，但是前面并没有介绍存储，接下来将详细介绍介绍 Kubernetes 中存储相关的卷、持久化卷、持久化卷声明以及存储类。

（1）卷

容器中的文件在磁盘上都是临时的，当容器崩溃时文件就丢失了，在 Kubernetes 中，卷（Volume）可以解决这个问题。另外，如果多个容器在同一个 Pod 中运行，多个容器之间需要数据文件共享也可以通过卷来实现。简单来说，卷的生命周期和作用范围是一个 Pod，所以重启容器时数据在容器重启的过程中会被保留，另外每个 Pod 中声明的存储卷由 Pod 中的所有容器共享。

（2）持久化卷

持久化卷（PersistentVolume），简称为 PV，持久化卷是对底层共享存储的一种抽象。一般情况下，持久化卷由管理员提前创建和配置好，通过插件机制与共享存储进行对接。

（3）持久化卷声明

持久化卷声明（PersistentVolumeClaim），简称为 PVC，持久化卷声明是对用户存储的一种声明，在 Kubernetes 中类似于 Pod，Pod 消耗的是节点而 PVC 消耗的是 PV 资源。在定义 Pod 时可以请求 CPU 和内存资源，而定义 PVC 时可以请求特定的存储空间和访问模式。在使用存储时，可以直接使用 PVC 而无须关心底层的存储实现细节。

（4）存储类

存储类（StorageClass）可以为管理员提供一种描述所提供存储的“类”的方法，不同的类可以映射到服务质量级别、备份策略或者由集群管理员确定的任意策略。

如何理解关于存储类的解释呢，试想一下，使用一个 PVC 需要手动去创建一个 PV，这种方式下不一定能够满足我们的业务需求。比如，有一个应用对存储的并发度要求较高，但是另一个应用对存储的读/写速度要求较高，特别是对于有状态服务的应用来说，有时候使用 PVC 手动创建 PV 就不太合适，使用这种静态 PV 不一定满足我们的业务需求。所以这时就需要用到动态 PV，也就是存储类。

关于使用基于存储类的动态存储的流程如下：

（1）创建 StorageClass；

（2）创建使用 StorageClass 的 PVC；

（3）创建使用 PVC 的 Pod。

注意：在以上的流程中由于创建了使用 StorageClass 的 PVC，系统会通过 StorageClass 信息自动地创建好 PVC 要使用的 PV，在 Pod 中是通过 PVC 进行数据的持久化，PVC 是通过 PV 进行数据的持久化处理。

上面讲了这么多，我们还是通过一个示例来了解一下存储的应用，示例代码如下：

```
apiVersion: v1
kind: Pod
metadata:
  name: test-pod
spec:
  containers:
  - image: gcr.io/google_containers/test-webserver
    name: test-container
    volumeMounts:
    - mountPath: /test-pod
      name: test-volume
  volumes: <1>
  - name: test-volume <2>
    hostPath: <3>
      path: /test-data <4>
```

上面的示例进行了简化，重点突出存储，以便于大家更直观地查看与理解存储。同时重点关注 hostPath，有些时候利用 hostPath 做些 demo 或测试还是比较简单和方便的。

这里我们还是只解释之前没有出现过的代码行，如表 7-9 所示。

表 7-9　示例文件代码行解释

代 码 行	解　　释
<1>	表示定义的卷列表
<2>	表示卷名称
<3>	表示挂载的设备类型为 hostPath，hostPath 表示允许挂载节点上的文件系统到 Pod 中，如果需要使用节点上的文件，就可以使用 hostPath
<4>	表示 hostPath 的路径为宿主机下的/test-data

7.2.6　集群访问——服务

在 Kubernetes 中，服务（Service）可以看作是一组提供相同服务的 Pod 的对外访问接口，通过服务还可以实现应用的服务发现和负载均衡。

关于服务，在使用时主要有表 7-10 所示的 4 种服务类型可供选择。

表 7-10　服务类型与说明

服务类型	说　　明
ClusterIP	ClusterIP 是默认的服务类型，该服务类型提供一个集群内部的虚拟 IP 以便于访问服务
NodePort	NodePort 通过每个节点上的 IP 和端口暴露服务，可以通过请求节点 IP+节点端口来访问服务
LoadBalancer	LoadBalancer 是使用云厂商提供的负载均衡器向外暴露服务，可以通过提供的负载均衡器访问服务
ExternalName	ExternalName 是通过返回 CNAME 与对应值，将服务映射到 externalName 字段的内容，如 example.com

下面介绍一个关于服务的示例，示例代码如下：

```
apiVersion: v1
kind: Service
metadata:
  name: test-service
spec:
  type: NodePort <1>
  selector: <2>
    app: test-app <2>
  ports:
    - port: 8080 <3>
      targetPort: 8080 <4>
      nodePort: 32000 <5>
```

示例代码中第二行的 kind：Service 明确地定义了要创建的对象类型为 Service。除此之外，上述代码中我们还定义了服务类型以及服务监听、转发的端口等，这样就可以通过请求节点 IP+节点端口来访问服务。

同样，这里只解释之前没有出现过的代码行，如表 7-11 所示。

表 7-11　示例代码行解释

代 码 行	解　　释
<1>	表示定义服务类型
<2>	表示该服务通过选择器与 Pod 建立关联关系
<3>	表示该服务监听的端口号
<4>	表示该服务转发到后端 Pod 的端口号
<5>	表示节点上暴露的端口号

在介绍了服务后，不得不提一下 Ingress，Ingress 是什么？

一般情况下，Service 和 Pod 的 IP 仅在集群内部可以访问，而集群外部的请求需要通过负载均衡转发到服务在节点上暴露的 NodePort 上面，然后再通过 kube-proxy 转发到相应的 Pod 上；Ingress 就是为进入集群的请求提供路由规则的集合，它可以为服务提供集群外部访问的 URL、负载均衡、SSL 终止、HTTP 路由等。

下面介绍一个 Ingress 应用的示例，示例代码如下：

```
apiVersion: extensions/v1beta1
kind: Ingress
metadata:
  name: test-ingress
spec:
  rules: <1>
  - http: <2>
      paths: <3>
      - path: /testpath <4>
        backend: <5>
          serviceName: test <6>
          servicePort: 80 <7>
```

上述示例代码中第二行的 kind：Ingress 明确地定义了要创建的对象类型为 Ingress。大家重点关注之前没有出现过的代码行，我们为服务定义了进入集群的请求的路由规则。

关于此示例，由于前面的示例中已经有很多行都解释过了，所以这里只解释之前没有示例过的行，如表 7-12 所示。

表 7-12　示例代码行解释

代码行	解释	代码行	解释
<1>	表示定义规则列表	<5>	表示定义后端服务
<2>	表示定义 http 规则	<6>	表示后端服务的名称
<3>	表示定义 http 的 path 列表	<7>	表示后端服务的端口
<4>	表示定义 http 的匹配 path		

7.2.7　保存配置参数——配置

关于配置，这里主要介绍 ConfigMap 与 Secret。

ConfigMap 是一种 API 对象，主要用于保存配置数据的键值对，既可以保存单个属性，也可以保存配置文件。需要注意的是，ConfigMap 不提供加密功能，如果要保存敏感信息，建议使用 Secret，它 ConfigMap 类似，但 Secret 主要用于保存敏感信息，如密码、OAuth 令牌、SSH 密钥等。

下面介绍一个使用 ConfigMap 来保存配置参数的示例，示例代码如下：

```
apiVersion: v1
kind: ConfigMap
metadata:
  name: test-config
data: <1>
  key1: "value1" <2>
  key2: "value2" <2>
```

代码中第二行的 kind：ConfigMap 明确地定义了要创建的对象类型为 ConfigMap。大家重点关注之前没有出现过的代码行，因为可以参考这种方式来定义自己的配置数据。

关于此示例，由于前面的示例中已经有很多行都解释过了，所以这里只解释之前没有示例过的行，如表 7-13 所示。

表 7-13　示例代码行解释

代码行	解释
<1>	表示定义配置数据
<2>	表示配置数据具体的键值对

Secret 与 ConfigMap 的创建类似，二者的区别主要是 ConfigMap 存放的数据是明文的，而 Secret 存放的数据是经过 base64 加密后的值。

本节主要介绍了 Kubernetes 的核心概念，熟悉了这些概念后，读者应该对 Kubernetes 有了一个更加全面的了解；接下来，我们正式开始 Kubernetes 的安装实践。

7.3 Minikube 安装

大家可能会疑问，上面刚讲了从本节开始讲 Kubernetes 的安装，为什么就变成了 Minikube 安装呢？

我们首先了解一下 Minikube 和 Kubernetes 的关系，Minikube 是一个易于在本地运行 Kubernetes 的工具，不论使用的操作系统是 Linux、Windows 还是 macOS，都可以使用 Minikube，通过 Minikube 可以在自己计算机上的虚拟机内轻松创建单机版 Kubernetes 集群，在使用自己计算机时可以直接使用 Minikube。

注意：关于 Minikube 可以参考：https://github.com/kubernetes/minikube

由于我们自己的计算机日常使用的操作系统以 Windows 或者 macOS 为主，所以关于 Minikube 的安装，这里以这两款系统为主。

7.3.1 Windows 系统下安装 Minikube

对于在 Windows 系统下安装 Minikube 来说，首先下载 Minikube 的 exe 文件后再启动系统自带的 hyper-v，然后才能创建 Kubernetes 环境以及启动 dashboard，接下来看一下详细的安装步骤。

1. 下载 Minikube

首先通过 https://storage.googleapis.com/minikube/releases/latest/minikube- windows- amd64.exe 下载 exe 文件，下载完成后将 exe 文件重命名为 minikube.exe，然后将此文件所在的目录添加到系统环境变量的 Path 中。

执行完以上操作后，可通过 minikube version 命令查看 minikube 的版本，示例如下：

```
$ minikube version
minikube version: v1.15.1
commit: 23f40a012abb52eff365ff99a709501a61ac5876
```

2. 启动 hyper-v

下载完 Minikube 后，还需要启动 hyper-v，由于 Windows 系统自带 hyper-v，所以只需进入控制面板界面，然后到“程序和功能”界面单击界面左侧的“启用或关闭 Windows 功能”按钮，在 Windows 功能中勾选 Hyper-V 复选框，如图 7-2 所示。

在启动 hyper-v 后记得重启计算机，以确保启动生效。

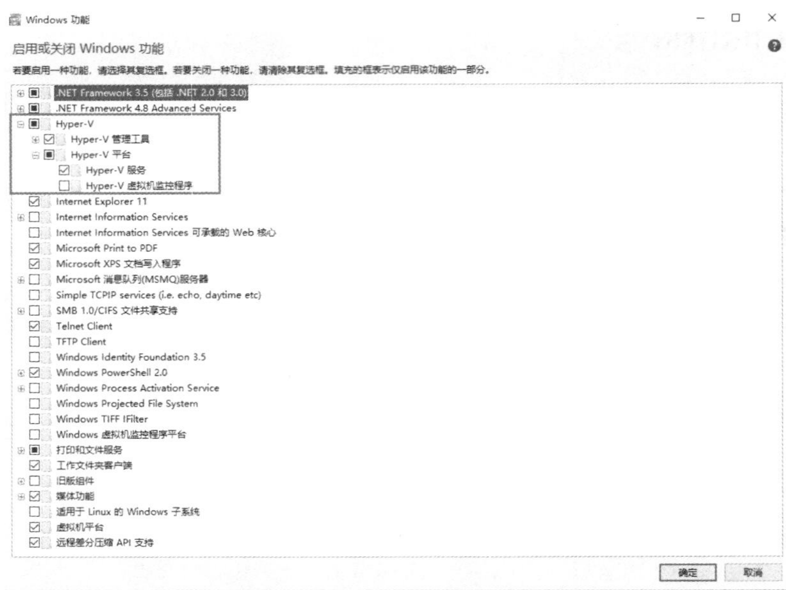

图 7-2　启动 hyper-v

3．创建 Kubernetes 环境

启动了 hyper-v 后，接下来就可以运行 Minikube 程序创建 Kubernetes 环境，示例代码如下：

```
$ minikube start
* Microsoft Windows 10 Home China 10.0.19042 Build 19042 上的 minikube v1.15.1
* 根据用户配置使用 hyperv 驱动程序
* Starting control plane node minikube in cluster minikube
* Creating hyperv VM (CPUs=2, Memory=4000MB, Disk=20000MB) ...
! This VM is having trouble accessing https://k8s.gcr.io
* To pull new external images, you may need to configure a proxy: https://minikube.sigs.k8s.io/docs/reference/networking/proxy/
* 正在 Docker 19.03.13 中准备 Kubernetes v1.19.4…
* Verifying Kubernetes components...
* Enabled addons: storage-provisioner, default-storageclass
* kubectl not found. If you need it, try: 'minikube kubectl -- get pods -A'
* Done! kubectl is now configured to use "minikube" cluster and "default" namespace by default
```

4．启动 dashboard

启动 dashboard 的示例代码如下：

```
$ minikube dashboard
```

```
  * 正在开启 dashboard ...
  * 正在验证 dashboard 运行情况 ...
  * Launching proxy ...
  * 正在验证 proxy 运行状况 ...
  * Opening http://127.0.0.1:57296/api/v1/namespaces/kubernetes-dashboard/services/http:kubernetes-dashboard:/proxy/ in your default browser...
```

启动完成后，可以在本地浏览器中看到 dashboard，如图 7-3 所示。

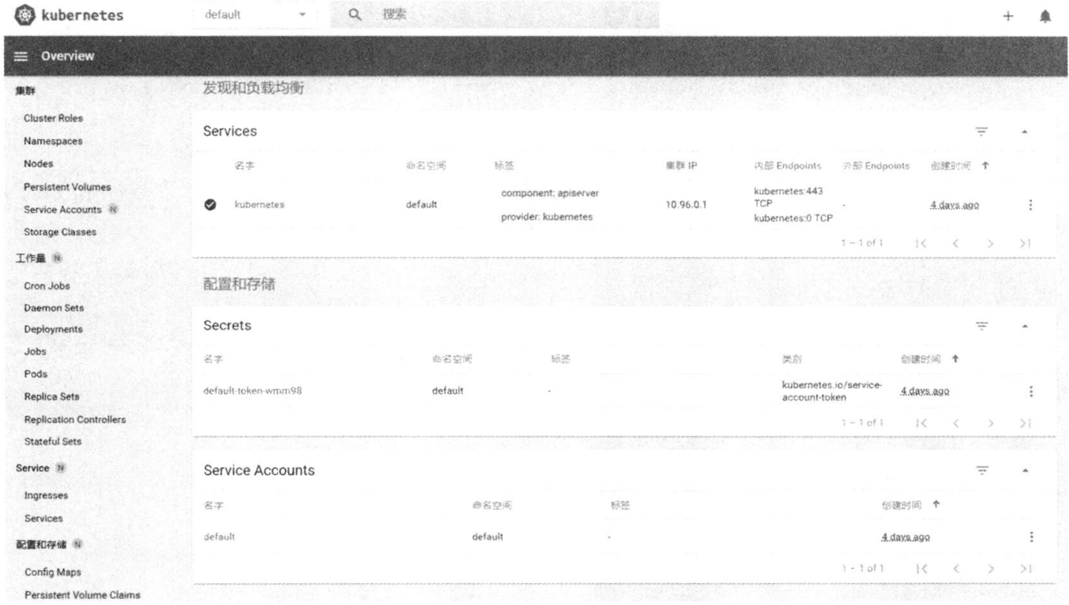

图 7-3　dashboard 启动完成

至此，成功地在 Windows 系统上安装并启动 Minikube。

7.3.2　macOS 系统下安装 Minikube

在 macOS 系统下安装 Minikube 与在 Windows 系统下类似，只不过 macOS 已经启用了虚拟化功能；所以下载了 Minikube 的可执行文件后，就可以开始创建 Kubernetes 环境以及启动 dashboard，接下来看一下详细的安装步骤。

1．下载 Minikube

首先通过在 https://github.com/kubernetes/minikube/releases 中查找一个稳定的版本，然后下载对应的可执行文件，下载完成后将可执行文件添加至 Path，示例如下：

```
$ sudo mv minikube /usr/local/bin/
```

执行完以上操作后可通过 minikube version 命令查看 Minikube 的版本，示例如下：

```
$ minikube version
minikube version: v1.11.0
```

```
commit: 1787477be296af47561833bcf69ef7a7c677933c
```

2. 创建 Kubernetes 环境

下载完 Minikube 安装文件后，接下来创建 Kubernetes 环境，示例代码如下：

```
$ minikube start
    Darwin 10.15.6 上的 minikube v1.11.0
    Automatically selected the hyperkit driver
    正在下载驱动 docker-machine-driver-hyperkit:
    minikube 1.15.1 is available! Download it: https://github.com/kube
rnetes/ minikube/releases/tag/v1.15.1
    To disable this notice, run: 'minikube config set WantUpdateNotification
false'

    > docker-machine-driver-hyperkit.sha256: 65 B / 65 B [---] 100.00% ?
p/s 0s
    > docker-machine-driver-hyperkit: 10.90 MiB / 10.90 MiB  100.00% 995.42
KiB
    The 'hyperkit' driver requires elevated permissions. The following
commands will be executed:
     $ sudo chown root:wheel /Users/shirley/.minikube/bin/docker-machine-
driver-hyperkit
    $ sudo chmod u+s /Users/shirley/.minikube/bin/docker-machine-driver-
hyperkit

  Password:
    正在下载 VM boot image...
    > minikube-v1.11.0.iso.sha256: 65 B / 65 B [-------------] 100.00% ?
p/s 0s
    > minikube-v1.11.0.iso: 174.99 MiB / 174.99 MiB [] 100.00% 6.97 MiB p/s
25s
    Starting control plane node minikube in cluster minikube
    Creating hyperkit VM (CPUs=2, Memory=4000MB, Disk=20000MB) ...
    正在 Docker 19.03.8 中准备 Kubernetes v1.18.3…
    > kubectl.sha256: 65 B / 65 B [--------------------------] 100.00% ?
p/s 0s
    > kubelet.sha256: 65 B / 65 B [--------------------------] 100.00% ?
p/s 0s
    > kubeadm.sha256: 65 B / 65 B [--------------------------] 100.00% ?
p/s 0s
    > kubeadm: 37.97 MiB / 37.97 MiB [----------------] 100.00% 7.75 MiB
p/s 5s
    > kubectl: 41.99 MiB / 41.99 MiB [-------------] 100.00% 964.31 KiB p/s
```

```
45s
    > kubelet: 108.04 MiB / 108.04 MiB [--------] 100.00% 176.12 KiB p/s
10m29s
    Verifying Kubernetes components...
    Enabled addons: default-storageclass, storage-provisioner
    完成! kubectl 已经配置至 "minikube"
```

Kubernetes 环境创建完毕后，我们可以通过 minikube status 命令检查集群的状态，示例如下：

```
$ minikube status
minikube
type: Control Plane
host: Running
kubelet: Running
apiserver: Running
kubeconfig: Configured
```

3．启动 dashboard

启动 dashboard 的示例代码如下：

```
$ minikube dashboard
    正在验证 dashboard 运行情况 ...
    Launching proxy ...
    正在验证 proxy 运行状况 ...
    Opening http://127.0.0.1:56749/api/v1/namespaces/kubernetes-dashbo
ard/ser vices/http:kubernetes-dashboard:/proxy/ in your default browser...
```

启动完成后，可以在本地浏览器中看到 dashboard，如图 7-4 所示。

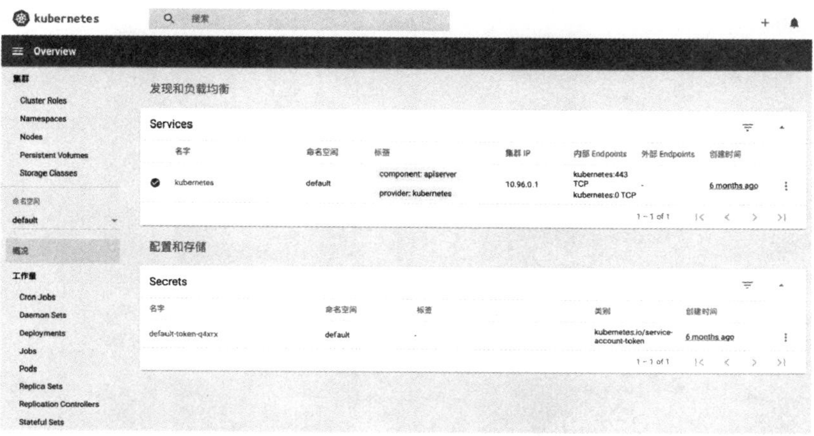

图 7-4　dashboard 启动完成

至此，成功地在 macOS 上安装并启动了 Minikube。

以上我们介绍了在 Windows 系统和 macOS 系统下的 Minikube 安装以及 Kubernetes 环境的创建；其实在实践中更重要的是 Kubernetes 集群的安装，我们下一节将重点讲述。

7.4 Kubernetes 集群安装

关于 Kubernetes 集群的安装，由于实际工作中服务器操作系统 CentOS 较多，所以本节的集群安装以 CentOS 7 为例。

1. 环境准备

在安装前，准备了三台主机，操作系统均为 CentOS 7，IP 信息为 192.168.7.3~5，规划为一个 Master 和两个 Node，其中 Master 节点配置 2 核心 4GB 以上，Node 节点配置 4 核心 16GB 以上。

2. 配置 Linux 国内源

首先安装 wget 工具，然后配置 Linux 国内源，示例代码如下：

```
$ yum -y install wget
$ wget -O /etc/yum.repos.d/CentOS-Base.repo http://mirrors.aliyun.com/
repo/ Centos-7.repo

$ wget -O /etc/yum.repos.d/epel.repo http://mirrors.aliyun.com/repo/
epel-7.repo

$ sed -i -e '/mirrors.cloud.aliyuncs.com/d' -e '/mirrors.aliyuncs.com/d'
/etc/yum.repos.d/CentOS-Base.repo
```

3. 配置 Kubernetes 国内源

接下来配置 Kubernetes 国内源，示例代码如下：

```
cat <<EOF > /etc/yum.repos.d/kubernetes.repo
[kubernetes]
name=Kubernetes
baseurl=https://mirrors.aliyun.com/kubernetes/yum/repos/kubernetes-el7
-x86_64/
enabled=1
gpgcheck=1
repo_gpgcheck=1
gpgkey=https://mirrors.aliyun.com/kubernetes/yum/doc/yum-key.gpg
https://mirrors.aliyun.com/kubernetes/yum/doc/rpm-package-key.gpg
EOF
```

4. 所有节点安装 Docker

在配置完 Kubernetes 国内源后，需要在所有节点上都安装 Docker，由于之前的章节中已经详细介绍过 Docker 的安装，所以这里直接贴出简短示例，示例代码如下：

```
$ yum install -y yum-utils
$ yum-config-manager --add-repo https://download.docker.com/linux/centos/docker-ce.repo
$ yum install docker-ce docker-ce-cli containerd.io
```

5．所有节点安装 kubeadm、kubelet

在所有节点都安装 Docker 后，再到所有节点上安装 kubeadm、kubelet。kubeadm 用来初始化集群，而 kubelet 是集群中每个机器上都需要运行的组件，主要用来启动 Pod 和容器。安装示例代码如下：

```
yum -y install kubeadm kubelet
```

6．修改操作系统默认设置

在安装前，我们并没有对服务器的主机名、防火墙、时间等进行设置，接下来修改操作系统的默认设置。

（1）为每台主机设置不同的主机名，示例代码如下：

```
$ hostnamectl set-hostname node-kubeadm-XXX
```

（2）配置每台主机的 hosts，在/etc/hosts 中添加如下内容：

```
192.168.7.3 node-kubeadm-3
192.168.7.4 node-kubeadm-4
192.168.7.5 node-kubeadm-5
```

（3）为每台主机设置时区及设置时间同步，示例代码如下：

```
$ timedatectl set-timezone Asia/Shanghai


$ yum install chrony -y
$ systemctl start chronyd && systemctl enable chronyd
```

（4）设置降低交换分区使用比例，主要是为了最大限度地使用物理内存，示例代码如下：

```
$ echo "vm.swappiness=0" >> /etc/sysctl.conf && sysctl -p
```

（5）关闭防火墙以及确认 iptables 的关闭状态，示例代码如下：

```
$ systemctl disable firewalld
$ systemctl stop firewalld

$ iptables -L -n
Chain INPUT (policy ACCEPT)
target     prot opt source               destination

Chain FORWARD (policy ACCEPT)
target     prot opt source               destination

Chain OUTPUT (policy ACCEPT)
```

```
target     prot opt source               destination
```

（6）关闭 SELinux，示例代码如下：

```
$ setenforce 0

$ sed -i 's/SELINUX=enforcing/SELINUX=disabled/g' /etc/selinux/config
```

7. 所有节点设置 Docker

前面只是安装了 Docker，但是还没有对 Docker 进行设置，接下来在所有节点上设置 Docker，示例代码如下：

```
$ cat > /etc/docker/daemon.json <<EOF
{
  "exec-opts": ["native.cgroupdriver=systemd"],
  "log-driver": "json-file",
  "log-opts": {
    "max-size": "100m"
  },
  "registry-mirrors":["http://registry.docker-cn.com"],
  "storage-driver": "overlay2",
  "storage-opts": [
    "overlay2.override_kernel_check=true"
  ]
}
EOF
$ mkdir -p /etc/systemd/system/docker.service.d

$ systemctl daemon-reload
$ systemctl restart docker
```

8. 所有节点修改网络配置

设置并重启完 Docker 后，需要在所有节点上修改网络配置，示例代码如下：

```
$ cat <<EOF >  /etc/sysctl.d/k8s.conf
net.bridge.bridge-nf-call-ip6tables = 1
net.bridge.bridge-nf-call-iptables = 1
EOF
$ sysctl -system
```

在配置完毕后，通过命令在所有节点上确认是否都加载了 br_netfilter 模块，示例代码如下：

```
$ lsmod|grep br_netfilter
br_netfilter          22209  0
```

```
bridge                  136173  1 br_netfilter
```

当然，如果没有加载 br_netfilter 模块，则需要手动加载模块，示例代码如下：

```
$ modprobe br_netfilter
```

所有节点上修改网络配置后，启动 docker 和 kubelet，示例代码如下：

```
$ systemctl enable docker && systemctl start docker
$ systemctl enable kubelet && systemctl start kubelet
```

9. 获取默认配置

启动 docker 和 kubelet 后，获取 kubeadm 的默认配置并下载所需的镜像，示例如下：

```
$ kubeadm config print init-defaults > init-config.yml
```

这里还需要修改 init-config.yml 文件，修改内容如下：

```
apiVersion: kubeadm.k8s.io/v1beta2
clusterName: kubernetes
imageRepository: registry.cn-hangzhou.aliyuncs.com/google_containers
kind: ClusterConfiguration
kubernetesVersion: v1.18
networking:
  podSubnet: 10.32.0.0/16
```

修改完毕后，下载所需的镜像，示例如下：

```
$ kubeadm config images pull --config=init-config.yml
```

10. 主节点执行初始化

执行完以上步骤后，就可以开始在主节点上执行初始化了，示例代码如下：

```
$  kubeadm init --config=init-config.yml
[init] Using Kubernetes version: v1.20.0
[preflight] Running pre-flight checks
[preflight] Pulling images required for setting up a Kubernetes cluster
[preflight] This might take a minute or two, depending on the speed of your
internet connection
[preflight] You can also perform this action in beforehand using 'kubeadm
config images pull'
[certs] Using certificateDir folder "/etc/kubernetes/pki"
[certs] Generating "ca" certificate and key
[certs] Generating "apiserver" certificate and key
[certs] apiserver serving cert is signed for DNS names [node-kubeadm-5
kubernetes kubernetes.default kubernetes.default.svc kubernetes.default.svc.
cluster.local] and IPs [10.96.0.1 192.168.7.5]
[certs] Generating "apiserver-kubelet-client" certificate and key
[certs] Generating "front-proxy-ca" certificate and key
[certs] Generating "front-proxy-client" certificate and key
```

```
[certs] Generating "etcd/ca" certificate and key
[certs] Generating "etcd/server" certificate and key
[certs] etcd/server serving cert is signed for DNS names [node-kubeadm-5 localhost] and IPs [192.168.7.5 127.0.0.1 ::1]
[certs] Generating "etcd/peer" certificate and key
[certs] etcd/peer serving cert is signed for DNS names [node-kubeadm-5 localhost] and IPs [192.168.7.5 127.0.0.1 ::1]
[certs] Generating "etcd/healthcheck-client" certificate and key
[certs] Generating "apiserver-etcd-client" certificate and key
[certs] Generating "sa" key and public key
[kubeconfig] Using kubeconfig folder "/etc/kubernetes"
[kubeconfig] Writing "admin.conf" kubeconfig file
[kubeconfig] Writing "kubelet.conf" kubeconfig file
[kubeconfig] Writing "controller-manager.conf" kubeconfig file
[kubeconfig] Writing "scheduler.conf" kubeconfig file
[kubelet-start] Writing kubelet environment file with flags to file "/var/lib/kubelet/kubeadm-flags.env"
[kubelet-start] Writing kubelet configuration to file "/var/lib/kubelet/config.yaml"
[kubelet-start] Starting the kubelet
[control-plane] Using manifest folder "/etc/kubernetes/manifests"
[control-plane] Creating static Pod manifest for "kube-apiserver"
[control-plane] Creating static Pod manifest for "kube-controller-manager"
[control-plane] Creating static Pod manifest for "kube-scheduler"
[etcd] Creating static Pod manifest for local etcd in "/etc/kubernetes/manifests"
[wait-control-plane] Waiting for the kubelet to boot up the control plane as static Pods from directory "/etc/kubernetes/manifests". This can take up to 4m0s
[apiclient] All control plane components are healthy after 26.007530 seconds
[upload-config] Storing the configuration used in ConfigMap "kubeadm-config" in the "kube-system" Namespace
[kubelet] Creating a ConfigMap "kubelet-config-1.20" in namespace kube-system with the configuration for the kubelets in the cluster
[upload-certs] Skipping phase. Please see --upload-certs
[mark-control-plane] Marking the node node-kubeadm-5 as control-plane by adding the labels "node-role.kubernetes.io/master=''" and "node-role.kubernetes.io/control-plane='' (deprecated)"
[mark-control-plane] Marking the node node-kubeadm-5 as control-plane by adding the taints [node-role.kubernetes.io/master:NoSchedule]
```

```
[bootstrap-token] Using token: abcdef.0123456789abcdef
[bootstrap-token] Configuring bootstrap tokens, cluster-info ConfigMap, RBAC Roles
[bootstrap-token] configured RBAC rules to allow Node Bootstrap tokens to get nodes
[bootstrap-token] configured RBAC rules to allow Node Bootstrap tokens to post CSRs in order for nodes to get long term certificate credentials
[bootstrap-token] configured RBAC rules to allow the csrapprover controller automatically approve CSRs from a Node Bootstrap Token
[bootstrap-token] configured RBAC rules to allow certificate rotation for all node client certificates in the cluster
[bootstrap-token] Creating the "cluster-info" ConfigMap in the "kube-public" namespace
[kubelet-finalize] Updating "/etc/kubernetes/kubelet.conf" to point to a rotatable kubelet client certificate and key
[addons] Applied essential addon: CoreDNS
[addons] Applied essential addon: kube-proxy

Your Kubernetes control-plane has initialized successfully!

To start using your cluster, you need to run the following as a regular user:
  mkdir -p $HOME/.kube
  sudo cp -i /etc/kubernetes/admin.conf $HOME/.kube/config
  sudo chown $(id -u):$(id -g) $HOME/.kube/config

Alternatively, if you are the root user, you can run:

  export KUBECONFIG=/etc/kubernetes/admin.conf

You should now deploy a pod network to the cluster.
Run "kubectl apply -f [podnetwork].yaml" with one of the options listed at:
  https://kubernetes.io/docs/concepts/cluster-administration/addons/

Then you can join any number of worker nodes by running the following on each as root:

kubeadm join 192.168.7.5:6443 --token abcdef.0123456789abcdef \
    --discovery-token-ca-cert-hash
sha256:e6529b43a82153e4208aaff4cfde059e0ceea9f500e9932184c88b978bec3fbb
```

11. 初始化工作节点并加入集群

主节点初始化完毕后，接下来初始化 kubernets 工作节点并将其加入集群，示例代码如下：

```
$ kubeadm join 192.168.7.5:6443 --token abcdef.0123456789abcdef \
--discovery-token-ca-cert-hash
sha256:e6529b43a82153e4208aaff4cfde059e0ceea9f500e9932184c88b978bec3fbb
```

在加入了工作节点后，在主节点上检查节点加入情况，示例代码如下：

```
$ kubectl get nodes
NAME             STATUS   ROLES                  AGE   VERSION
node-kubeadm-3   Ready    control-plane,master   13h   v1.20.0
node-kubeadm-4   Ready    <none>                 13h   v1.20.0
node-kubeadm-5   Ready    <none>                 13h   v1.20.0
```

12. 使用 Calico 配置 Kubernetes 网络

本示例中将使用 Calico 配置 Kubernetes 网络，示例代码如下：

```
$ curl https://docs.projectcalico.org/v3.8/manifests/calico.yaml -O
$ sed -i -e "s?192.168.0.0/16?10.32.0.0/16?g" calico.yaml

$ kubectl apply -f calico.yaml
```

注意：此处修改 calico.yaml 是为了设置子网与 init-config.yml 保持一致。

13. 验证所有节点

到这一步时，就可以验证所有的节点是否都正常运行，示例代码如下：

```
$ kubectl get pods --all-namespaces
NAMESPACE     NAME                                       READY   STATUS
RESTARTS   AGE
kube-system   calico-kube-controllers-bcc6f659f-dngds       1/1
 Running   3        101m
kube-system   calico-node-ff69t                             0/1     Running
0          101m
kube-system   calico-node-kzkz4                             1/1     Running
0          101m
kube-system   calico-node-s96md                             1/1     Running
0          101m
kube-system   coredns-54d67798b7-gjvbv                      1/1     Running
0          13h
kube-system   coredns-54d67798b7-mq22j                      1/1     Running
0          13h
kube-system   etcd-node-kubeadm-3                           1/1     Running
0          13h
kube-system   kube-apiserver-node-kubeadm-3             1/1     Running   0
    13h
kube-system   kube-controller-manager-node-kubeadm-3   1/1     Running
0          13h
```

```
kube-system   kube-flannel-ds-24dqd                        1/1     Running
0          11h
kube-system   kube-flannel-ds-nnvdl                        1/1     Running
0          11h
kube-system   kube-flannel-ds-zwwdt                        1/1     Running
0          11h
kube-system   kube-proxy-6kgn5                             1/1     Running
0          9h
kube-system   kube-proxy-9shp9                             1/1     Running
0          9h
kube-system   kube-proxy-gfj8n                             1/1     Running
0          9h
kube-system   kube-scheduler-node-kubeadm-3                1/1     Running
0          13h
kube-system   kubernetes-dashboard-7b4bdcb8b8-zs2s6        1/1
 Running   0          96m
```

14. 下载页面管理配置文件

验证完毕后，下载页面管理配置文件，示例代码如下：

```
$ wget https://raw.githubusercontent.com/kubernetes/dashboard/v1.10.1/
src/deploy/recommended/kubernetes-dashboard.yaml
```

下载完毕后修改 kubernetes-dashboard.yaml 中的下载地址，示例如下：

```
kind: Deployment
apiVersion: apps/v1
spec:
  template:
    spec:
      containers:
      - name: kubernetes-dashboard
        image:     registry.cn-hangzhou.aliyuncs.com/google_containers/k
ubernetes-dashboard-amd64:v1.10.1
```

之后，修改 kubernetes-dashboard 的服务类型，将服务类型 ClusterIP 改成 NodePort 并保存，示例如下：

```
$ kubectl -n kube-system edit service kubernetes-dashboard
```

最后，获取 kubernetes-dashboard 的映射端口并找出 kubernetes-dashboard 对应节点，示例代码如下：

```
$ kubectl -n kube-system get service kubernetes-dashboard
NAME                   TYPE       CLUSTER-IP      EXTERNAL-IP   PORT(S)
    AGE
kubernetes-dashboard   NodePort   10.100.185.36   <none>        443:31469/TCP
101m
```

```
$ kubectl get pod -n kube-system|grep kubernetes-dashboard
kubernetes-dashboard-7b4bdcb8b8-zs2s6    1/1    Running   0      105m
$ kubectl describe pod kubernetes-dashboard-7b4bdcb8b8-zs2s6  -nkube- system
Name:         kubernetes-dashboard-7b4bdcb8b8-zs2s6
Namespace:     kube-system
Priority:     0
Node:         node-kubeadm-5/192.168.7.5
Start Time:    Tue, 15 Dec 2020 09:20:09 +0800
Labels:        k8s-app=kubernetes-dashboard
              pod-template-hash=7b4bdcb8b8
Annotations:  cni.projectcalico.org/podIP: 10.32.48.1/32
Status:        Running
```

从以上信息得知管理页面主机为 192.168.7.5，访问端口为 31469，然后我们在 192.168.7.5 主机上对外开放 31469 端口，示例代码如下：

```
$ /sbin/iptables -I INPUT -p tcp --dport 31469 -j ACCEPT
$ iptables-save
```

15. 创建管理用户

在 kubernetes-dashboard 配置完毕后，就可以进行管理用户的创建。

首先创建一个 dashboard- adminuser.yaml 文件，文件内容如下：

```
apiVersion: v1
kind: ServiceAccount
metadata:
  name: admin-user
  namespace: kube-system
---
apiVersion: rbac.authorization.k8s.io/v1
kind: ClusterRoleBinding
metadata:
  name: admin-user
roleRef:
  apiGroup: rbac.authorization.k8s.io
  kind: ClusterRole
  name: cluster-admin
subjects:
- kind: ServiceAccount
  name: admin-user
  namespace: kube-system
```

接下来是应用资源文件，示例代码如下：

```
$ kubectl apply -f dashboard-adminuser.yaml
```

16. 获取管理用户 token

最后我们获取管理用户 token 用于管理页面访问，示例代码如下：

```
$ kubectl -n kube-system describe secret $(kubectl -n kube-system get secret
| grep admin-user | awk '{print $1}')
Name:         admin-user-token-k696h
Namespace:    kube-system
Labels:       <none>
Annotations:  kubernetes.io/service-account.name: admin-user
              kubernetes.io/service-account.uid:
f5093d16-b338-4b4d-b0c6-368c074dd8b0

Type:  kubernetes.io/service-account-token

Data
====
ca.crt:     1066 bytes
namespace:  11 bytes
token:          eyJhbGciOiJSUzI1NiIsImtpZCI6IkFNQ1JhaWd1aFpVVUM1dG1hRW1OY
nFSTkI0bjVZTDVUQmFKdXY2QklWbkEifQ.eyJpc3MiOiJrdWJlcm5ldGVzL3NlcnZpY2VhY2Nvd
W50Iiwia3ViZXJuZXRlcy5pby9zZXJ2aWNlYWNjb3VudC9uYW1lc3BhY2UiOiJrdWJlLXN5c3Rl
bSIsImt1YmVybmV0ZXMuaW8vc2VydmljZWFjY291bnQvc2VjcmV0Lm5hbWUiOiJhZG1pbi11c2V
yLXRva2VuLWs2OTZoIiwia3ViZXJuZXRlcy5pby9zZXJ2aWNlYWNjb3VudC9zZXJ2aWNlLWFjY2
91bnQubmFtZSI6ImFkbWluLXVzZXIiLCJrdWJlcm5ldGVzLmlvL3NlcnZpY2VhY2NvdW50L3Nlc
nZpY2UtYWNjb3VudC51aWQiOiJmNTA5M2QxNi1iMzM4LTRiNGQtYjBjNi0zNjhjMDc0ZGQ4YjAi
LCJzdWIiOiJzeXN0ZW06c2VydmljZWFjY291bnQ6a3ViZS1zeXN0ZW06YWRtaW4tdXNlciJ9.E1
rSSYcAF9E9d8JPhPONfBcWeMvekZYN3MFIA-98fMHI4IMa7LLgl1pdf7CRjXmsfN80g2EFj9IMj
WvRKwSfUIRRWL13mhtvtngQreZooKkKU76xixSoUkyYMprH3BDvoxZ-RKBp72p0ATjhOj4Lqhhb
_IWvrzB9N7V6C4k7mrT6-jb4dC-S5G683igG863vQmJdNaE9enRhDqjX3E2R2AZxTQI_BarFLp0
11-34RB7QSHmGOFwsGz5Nmo5jJhKPmK47FWy4LVeF5DxN8uOvS7COFxB798AysJpxOqK8a6n2J5
vJGEbBfF0fdRcDGyGBJ3sBh7C1RHhLIYym9A7mIQ
```

成功获取完管理用户 token 后，访问管理界面，登录页面如图 7-5 所示。

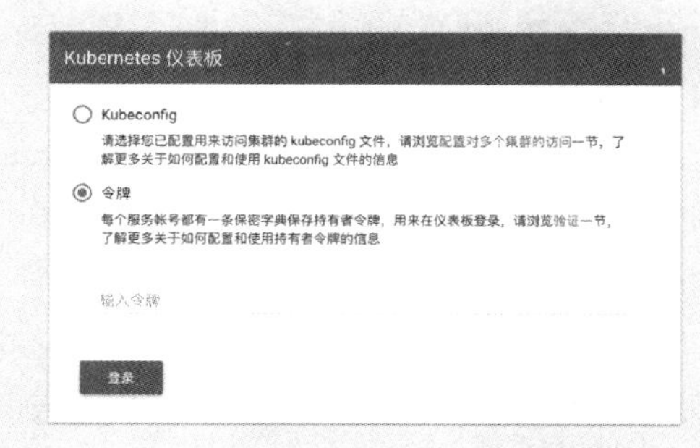

图 7-5 管理界面登录

使用获取的管理用户 token 进行登录访问，如图 7-6 所示。

图 7-6　管理界面

至此，Kubernetes 集群安装完毕，可以直接使用了。

本节介绍了 Kubernetes 集群的安装，相对来说比较烦琐；在实际安装过程中，由于各主机情况有所差异，可能会出现本例中未发生的情况，需要根据实际情况具体问题具体解决。在下一节中将介绍 Kubernetes 的常用命令，了解 Kubernetes 的常用命令可以更有效地管理 Kubernetes 集群。

7.5 Kubernetes 常用命令

Kubernetes 主要使用 Kubectl 命令行工具管理 Kubernetes 集群；关于 Kubectl 的配置，可以在$HOME/.kube 目录下找到 config 文件，当然也可以通过设置 KUBECONFIG 环境变量或者设置--kubeconfig 参数来指定其他的 kubeconfig 文件。配置文件可以配置要访问的 kubernetes 集群、当前使用的上下文环境、访问的用户信息与证书信息等。

kubectl 的语法如下：

```
kubectl [command] [TYPE] [NAME] [flags]
```

参数解释如下：

- command 是指定对一个或多个资源进行的操作，比如 create、get、delete；
- TYPE 是指定资源的类型；
- NAME 是指定资源的名称；
- flags 是指定可选的参数，比如使用“-o”参数表示格式化输出。

表 7-14 所示为 Kubernetes 的常用命令表，笔者还在表中增加了示例，可以帮助读者更扎实地掌握这些命令的使用。

表 7-14　Kubernetes 常用命令与示例

描　　述	命 令 示 例
查看集群信息	kubectl cluster-info
查看表空间名	kubectl get namespaces
查看版本	kubectl version
查看 API VERSION	kubectl api-versions
查看节点信息	kubectl get nodes
删除节点	kubectl delete node <nodeName>
列出当前所有的 pod	kubectl get pods
按 selector 名来查找 pod	kubectl get pod --selector name=test-nginx
查看 pods 所在的运行节点，-o wide 即输出额外信息	kubectl get pods -o wide
查看 pods 定义的详细信息，-o yaml 即以 yaml 格式显示结果	kubectl get pods -o yaml
查看 ReplicationController	kubectl get rc
查看 ReplicaSet	kubectl get rs
查看 Deployment	kubectl get deployment
查看 StatefulSet	kubectl get statefulset
查看 DaemonSet	kubectl get daemonset / kubectl get ds
查看 service	kubectl get service / kubectl get svc
查看 Ingress	kubectl get ingress
查看 PersistentVolume	kubectl get persistentvolume / kubectl get pv
查看 PersistentVolumeClaim	kubectl get persistentvolumeclaim / kubectl get pvc
查看 StorageClass	kubectl get storageclass / kubectl get sc
查看 Job	kubectl get job
查看 CronJob	kubectl get cronjob
查看 ConfigMap	kubectl get configmap / kubectl get cm
查看 Secret	kubectl get secret
创建资源	kubectl create -f　<文件>
创建当前目录下的所有 yaml 资源	kubectl create -f .
滚动更新镜像	kubectl set image deployment/nginx-deployment nginx= nginx: 1.9.0 / kubectlapply-fnginx-deployment.yaml/kubectleditdeployment/nginx-deployment
实时观察发布状态	kubectl rollout status deployment/nginx-deployment
查看 deployment 历史修订版本，--revision 即指定版本信息	kubectl rollout history deployment/nginx-deployment / kubectl rollout history deployment/nginx-deployment --revision=3
回滚到以前版本	kubectl rollout undo deployment/nginx-deployment / kubectl rollout undo deployment/nginx-deployment --to-revision=3
扩容 deployment 的 Pod 副本数量	kubectlscaledeploymentnginx-deployment–replica s=10

续表

描　　述	命 令 示 例
设置自动伸缩，--min=5 --max=10 --cpu-percent=70 即指定 Pod 数量维持在 5～10，CPU 使用率维持在 70%	kubectl autoscale deployment nginx-deployment --min=5 --max=10 --cpu-percent=70
创建 configmap	kubectlcreateconfigmapapp-config--from-file=application.properties
查看容器日志	kubectl logs <podName>
进入容器操作	kubectl exec -it <containerName> /bin/bash
删除 pod 和 service，delete pod,service baz foo 即删除名字为 baz 或 foo 的 pod 和 service	kubectl delete pod,service baz foo
删除一个配置文件对应的资源对象	kubectl delete -f xxx.yaml
删除所有的 pod	kubectl delete pods --all

7.6　本章小结

本章主要介绍了什么是 Kubernetes、Kubernetes 的核心组件、Kubernetes 的核心概念以及 Kubernetes 的安装与常用命令。本章的意义在于全面了解 Kubernetes 的相关知识点，同时为后面部署应用到 Kubernetes 实践做好理论铺垫，知道在实践过程中要用到哪些核心组件、核心概念以及操作命令等，这也是为构建云原生应用夯实基础。接下来将会基于 Kubernetes 以及微服务与 Docker 来构建云原生应用。

第 8 章　基于 Kubernetes、Docker 和微服务构建云原生应用

在本书中一直在说云原生应用，但是截至目前我们一直没有进行构建云原生应用的实践，反而是花了很多篇幅介绍单体应用、微服务、Docker 和 Kubernetes，因为这些都是云原生的必备知识，这样安排是为了帮助读者在构建云原生应用之前打好相关的理论及实践基础，因为没有这些，云原生应用的构建就无从谈起。

本章将结合之前所介绍的微服务、Docker 以及 Kubernetes 来构建云原生应用；在进行云原生应用的构建前，还需了解如何部署数据库到 Kubernetes 中，以及如何部署 Spring Boot 应用到 Kubernetes 中，这样一方面可以加强对 Kubernetes 的理解，另外一方面可以降低构建云原生应用时相关知识点的消化难度。接下来我们将按照顺序分别部署数据库和 Spring Boot 应用到 Kubernetes 中，最后进行云原生应用的构建实践。

8.1　部署 MySQL 到 Kubernetes 实践

在日常工作中，如果大家使用开源数据库较多，相信对 MySQL、SQLite、PostgreSQL、MongoDB 等数据库不会陌生，各开源数据库各有优劣，这里不再赘述。本节中我们在进行 Kubernetes 部署数据库实践时，会使用 MySQL 数据库，因为它具有体积小、速度快、性能好、广泛社区支持等优点，是目前使用较多的主流开源数据库。

对于 SQLite、PostgreSQL、MongoDB 等其他开源数据库的部署操作，相信大家在学习了如何将 MySQL 数据库部署到 Kubernetes 后，自然就会触类旁通，因为这些都是类似的操作。

8.1.1　创建 ConfigMap 以保存数据库名称

在部署 MySQL 数据库到 Kubernetes 时，通常的做法是创建 MySQL 的资源文件，然后使用 Kubectl 命令行工具创建对应资源，即可将 MySQL 数据库部署到 Kubernetes 中。

在本示例中我们并不会这样做，因为在实际的工作中最好先将相关配置与镜像内容进行解耦，这样可以确保容器化应用程序的可移植性；而要达到相关配置与镜像内容解耦的目的，可以使用上一章介绍过的 ConfigMap，这也是为了加深对 ConfigMap 用法的

理解。

接下来，在将部署 MySQL 到 Kubernetes 之前，我们先创建 ConfigMap 用于保存 MySQL 的数据库名称。

创建 ConfigMap 有多种方式，比如，有通过文件创建、通过目录创建以及键值对创建等。由于此处只保存 MySQL 的数据库名称，所以我们在这里采用直接创建键值对的方式。创建示例代码如下:

```
kubectl create configmap mysql-config \
 --from-literal=mysql_database=test_database
```

在创建完 ConfigMap 后，需要查看创建的 ConfigMap 的详细信息确认一下，示例代码如下:

```
[root@node-kubeadm-249 ~]# kubectl describe configmap mysql-config
Name:         mysql-config
Namespace:    default
Labels:       <none>
Annotations:  <none>

Data
====
mysql database:
----
test database
Events:  <none>
[root@node-kubeadm-249 ~]#
```

从上面的示例中可以看到创建的 ConfigMap 详细信息，主要看一下 data 中配置数据的键值对，可以确认就是此前创建 ConfigMap 时设置的值，这说明我们创建的 ConfigMap 没有问题。

8.1.2 创建 Secret 以保存敏感信息

通过前面的学习，大家已经知道，ConfigMap 并不提供加密功能，如果要保存敏感信息，应该使用 Secret。 接下来我们创建 Secret 用于保存 MySQL 的 ROOT 用户密码。

为了便捷，我们同样采用直接创建键值对的方式，创建示例代码如下:

```
kubectl create secret generic mysql-secret \
--from-literal=mysql_root_password=password
```

在创建完 Secret 后，同样需要查看创建的 Secret 详细信息确认一下，示例代码如下:

```
[root@node-kubeadm-249 ~]# kubectl describe secret mysql-secret
Name:         mysql-secret
Namespace:    default
Labels:       <none>
```

```
Annotations:  <none>

Type:  Opaque

Data
====
mysql root password:  8 bytes
[root@node-kubeadm-249 ~]#
[root@node-kubeadm-249 ~]# kubectl get secret mysql-secret -o yaml
apiVersion: v1
data:
  mysql root password: cGFzc3dvcmQ=
kind: Secret
metadata:
  creationTimestamp: "2018-01-02T11:26:13Z"
  managedFields:
  - apiVersion: v1
    fieldsType: FieldsV1
    fieldsV1:
      f:data:
        .: {}
        f:mysql root password: {}
      f:type: {}
    manager: kubectl
    operation: Update
    time: "2018-01-02T11:26:13Z"
  name: mysql-secret
  namespace: default
  resourceVersion: "167230"
  selfLink: /api/v1/namespaces/default/secrets/mysql-secret
  uid: 09973f41-9302-461a-8f60-31ffb89096fd
type: Opaque
[root@node-kubeadm-249 ~]#
```

从上面的示例代码中可以看到，由于 Secret 用于保存敏感信息，因此用通过查看 ConfigMap 详细信息的方式是无法看到 Secret 中设置的值的，需要通过以 yaml 格式显示的 Secret 完整信息才可以看到，同样主要是看 data 中配置数据的键值对。需要注意的是，该键值对的值是经过 base64 加密后的值，解密后可以确认就是此前创建 Secret 时设置的值，这说明我们创建的 Secret 没有问题。

8.1.3　使用 MySQL 资源文件创建资源对象

在上一小节我们创建了 ConfigMap 和 Secret，用于保存 MySQL 的数据库名称和 ROOT

用户密码；接下来将创建 MySQL 的资源文件，以便于后面我们使用该资源文件来创建资源对象，而在创建 MySQL 的资源文件时就会使用到我们刚刚创建的 ConfigMap 与 Secret。

在创建 MySQL 的资源文件时，会创建一个 Deployment 和 Service，创建示例代码如下:

```
apiVersion: v1
kind: Service
metadata:
  name: mysql
spec:
  ports:
  - port: 3306
  selector:
    app: mysql
  type: NodePort
--- <1>
apiVersion: apps/v1
kind: Deployment
metadata:
  name: mysql
spec:
  selector:
    matchLabels:
      app: mysql
  strategy:
    type: Recreate
  template:
    metadata:
      labels:
        app: mysql
    spec:
      containers:
      - image: mysql:5.6
        name: mysql
        imagePullPolicy: IfNotPresent
        env: <2>
        - name: MYSQL DATABASE <3>
          #value: test database
          valueFrom: <4>
            configMapKeyRef: <4>
              name: mysql-config <4>
              key: mysql database <4>
        - name: MYSQL ROOT PASSWORD
          valueFrom: <5>
            secretKeyRef: <5>
```

```
          name: mysql-secret <5>
          key: mysql root password <5>
    ports:
    - containerPort: 3306
      name: mysql
    volumeMounts:
    - name: mysql-storage
      mountPath: /var/lib/mysql
  volumes: <6>
  - name: mysql-storage <6>
    emptyDir: {} <6>
```

关于以上的示例代码，我们同样只解释之前没有出现过的代码行，如表 8-1 所示。

表 8-1　示例代码行说明

代 码 行	说　　明
<1>	表示分隔符
<2>	表示设置容器运行的环境变量列表
<3>	表示环境变量名称
<4>	表示调用我们之前创建的 ConfigMap 来设置数据库名称
<5>	表示调用我们之前创建的 Secret 来设置数据库用户密码
<6>	表示定义存储卷名称和类型，其中类型为 emptyDir

注意：emptyDir 的生命周期与所属的 Pod 相同，当 Pod 删除时，对应的 emptyDir 中的数据也会被删除；因此 emptyDir 主要用于无须永久保存的临时目录、多个容器的共享目录等。

在创建完资源文件后，接下来使用 Kubectl 命令行工具创建资源，命令如下:

```
kubectl create -f mysql.yml
```

资源创建完毕后，接下来，我们分两步来查看创建的 Deployment 和 Service 的详细信息。

（1）查看创建的 Deployment 的详细信息，示例代码如下:

```
[root@node-kubeadm-249 ~]# kubectl describe deployment mysql
Name:                  mysql
Namespace:             default
CreationTimestamp:     Tue, 02 Jan 2018 20:30:51 +0800
Labels:                <none>
Annotations:           deployment.kubernetes.io/revision: 1
Selector:              app=mysql
Replicas:              1 desired | 1 updated | 1 total | 1 available | 0
unavailable
StrategyType:          Recreate
MinReadySeconds:       0
Pod Template:
```

```
    Labels:  app=mysql
    Containers:
     mysql:
      Image:      mysql:5.6
      Port:       3306/TCP
      Host Port:  0/TCP
      Environment:
        MYSQL DATABASE:      <set to the key 'mysql database' of config map
'mysql-config'>  Optional: false
        MYSQL ROOT PASSWORD:  <set to the key 'mysql root password' in secret
'mysql-secret'>  Optional: false
      Mounts:
        /var/lib/mysql from mysql-storage (rw)
    Volumes:
     mysql-storage:
      Type:       EmptyDir (a temporary directory that shares a pod's lifetime)
      Medium:
      SizeLimit:  <unset>
  Conditions:
    Type           Status  Reason
    ----           ------  ------
    Available      True    MinimumReplicasAvailable
    Progressing    True    NewReplicaSetAvailable
  OldReplicaSets:  <none>
  NewReplicaSet:   mysql-6849ff98c9 (1/1 replicas created)
  Events:
    Type    Reason             Age   From                   Message
    ----    ------             ----  ----                   -------
    Normal  ScalingReplicaSet  23m   deployment-controller  Scaled up
replica set mysql-6849ff98c9 to 1
  [root@node-kubeadm-249 ~]#
```

从上面的示例中可以看到创建的 Deployment 的详细信息，主要看 Pod 中的容器相关信息，然后可以确认就是此前创建 MySQL 资源文件时设置的值，这说明我们创建的 Deployment 没有问题。

（2）查看创建的 Service 的详细信息，示例代码如下:

```
  [root@node-kubeadm-249 ~]# kubectl describe service mysql
  Name:                      mysql
  Namespace:                 default
  Labels:                    <none>
  Annotations:               <none>
  Selector:                  app=mysql
  Type:                      NodePort
  IP:                        10.101.117.112
  Port:                      <unset>  3306/TCP
```

```
TargetPort:               3306/TCP
NodePort:                 <unset>  31596/TCP
Endpoints:                172.17.0.8:3306
Session Affinity:          None
External Traffic Policy:  Cluster
Events:                   <none>
[root@node-kubeadm-249 ~]#
```

从上面的示例代码中可以看到创建的 Service 的详细信息，与上一页中查看创建的 Deployment 的详细信息类似，确认一下设置的值，以确定我们创建的 Service 没有问题。

当然，在具体的实践工作中，我们不需要查看详细信息，通过如下方式查看简要信息即可达到目的，以查看 Service 的简要信息为例，示例代码如下:

```
[root@node-kubeadm-249 ~]# kubectl get svc mysql
NAME    TYPE       CLUSTER-IP       EXTERNAL-IP   PORT(S)          AGE
mysql   NodePort   10.101.117.112   <none>        3306:31596/TCP   50m
[root@node-kubeadm-249 ~]#
```

在上面的代码中的简要信息中，虽然不能完整地看到我们创建 MySQL 资源文件时设置的值，但是可以看到 Service 的名称、类型、IP、端口及运行时间等信息，其实很多时候这些信息对我们来说就足够了；当然了，在不能确定我们的资源的情况下，还是需要通过查看资源的详细信息以便于详细地了解资源的具体情况。

最后，我们使用设置的数据库用户密码登录数据库来进行数据库验证，示例代码如下：

```
kubectl exec -it <mysql-pod-name> -- /bin/sh
[root@node-kubeadm-249 ~]# kubectl exec -it mysql-6849ff98c9-nqvvt --
/bin/sh
#
# mysql -u root -p
Enter password:
Welcome to the MySQL monitor.  Commands end with ; or \g.
Your MySQL connection id is 2
Server version: 5.6.51 MySQL Community Server (GPL)

Copyright (c) 2000, 2021, Oracle and/or its affiliates. All rights reserved.

Oracle is a registered trademark of Oracle Corporation and/or its
affiliates. Other names may be trademarks of their respective
owners.

Type 'help;' or '\h' for help. Type '\c' to clear the current input statement.

mysql>
mysql>
mysql> show databases;
+--------------------+
```

```
| Database           |
+--------------------+
| information_schema |
| mysql              |
| performance_schema |
| test_database      |
+--------------------+
4 rows in set (0.00 sec)

mysql>
```

从以上的示例代码中可以看到，使用此前设置的数据库用户密码可以成功登录数据库，并且可以看到此前设置的数据库名称。

至此，我们已经成功地将 MySQL 数据库部署到了 Kubernetes 中，准备工作已经完成；接下来正式开始讲解如何将应用程序部署到 Kubernetes 中的实践。

8.2 部署 Spring Boot 应用到 Kubernetes 实践

我们只是部署数据库到 Kubernetes 并不能满足需求，对于开发人员来说，可能更关注怎样部署应用程序到 Kubernetes。由于前面介绍的应用程序都是基于 Spring Boot 构建的，所以部署应用程序到 Kubernetes 还是以 Spring Boot 应用为例。

对于部署 Spring Boot 应用到 Kubernetes，首先还是解决配置文件的问题，将配置与应用进行解耦，然后再解决应用访问配置的问题，最后通过插件化繁为简地将应用进行部署。

8.2.1 使用 ConfigMap 保存配置文件

在服务器上部署 Spring Boot 应用时，一般情况下都会将配置文件放到外置目录中或者放到统一配置中心，这样当修改配置时只需修改配置文件，然后重启应用即可，而不需要重新部署应用。

回想一下之前介绍 Kubernetes 的核心概念时关于配置的概念，以及在上一小节部署 MySQL 到 Kubernetes 实践中使用过的配置，其实配置文件还是使用 ConfigMap 来保存为好，因为 ConfigMap 可以实现相关配置与应用解耦。在之前的示例中是直接在命令行中指定键值对的参数来创建 ConfigMap 保存配置数据的，而当部署应用到 Kubernetes 中时，配置数据一般很多，并且一般都是以配置文件的形式存在。这时应该如何通过 ConfigMap 来保存配置文件呢？

关于如何通过 ConfigMap 来保存我们的配置文件，我们直接展示一个示例就会明白。

注：为了更好地理解，用之前介绍单体应用时使用的示例工程进行演示。

首先看下之前单体应用中配置文件 application.yml 的内容，代码如下：

```
spring:
  jpa:
    #启用 SQL 语句的日志记录
    show-sql: true
  datasource:
    #数据库连接设置
    url: jdbc:h2:mem:dbtest;database_to_upper=false
    username: sa
    password: sa
    driverClassName: org.h2.Driver
    #表明使用的数据库平台是 h2
    platform: h2
    #进行该配置后，每次启动程序，程序都会运行 resources/db/schema.sql 文件，对数据库的结构进行操作
    #schema: classpath:db/schema.sql
    #进行该配置后，每次启动程序，程序都会运行 resources/db/data.sql 文件，对数据库的数据操作
    #data: classpath:db/data.sql
  h2:
    console:
      enabled: true
      #进行该配置，你就可以通过 URL/h2 访问 h2 web consloe
      path: /h2
      #配置为 true，h2 web consloe 就可以在远程访问了，否则只能在本机访问
      settings:
        web-allow-others: false

server:
  port: 8087

management:
  server:
    address: 127.0.0.1
    #actuator 暴露接口使用的端口，为了和 api 接口使用的端口进行分离
    port: 9087
    servlet:
      #actuator 暴露接口的前缀
      context-path: /manage
  endpoint:
```

```
    shutdown:
      #actuator 的 shutdown 接口开启
      enabled: true
  endpoints:
    web:
      exposure:
        #默认只公开了/health 和/info 端点，要想暴露所有端点只需设置成星号即可
        include: "*"
      #默认值为: /actuator  若不配置则变为/manage/actuator/shutdown 配置/ 维持原有/manage/shutdown
      base-path: /
```

从上面配置文件 application.yml 的内容可以看到，在配置文件中有很多行配置，正如前所述，配置数据一般很多，并且都是以配置文件的形式存在。这时不能采用直接创建键值对的方式来创建 ConfigMap，否则就太烦琐，应该通过指定文件来创建 ConfigMap，具体的创建示例如下：

```
[root@node-kubeadm-249 k8s-test]# kubectl create configmap monolith-demo-config --from-file=application.yml
configmap/monolith-demo-config created
[root@node-kubeadm-249 k8s-test]#
```

通过指定文件创建完 ConfigMap 后，查看一下 ConfigMap 的完整信息，示例代码如下：

```
[root@node-kubeadm-249 k8s-test]# kubectl get cm monolith-demo-config -o json
{
    "apiVersion": "v1",
    "data": {
        "application.yml": "spring…"
    },
    "kind": "ConfigMap",
    "metadata": {
        "creationTimestamp": "2020-06-04T02:23:20Z",
        "name": "monolith-demo-config",
        "namespace": "default",
        "resourceVersion": "49179059",
        "selfLink": "/api/v1/namespaces/default/configmaps/monolith-demo-config",
        "uid": "00f4a983-8ecd-4c4b-90c0-b45c0476ba7f"
    }
}
[root@node-kubeadm-249 k8s-test]#
```

从上面的示例中可以看到，data 中的配置数据就是配置文件中的配置数据，metadata 中的名称就是创建 configmap 时设置的名称，这说明我们创建的 configmap 没有问题。

需要注意的是，部署 MySQL 到 Kubernetes 中时，ConfigMap 的完整信息中 data 显示的是我们设置的键值对信息，而本示例中会显示 application.yml 中的全部内容。由于 application.yml 内容较多，加上前面已经展示了 application.yml 的内容，所以在本示例中的 data 就省略了 application.yml 的内容，实际查看时 application.yml 内容将全部显示。

创建好 ConfigMap 后，配置文件的问题就解决了。接下来再解决应用访问配置的问题，也就是 Spring Boot 应用如何访问 ConfigMap 保存的配置文件，这个问题留给下一节来回答吧。

8.2.2 使用 Spring Cloud Kubernetes 访问配置数据

在具体的工作实践中，Spring Boot 应用访问 ConfigMap 保存的配置文件主要通过开源项目 Spring Cloud Kubernetes 来实现。

Spring Cloud Kubernetes 是 Spring Cloud 官方推出的一个开源项目，主要用于将 Spring Cloud 和 Spring Boot 应用运行在 Kubernetes 环境中，并且 Spring Cloud Kubernetes 提供了通用的接口来调用 Kubernetes 服务。关于 Spring Cloud Kubernetes 的相关信息可以参考：https://github.com/spring-cloud/spring-cloud-kubernetes。

使用 Spring Cloud Kubernetes 来访问配置数据，可以理解为 Spring Cloud Kubernetes 通过 Kubernetes API 对 ConfigMap 的配置数据进行访问。

那么应该如何使用 Spring Cloud Kubernetes 来访问配置数据呢？

1．添加 Maven 依赖

首先还是先添加 Spring Cloud Kubernetes 的 maven 依赖，添加示例代码如下：

```
<dependency>
  <groupId>org.springframework.cloud</groupId>
  <artifactId>spring-cloud-starter-kubernetes-config</artifactId>
</dependency>
```

2．创建 bootstrap.yml

添加完 maven 依赖后，即可开始创建 bootstrap.yml，bootstrap.yml 的内容如下：

```
spring:
  application:
    name: @project.name@ <1>
  cloud:
    kubernetes:
      config:
        name: monolith-demo-config <2>
```

我们解释上述代码中的重要代码行：

<1>：我们配置的应用名称为我们的项目名称，project.name 会被 maven-resources-plugin 解析；

<2>：kubernetes.config.name 即为刚才创建的 ConfigMap 的名称。

之所以要创建 bootstrap.yml 文件，主要是为了部署应用到 Kubernetes 时，应用程序会去获取 Kubernetes 中对应名称的 ConfigMap 配置数据。

至此，Spring Cloud Kubernetes 的配置已经完毕，不过只有把应用部署到 Kubernetes 后，才能做到使用 Spring Cloud Kubernetes 访问定义的配置数据，接下来将介绍如何部署应用到 Kubernetes。

8.2.3 使用 Fabric8-Maven-Plugin 将应用部署到 Kubernetes

我们知道 Kubernetes 是一个容器编排解决方案，将应用部署到 Kubernetes 需要经过以下 3 个步骤：

首先，需要容器化应用程序，创建好对应的应用程序镜像；

其次，需要准备相应的部署资源，比如 Deployment、Service 等；

最后，才能部署到 Kubernetes。

单从文字描述上来看步骤不多，但是如果手动一步步地执行，这些步骤其实比较烦琐；在实际工作中，我们可以通过工具 Fabric8-Maven-Plugin 来化繁为简。

Fabric8-Maven-Plugin 是为 Docker、Kubernetes 和 OpenShift 构建和部署 Java 应用程序打造的一站式服务，通过 Fabric8-Maven-Plugin 可以把 Java 应用程序带入 Kubernetes 和 OpenShift，Fabric8-Maven-Plugin 与 Maven 紧密集成，该插件的主要功能为构建 Docker 镜像、创建 OpenShift 和 Kubernetes 资源以及在 Kubernetes 和 OpenShift 上部署应用程序。

关于 Fabric8-Maven-Plugin 的相关信息，可以参考 https://github.com/fabric8io/fabric8-ma ven-plugin。

知识链接：

OpenShift 是一个基于 Kubernetes 和 Docker 构建的开源的容器云平台，OpenShift 在 Kubernetes 的基础上增加了如运维、测试等需要的各种服务和工具，可以实现 DevOps，满足持续集成、交付与部署的需求。在日常工作中使用 Kubernetes 可以满足绝大部分需求，如果存在类似于安全策略方面有更严格的需求、需要 Red Hat 的商业支持等情况，使用 OpenShift 是个不错的选择。

在我们了解了 Fabric8-Maven-Plugin 的具体功能后，接下来正式进入 Fabric8-Maven-Plugin 应用实践。

1. 添加 Maven 依赖

在使用 Fabric8-Maven-Plugin 前，要添加 Fabric8-Maven-Plugin 的 maven 依赖，添加

示例代码如下：

```
<plugin>
  <groupId>io.fabric8</groupId>
  <artifactId>fabric8-maven-plugin</artifactId>
  <version>4.4.1</version>
</plugin>
```

2. 创建资源文件

我们创建的资源文件会放在项目工程的 src/main/fabric8 目录下，Fabric8-Maven-Plugin 会到此目录下获取创建的资源文件并根据资源文件自动生成其他信息。

资源文件示例代码如下：

```
apiVersion: apps/v1
kind: Deployment
metadata:
  name: ${project.artifactId} <1>
  namespace: default
spec:
  template:
    spec:
      containers:
        - name: ${project.artifactId} <1>
          image:   testtdockertest/${project.artifactId}:${project.version}
<1>
          volumeMounts:
            - mountPath: /logs
              name: test-volume
      volumes:
      - name: test-volume
        hostPath:
          path: /opt/test-data/${project.artifactId} <1>
          type: DirectoryOrCreate <2>
```

我们了解一下上面代码中的重要代码行：

<1>：在后面构建时 project.artifactId、project.version 会根据 pom.xml 的配置自动赋值；

<2>：DirectoryOrCreate 表示宿主机上若不存在对应的目录就会创建该目录。

3. 构建、发布镜像

在创建完资源文件后，接下来使用 Jib 开始构建和发布镜像，示例代码如下：

```
xxx-2:k8s-monolith-demo xxx$ mvn clean compile jib:build
[INFO] Scanning for projects...
```

```
[INFO]
[INFO] ------------------------------------------------------------------
----------
[INFO] Building k8s-monolith-demo 0.0.1-SNAPSHOT
[INFO] -------------------------------------------------------------------
---------
[INFO]
[INFO] --- maven-clean-plugin:3.1.0:clean (default-clean) @ k8s-mono
lith-demo ---
[INFO]
[INFO] --- maven-resources-plugin:3.1.0:resources (default-resources) @
k8s-monolith-demo ---
[INFO] Using 'UTF-8' encoding to copy filtered resources.
[INFO] Copying 4 resources
[INFO]
[INFO] --- fabric8-maven-plugin:4.4.1:resource (fmp) @ k8s-monolith-demo
---
[INFO] F8: Running generator spring-boot
[INFO] F8: spring-boot: Using Container image fabric8/java-centos-openjd
k8-jdk:1.5 as base / builder
[INFO] F8: usingresourcetemplates from /Users/xxx/worktools/cloud-native/
projects/k8s-monolith-demo/src/main/fabric8
[INFO] F8: fmp-service: Adding a default service 'k8s-monolith-demo' with
ports [8080]
[INFO] F8: f8-healthcheck-spring-boot: Adding readiness probe on port 8080,
path='/actuator/health', scheme='HTTP', with initial delay 10 seconds
[INFO] F8: f8-healthcheck-spring-boot: Adding liveness probe on port 8080,
path='/actuator/health', scheme='HTTP', with initial delay 180 seconds
[INFO] F8: fmp-revision-history: Adding revision history limit to 2
[INFO] F8: validating /Users/xxx/worktools/cloud-native/projects/k8s-m
onolith-demo/target/classes/META-INF/fabric8/kubernetes/k8s-monolith-demo-
deployment.yml resource
[INFO] F8: validating /Users/xxx/worktools/cloud-native/projects/k8s-mo
nolith-demo/target/classes/META-INF/fabric8/kubernetes/k8s-monolith-demo-i
ngress.yml resource
[INFO] F8: validating /Users/xxx/worktools/cloud-native/projects/k8s-
monolith-demo/target/classes/META-INF/fabric8/kubernetes/k8s-monolith-demo
-service.yml resource
[INFO] F8: using resource templates from /Users/xxx/worktools/cloud-n
ative/projects/k8s-monolith-demo/src/main/fabric8
[INFO] F8: fmp-service: Adding a default service 'k8s-monolith-demo' with
ports [8080]
```

```
[INFO] F8: f8-healthcheck-spring-boot: Adding readiness probe on port 8080,
path='/actuator/health', scheme='HTTP', with initial delay 10 seconds
[INFO] F8: f8-healthcheck-spring-boot: Adding liveness probe on port 8080,
path='/actuator/health', scheme='HTTP', with initial delay 180 seconds
[INFO] F8: fmp-revision-history: Adding revision history limit to 2
[INFO] F8: validating /Users/xxx/worktools/cloud-native/projects/k8s-
monolith-demo/target/classes/META-INF/fabric8/openshift/k8s-monolith-demo-
deploymentconfig.yml resource
[INFO] F8: validating /Users/xxx/worktools/cloud-native/projects/k8s-mon
olith-demo/target/classes/META-INF/fabric8/openshift/k8s-monolith-demo-rou
te.yml resource
[INFO] F8: validating /Users/xxx/worktools/cloud-native/projects/k8s-m
onolith-demo/target/classes/META-INF/fabric8/openshift/k8s-monolith-demo-s
ervice.yml resource
[INFO]
[INFO] --- maven-compiler-plugin:3.8.1:compile(default-compile)@k8s-mon
olith-demo ---
[INFO] Changes detected - recompiling the module!
[INFO] Compiling 50 source files to /Users/xxx/worktools/cloud-native/
projects/k8s-monolith-demo/target/classes
[INFO]
[INFO] --- jib-maven-plugin:2.1.0:build (default-cli) @ k8s-monolith-demo
---
[INFO]
[INFO] Containerizing application to testtdockertest/k8s-monolith-dem
o:0.0.1-SNAPSHOT...
[WARNING] Base image 'openjdk:8-jre-alpine' does not use a specific image
digest - build may not be reproducible
[INFO] Using credentials from <to><auth> for testtdockertest/k8s-monolith
-demo:0.0.1-SNAPSHOT
[INFO] The base image requires auth. Trying again for openjdk:8-jre-alpine...
[INFO] Using base image with digest: sha256:b2ad93b079b1495488cc0137
5de799c402d45086015a120c105ea00e1be0fd52
[INFO]
[INFO] Container entrypoint set to [java, -cp, /app/resources:/app/cla
sses:/app/libs/*,
com.xxx.cloudnative.monolith.example.MonolithDemoApplication]
[INFO]
[INFO] Built and pushed image as testtdockertest/k8s-monolith-demo:0.0.1-
SNAPSHOT
[INFO] Executing tasks:
[INFO] [===========================    ] 88.9% complete
[INFO] > launching layer pushers
```

```
[INFO]
[INFO] ------------------------------------------------------------------------
[INFO] BUILD SUCCESS
[INFO] ------------------------------------------------------------------------
[INFO] Total time: 54.093 s
[INFO] Finished at: 2020-06-04T16:27:19+08:00
[INFO] Final Memory: 71M/237M
[INFO] ------------------------------------------------------------------------
xxx-2:k8s-monolith-demo xxx$
```

4. 部署

在部署之前我们先介绍一下 fabric8-maven-plugin 的 goals。

fabric8-maven-plugin 提供了很多目标；比如，Build Goals 用于创建和管理 Kubernetes 构建，Development Goals 用于将资源部署到开发集群。

fabric8-maven-plugin 中常见的 Build Goals 如表 8-2 所示。

表 8-2　fabric8-maven-plugin 常见的 Build Goals

名　　称	说　　明
fabric8:build	主要用于构建 Docker 镜像
fabric8:resource	主要用于创建 Kubernetes 资源文件
fabric8:push	主要用于将 Docker 镜像推送到镜像仓库
fabric8:apply	主要用于将资源文件应用于正在运行的集群

fabric8-maven-plugin 中常见的 Development Goals，如表 8-3 所示。

表 8-3　fabric8-maven-plugin 常见的 Development Goals

名　　称	说　　明
fabric8:run	主要用于运行一个完整的开发工作流周期，比如从 fabric8:resource 到 fabric8:build 再到 fabric8:apply
fabric8:deploy	主要用于创建资源文件并构建应用程序，之后再将其部署到集群，fabric8:deploy 与 fabric8:run 类似，不过 deploy 是在后台运行
fabric8:undeploy	主要用于取消部署并且从集群中删除资源
fabric8:watch	主要用于监视重新启动（restarts）和重建（rebuilds）

从表 8-3 中可以发现，我们构建、发布镜像也可以使用 fabric8-maven-plugin。

接下来开始直接部署，部署示例代码如下：

```
xxx-2:k8s-monolith-demo xxx$ mvn fabric8:apply
[INFO] Scanning for projects...
[INFO]
[INFO] ----------------------------------------------------------------
```

```
---------
    [INFO] Building k8s-monolith-demo 0.0.1-SNAPSHOT
    [INFO] ------------------------------------------------------------------
--------
    [INFO]
    [INFO] --- fabric8-maven-plugin:4.4.1:apply (default-cli) @ k8s-monolith-
demo ---
    [INFO] F8: Using Kubernetes at https://192.168.6.249:6443/ in namespace
default with manifest /Users/xxx/worktools/cloud-native/projects/k8s-mo
nolith-demo/target/classes/META-INF/fabric8/kubernetes.yml
    [INFO] F8: Using namespace: default
    [INFO] F8: Using namespace: default
    [INFO] F8: Updating a Service from kubernetes.yml
    [INFO] F8: Updated Service: target/fabric8/applyJson/default/service-
k8s-monolith-demo.json
    [INFO] F8: Using namespace: default
    [INFO] F8: Creating a Deployment from kubernetes.yml namespace default name
k8s-monolith-demo
    [INFO] F8: Created Deployment: target/fabric8/applyJson/default/deploymen
t-k8s-monolith-demo.json
    [INFO] F8: Using namespace: default
    [WARNING] The client is using resource type 'ingresses' with unstable
version 'v1beta1'
    [INFO] F8: Updating Ingress from kubernetes.yml
    [INFO] F8: Updated Ingress: target/fabric8/applyJson/default/ingress-k8s
-monolith-demo.json
    [INFO] F8: HINT: Use the command `kubectl get pods -w` to watch your pods
start up
    [INFO] ------------------------------------------------------------------
--------
    [INFO] BUILD SUCCESS
    [INFO]
------------------------------------------------------------------------
    [INFO] Total time: 13.826 s
    [INFO] Finished at: 2020-06-04T16:28:18+08:00
    [INFO] Final Memory: 40M/140M
    [INFO]
------------------------------------------------------------------------
    xxx-2:k8s-monolith-demo xxx$
```

部署完成后，可以通过 Web 界面查看部署，同时也可以通过 Web 界面查看容器日志，图 8-1 便是部署完成后的容器日志。

至此，部署已经完成，接下来要做的就是访问应用程序。

图 8-1　容器日志

8.2.4　访问应用程序

访问部署的应用程序可以通过命令查看应用对应的 Service 或者 Ingress，这样就可以知道如何在集群内/外部访问应用程序。

查看应用对应的 Service 示例代码如下：

```
[root@node-kubeadm-249 k8s-test]# kubectl get svc k8s-monolith-demo
NAME              TYPE         CLUSTER-IP     EXTERNAL-IP  PORT(S)        AGE
k8s-monolith-demo  LoadBalancer 10.108.133.83 <pending> 8080:30502/TC 51m
[root@node-kubeadm-249 k8s-test]#
```

通过如上示例代码可以看到 Service 类型为 LoadBalancer，Service 的类型如表 8-4 所示。

表 8-4　Service 的类型与说明

类　型	说　明
ClusterIP	ClusterIP 是默认的服务类型，该服务类型可以提供一个集群内部的虚拟 IP，以便于访问服务
NodePort	NodePort 通过每个节点上的 IP 和端口来暴露服务，可以通过请求节点 IP+节点端口来访问服务
LoadBalancer	LoadBalancer 是使用云厂商提供的负载均衡器向外暴露服务，可以通过提供的负载均衡器来访问服务
ExternalName	ExternalName 是通过返回 CNAME 与对应值，可以将服务映射到 externalName 字段的内容，比如 example.com

如果要修改应用程序对应的 Service 类型，那么只需在使用 fabric8-maven-plugin 时修改 pom.xml 文件中的配置即可完成，示例代码如下：

```
</configuration>
<enricher>
    <config>
```

```
        <fmp-service>
            <name>${project.name}</name>
            <type>LoadBalancer</type>
            <!--<type>NodePort</type>-->
        </fmp-service>
    </config>
  </enricher>
</configuration>
```

上面示例代码是将如何配置服务类型单独拿出来展示，以便更好地查看如何修改 Service 类型，fabric8-maven-plugin 在 pom.xml 文件中的完整配置可以参考如下示例代码：

```
<plugin>
    <groupId>io.fabric8</groupId>
    <artifactId>fabric8-maven-plugin</artifactId>
    <version>4.4.1</version>
    <configuration>
        <access>
            <!--
            <username>admin</username>
            <password>admin</password>
            -->
            <masterUrl>https://192.168.xxx.xxx:6443</masterUrl>
            <caCertData>...</caCertData>
            <token>...</token>
        </access>
        <enricher>
            <config>
                <fmp-service>
                    <name>${project.name}</name>
                    <type>LoadBalancer</type>
                    <!--<type>NodePort</type>-->
                </fmp-service>
            </config>
        </enricher>
    </configuration>
    <executions>
        <execution>
            <id>fmp</id>
            <goals>
```

```
                <goal>resource</goal>
                <goal>build</goal>
                <goal>helm</goal>
            </goals>
        </execution>
    </executions>
</plugin>
```

注意：token 等信息做了省略处理，在动手实践时可以根据部署集群的实际情况填入对应的值。

至此，我们使用 Kubernetes 部署了数据库以及单个应用程序。

在日常的工作中，并非一定要将数据库部署到 Kubernetes 中，但是我们要清楚应该如何部署。

好了，所有准备工作和技能测试都已经就绪，接下来，将介绍基于 K8s、Docker、微服务如何构建云原生应用。

8.3 构建云原生应用实践

对于云原生应用的构建，最重要的三个点就是微服务架构、应用的容器化以及容器的编排调度，这也是为什么将基于 K8s、Docker、微服务来构建云原生应用的原因。对于云原生应用的构建实践，我们不会从头开始，毕竟在最开始构建单体应用时就已经虚构了一个微商城的项目应用。在接下来的实践中，还是以之前构建好的微服务微商城应用为例，一方面进行构建云原生应用的实践，另一方面是在为大家展示单体应用是如何一步步地变化为云原生应用的。

在实践前，还需要说明的是，之前的微商城单体应用已经完全改造成微服务，并且还在微服务架构中实现了一些常见的设计模式，接下来我们以这些设计模式为切入点进行云原生应用的构建。

8.3.1 服务注册与发现

Kubernetes 提供了服务发现的功能，可以替换之前的 Eureka；说到这里，不知道大家有没有想到 Kubernetes 中的 Service，可以通过 Service 实现应用的服务发现和负载均衡，接下来通过 3 个步骤直接进行实践。

1. 去除 Eureka Client 依赖

首先，之前使用到 Eureka Client 依赖的工程都可以去除不必要的依赖，由于我们准备采用 Kubernetes 的 Service，所以这里直接将之前的 Eureka Client 依赖去除，要删除的 pom.xml 文件中的内容如下：

```
<dependency>
   <groupId>org.springframework.cloud</groupId>
   <artifactId>spring-cloud-starter-netflix-eureka-client</artifactId>
</dependency>
```

删除了 pom.xml 文件中的内容后，还要将之前配置文件中 eureka 的相关配置也删除，因为配置文件中的 eureka 的相关配置已经没有任何作用，删除 eureka 的相关配置示例代码如下：

```
eureka:
  instance:
    hostname: localhost
  client:
    registerWithEureka: false
    fetchRegistry: false
    service-url:
      defaultZone:
http://${eureka.instance.hostname}:${server.port}/eureka/
```

2．添加 Spring Cloud Kubernetes 依赖

将 Eureka Client 依赖去除后，应用程序还是使用 Spring Cloud Kubernetes，以便于应用程序与 Kubernetes 的集成，所以在 pom.xml 文件中添加 Spring Cloud Kubernetes 的依赖，示例代码如下：

```
<dependency>
   <groupId>org.springframework.cloud</groupId>
   <artifactId>spring-cloud-starter-kubernetes</artifactId>
</dependency>
```

3．定义应用 Kubernetes 服务名

为了简化部署应用到 Kubernetes，我们采用 Fabric8-Maven-Plugin，同时在添加 Fabric8-Maven-Plugin 配置时将服务名配置为项目名称，示例代码如下：

```
<plugin>
   <groupId>io.fabric8</groupId>
   <artifactId>fabric8-maven-plugin</artifactId>
   <version>4.4.1</version>
   <configuration>
      <access>
         <masterUrl>https://127.0.0.1:6443</masterUrl>
         <caCertData>...</caCertData>
         <token>...</token>
      </access>
      <enricher>
```

```
            <config>
                <fmp-service>
                    <name>${project.name}</name>
                    <type>NodePort</type>
                </fmp-service>
            </config>
        </enricher>
    </configuration>
    <executions>
        <execution>
            <id>fmp</id>
            <goals>
                <goal>resource</goal>
                <goal>build</goal>
                <goal>helm</goal>
            </goals>
        </execution>
    </executions>
</plugin>
```

注意：定义 fmp-service 的 name 值即将服务名配置成为项目名称。

同时为了保证应用名称与服务名称一致，需要将 bootstrap.yml 文件中 spring.application.name 也配置为项目名称，示例代码如下：

```
spring:
  application:
    name: @project.name@
```

至此，服务注册与发现改造完毕，接下来介绍负载均衡。

8.3.2 负载均衡

关于负载均衡，其实都不用再做了，因为 Kubernetes 中的 Service 已经提供了服务端负载均衡功能。

在 Kubernetes 中 Pod 的生命周期一般不长，并且状态不稳定，当 Pod 发生异常后，新生成的 Pod 对应的 IP 都会发生变化，之前访问 Pod 的方式也就失效了。

而 Kubernetes 中 Service 本来就是一个虚拟概念，逻辑上代理后端 Pod，通过 Service 对 Pod 进行代理，Service 具有固定的 IP 和端口，通过 IP 和端口可以自动关联到后端的 Pod，当新生成的 Pod 对应的 IP 发生变化时，Kubernetes 内部会更新关联关系，这样可以让 Service 能够匹配到新生成的 Pod。

所以通过 Service 提供的固定 IP 及端口访问服务时，不需要关心我们要访问的是哪个 Pod 以及对应的 Pod 有没有发生变化；如果使用控制器创建了多个 Pod 副本，那么 Service 就能够代理多个 Pod，并且通过 kube-proxy 实现负载均衡。

8.3.3　统一配置中心

关于统一配置中心，在前面的示例中已经使用过 ConfigMap 对象来存储应用程序的配置文件信息，Secret 对象来存储密钥，同时可以把这些属性注入容器中，容器可以把这些属性作为环境变量来使用，所以可以使用 ConfigMap 和 Secret 直接替换之前的 Config-server。

在替换 Config-server 前，需要对之前使用到 Config-server 的工程进行改造，如何改造呢？通过以下的 4 个步骤来实现。

1. 去除 Spring Cloud Config 依赖

首先，去除不必要的依赖，由于准备采用 Kubernetes 的 ConfigMap，所以这里直接将之前的 Spring Cloud Config 依赖去除，pom.xml 中要删除的内容如下：

```
<dependency>
    <groupId>org.springframework.cloud</groupId>
    <artifactId>spring-cloud-starter-config</artifactId>
</dependency>
```

删除了 pom.xml 中的相关内容后，还要将之前配置文件中 Config 的相关配置也删除，因为这些配置已经没有了任何作用，删除 Config 相关配置的示例代码如下：

```
spring:
  cloud:
    config:
      uri: http://localhost:8888
```

2. 添加 Spring Cloud Kubernetes 依赖

为了便于应用程序与 Kubernetes 的集成，应用程序还是使用 Spring Cloud Kubernetes，所以在 pom.xml 文件中添加 Spring Cloud Kubernetes 的依赖，示例如下：

```
<dependency>
    <groupId>org.springframework.cloud</groupId>
    <artifactId>spring-cloud-starter-kubernetes-config</artifactId>
</dependency>
```

需要注意的是，此前引入的依赖是 spring-cloud-starter-kubernetes，现在引入的依赖是 spring-cloud-starter-kubernetes-config，如果在同一工程中需要同时引入这两个依赖，可以使用 spring-cloud-starter-kubernetes-all 来代替，因为 spring-cloud-starter- kubernetes-all 包含了这两个依赖。

spring-cloud-starter-kubernetes-all 依赖示例代码如下：：

```
<dependency>
    <groupId>org.springframework.cloud</groupId>
    <artifactId>spring-cloud-starter-kubernetes-all</artifactId>
</dependency>
```

添加完 Spring Cloud Kubernetes 依赖，需要对 Spring Cloud Kubernetes 进行配置，配置示例代码如下：

```
spring:
  cloud:
    kubernetes:
      discovery:
        all-namespaces: true <1>
      reload:
        enabled: true <2>
```

我们了解一下上述代码中的重点代码行：

<1>：表示在所有命名空间启用服务发现；

<2>：表示启用 reload 刷新配置，reload 默认是关闭的，需要主动开启。

关于 reload，可以通过 reload.mode 设置 reload 的模式，有以下两种模式可选。

（1）polling 模式

polling 模式会启动一个定时任务，定时去拉取配置，拉取配置的时间由 spring. cloud. kubernetes.reload.period 参数决定，该参数默认为 15 秒。

（2）event 模式

event 模式会监听 Kubernetes 的事件，当 ConfigMap 或 Secret 发生变化时会触发配置更新事件。

除了选择 reload 的模式外，还可以通过 reload.strategy 配置更新策略，更新策略及说明如表 8-5 所示。

表 8-5　更新策略

策略名称	说　明
refresh	refresh 为默认策略，使用该策略时当我们的配置 bean 使用了@ConfigurationProperties 或者@RefreshScope 注解才会被重新加载
restart_context	该策略会重启应用使得新配置生效，不过需要通过 management.endpoint.restart.enabled: true 与 management.endpoints.web.exposure.include: restart 开启并公开重启执行端点
shutdown	该策略会关闭应用以激活容器的重启，使用该策略时需要将所有的非守护进程线程的生命周期都绑定到 ApplicationContext，并且控制器需要配置为 Pod 重启

3. 创建 ConfigMap

在 Spring Cloud Kubernetes 依赖添加完成并配置完毕后，接下来开始创建 ConfigMap，如何创建呢？

将之前在统一配置中心中的业务应用的配置文件提取出来创建，比如，将之前在统一配置中心中的 customer-service.yml 提取出来，创建示例代码如下：

```
kubectl create configmap k8s-customer-service --from-file=application.
properties=k8s-customer-service.yml
```

4. ServiceAccount 访问权限

虽然已经创建好了 ConfigMap，但是还需要考虑应用服务权限问题；如果应用服务权限不足，应用服务就会因为权限问题导致无法读取 ConfigMap，这样就读取不到相关配置，为了避免这种情况的出现，还需要授权 ServiceAccount 访问，授权访问示例代码如下：

```
kubectl create clusterrolebinding configmap-access --clusterrole view
--serviceaccount=default:default
```

注意：本例中使用默认的 ServiceAccount，在日常工作中可根据实际情况进行调整。

接下来我们配置 Spring Cloud Kubernetes 以用于获取 ConfigMap 信息。可以通过如下方式获取：

```
spring:
  application:
    name: test-app
  cloud:
    kubernetes:
      config:
        name: default-name
        namespace: default-namespace
        sources:
         - name: c1 <1>
         - namespace: n2 <2>
         - namespace: n3 <3>
           name: c3 <3>
```

在以上示例中，主要展示了三种不同的配置方式以供应用程序在使用 Spring Cloud Kubernetes 时获取指定的 ConfigMap，在实际的工作中不一定会同时用到这几种配置方式，应该根据具体的情况来选择合适的配置方式，以及设置相应的值来获取指定的 ConfigMap。

接下来，分析这三种不同的配置方式，也就是上面代码的重点代码行：

<1>：在命名空间 default-namespace 中查找名为 c1 的 ConfigMap，如果没有配置 spring.cloud.kubernetes.config.namespace，则会在应用程序运行的命名空间中查找名为 c1 的 ConfigMap；

<2>：在命名空间 n2 中查找名为 default-name 的 ConfigMap；

<3>：在命名空间 n3 中查找名为 c3 的 ConfigMap。

需要注意的是，如果未进行这些配置，默认会根据 spring.applic ation.name 来查找。

8.3.4 健康检查

关于健康检查，回想一下之前是使用 Spring Boot Actuator 来帮助我们监控和管理 Spring Boot 应用，而在 Kubernetes 中可以使用 ReadinessProbe 和 LivenessProbe。

（1）ReadinessProbe

ReadinessProbe，即就绪探针，主要用来确定容器是否已经就绪并可以接受流量。一般使用就绪探针定期地探测 Pod 的就绪状态。如果探测成功会认定对应的 Pod 处于就绪状态，处于就绪状态的 Pod 可以作为 Service 的后端；如果探测失败会认定对应的 Pod 处于非就绪状态，处于非就绪状态的 Pod 将会从 Service 的负载均衡中移除。

（2）LivenessProbe

LivenessProbe，即存活探针，主要用来确定容器中的应用是否正常运行。一般使用存活探针定期地探测容器中的应用的运行情况，如果探测成功会认为容器中的应用是正常运行的。如果探测失败会认为容器中的应用不是正常运行的。当认为不是正常运行的情况下会根据 Pod 的重启策略来重启容器。

关于就绪探针与存活探针，之前在部署 Spring Boot 应用到 Kubernetes 时就已经使用过了，大家可以查看之前我们使用 Fabric8-Maven-Plugin 的 Spring Boot 应用的工程，在该工程中 Fabric8-Maven-Plugin 为我们生成的 Kubernetes 资源里可以看到就绪探针与存活探针，生成的内容如下：

```
apiVersion: apps/v1
kind: Deployment
...
spec:
  ...
  template:
    ...
    spec:
      containers:
      - env:
        ...
        livenessProbe:
          failureThreshold: 3 <1>
          httpGet: <2>
            path: /actuator/health <2>
            port: 8080 <2>
            scheme: HTTP <2>
          initialDelaySeconds: 180 <3>
```

```
    successThreshold: 1 <4>
  ...
  readinessProbe:
    failureThreshold: 3 <1>
    httpGet: <2>
      path: /actuator/health <2>
      port: 8080 <2>
      scheme: HTTP <2>
    initialDelaySeconds: 10 <3>
    successThreshold: 1 <4>
  ...
```

从以上示例中，可以看到用来确定容器是否已经就绪，并可以接受流量的就绪探针 ReadinessProbe，以及用来确定容器中的应用是否正常运行的存活探针 LivenessProbe。

注意：为了直观地看到就绪探针与存活探针，此示例代码中笔者刻意省略了部分 Fabric8-Maven-Plugin 为我们生成的 Kubernetes 资源内容。

下面解释就绪探针与存活探针后面的配置项，也就是上述代码中的重点代码行：

- <1>表示如果之前探测成功，后续连续几次探测失败，则判断失败，默认一般为 3 次，最小值为 1；
- <2>表示定义 HTTP 探测，HTTP Get 请求的路径、端口及协议；
- <3>表示第 1 次探测前等待的时间秒数；
- <4>表示如果之前探测失败，后续连续几次探测成功，则判断成功，默认一般为 1 次，最小值为 1。

8.3.5　API 网关

关于 API 网关，大家应该想到 Kubernetes 核心概念中说过的 Ingress，Ingress 是为进入集群的请求提供路由规则的集合，Ingress 可以为服务提供集群外部访问的 URL、负载均衡、SSL 终止、HTTP 路由等，因此，它应当代替之前的 gateway，接下来分两步进行实践。

1．删除 gateway 工程

因为我们计划使用 Kubernetes 的 Ingress 来代替之前的 gateway，所以现在可以直接将之前的 gateway 工程给删除。截至目前，回看一下我们已经替换了 Eureka、Config Server 以及现在提到的 gateway；因此除了可以将 gateway 工程删除之外，Eureka、Config Server 工程也可以删除。

2．创建 Ingress

创建替代 API 网关的 Ingress 之前，我们需要先定义 Ingress 资源，内容如下：

```
apiVersion: extensions/v1beta1
kind: Ingress
metadata:
  name: k8s-api-gateway
  namespace: default
  annotations:
    description: "ingress-test"
spec:
#  tls:
#  - hosts:
#      - test.com
#    secretName: tls-secret
  rules:
  - host: test.com
    http:
      paths:
      - path: /user
        backend:
          serviceName: k8s-user-service
          servicePort: 8080
      - path: /remote
        backend:
          serviceName: k8s-remote-user-service
          servicePort: 8080
```

定义好 Ingress 资源后，接下来进行 Ingress 的创建，示例代码如下：

```
[root@node-kubeadm-249 k8s-test]# kubectl create -f k8s-api-gateway-ingress.yml
ingress.extensions/k8s-api-gateway created
[root@node-kubeadm-249 k8s-test]#
```

8.3.6 服务追踪

服务追踪的首选项还是使用 Zipkin，因为 Zipkin 本来就有官方的 Docker 镜像，所以只需将之前单独部署的 Zipkin 迁移至 Kubernetes 即可，接下来我们直接进行实践。

首先创建资源，示例代码如下：

```
kubectl create deployment zipkin --image=openzipkin/zipkin
```

创建完资源后，接下来暴露服务，示例代码如下：

```
kubectl expose deployment zipkin --type=LoadBalancer --port 9411
```

执行完以上两步后，Zipkin 迁移至 Kubernetes 已经完成，不过在应用程序配置文件中还需要修改对应的 zipkin 配置，配置文件修改内容如下：

```
spring:
```

```
zipkin:
  base-url: http://zipkin/
sleuth:
  sampler:
    probability: 1
```

8.3.7 日志聚合

关于日志聚合，之前在单体应用改造成微服务并实现设计模式时使用 ELK（Elasticsearch、Logstash、Kibana），现在使用 EFK（Elasticsearch、Fluentd、Kibana），我们使用 Fluentd 代替之前的 Logstash。为什么要这样做呢？

Fluentd 是一个开源的数据收集器，专为处理数据流设计，使用 JSON 作为数据格式。Fluentd 采用了插件式的架构，具有高可扩展性和高可用性，同时还实现了高可靠的信息转发，Fluentd 相比于 Logstash 性能更好一些。

对于日志聚合的实践，需要先安装和配置 Helm，然后再安装 EFK。

1. Helm 安装

Helm 是 Kubernetes 的软件包管理工具，可以更容易地将应用程序和服务打包并配置和部署到 Kubernetes 集群上。

使用 Helm 可以完成以下几个方面的事情：

- 管理 Kubernetes 清单文件；
- 以 Helm Charts 的形式共享应用程序；
- 管理 Helm 包的发行版；
- 查找并使用指定的软件，将其打包为 Helm Charts，以便在 Kubernetes 中运行；
- 为 Kubernetes 应用程序创建可复制的构建。

刚刚我们说到了 Chart，Chart 是 Helm 管理的 kubernetes 资源包，是描述相关的一组 Kubernetes 资源的文件集合，单个 Chart 可用于部署简单的东西，如 redis Pod。也可用于部署一些复杂的东西，如完整的具有 HTTP 服务、缓存、数据库等的 Web 应用程序。

下面来看一下 Chart 的目录结构，代码如下：

```
wordpress/
  Chart.yaml <1>
  README.md
  values.yaml <2>
  requirements.yaml <3>
  charts/ <4>
  templates/ <5>
  LICENSE
```

我们解释一下上面的几行重点代码：

<1>：主要用于描述 Chart 的基本信息；

<2>：主要用于 Chart 的默认配置；

<3>：主要用于说明当前 Chart 的依赖；

<4>：主要用于存放当前 Chart 的依赖；

<5>：主要是部署文件的模板目录。

接下来我们进行 Helm 的安装，示例代码如下：

```
wget https://get.helm.sh/helm-v2.16.6-linux-amd64.tar.gz
tar -zxvf helm-v2.16.6-linux-amd64.tar.gz
cp linux-amd64/helm /usr/local/bin/
```

在安装完成后，需要初始化 Helm 及配置 Chart 库，示例如下：

```
helm init --upgrade -i registry.cn-hangzhou.aliyuncs.com/google_containers/tiller:v2.16.6 --stable-repo-url https://kubernetes.oss-cn-hangzhou.aliyun cs. com/charts
helm repo add incubator https://kubernetes-charts-incubator.storage. googleapis.com/
helm repo add stable-hub https://kubernetes-charts.storage.googleapis.com
helm repo add elastic https://helm.elastic.co
helm repo update
```

为了避免在使用过程中出现权限问题，接下来创建对应的账号及绑定角色，同时使用 kubectl patch 更新 API 对象及查看验证是否授权成功，示例代码如下：

```
kubectl create serviceaccount --namespace kube-system tiller
kubectl create clusterrolebinding tiller-cluster-rule --clusterrole=cluster-admin --serviceaccount=kube-system:tiller

kubectl patch deploy --namespace kube-system tiller-deploy -p '{"spec":{"template":{"spec":{"serviceAccount":"tiller"}}}}'

kubectl get deploy -n kube-system tiller-deploy -o yaml | grep serviceAccount
```

2. EFK 安装

通过 Helm 进行 EFK 安装还是比较方便的，示例代码如下：

```
helm install  incubator/fluentd-elasticsearch --namespace=logs --set elasticsearch.host="els1-elasticsearch-client.logs.svc.cluster.local"

helm install --name flu1 --namespace=logs -f values.yaml incubator/fluentd-elasticsearch
```

```
helm fetch stable-hub/kibana --version 0.16.3
helm install --name kib1 --namespace=logs -f values.yaml stable-hub/kibana
--version  0.16.3
```

安装 EFK 完毕后，查看对应的 Pod 及 Service，示例代码如下：

```
[root@node-kubeadm-249 k8s-test]# kubectl get pods -n logs
NAME                                          READY   STATUS    RESTARTS   AGE
els1-elasticsearch-client-7545b5c748-tlvt7   1/1   unning    5         1d
els1-elasticsearch-client-7545b5c748-zvhb4  1/1   Running   4         1d
els1-elasticsearch-data-0                     1/1     Running   1         1d
els1-elasticsearch-data-1                     1/1     Running   1         1d
els1-elasticsearch-master-0                   1/1     Running   1         1d
els1-elasticsearch-master-1                   1/1     Running   1         1d
els1-elasticsearch-master-2                   1/1     Running   0         1d
flu1-fluentd-elasticsearch-5272r              1/1     Running   1         1d
flu1-fluentd-elasticsearch-59jpp              1/1     Running   1         1d
flu1-fluentd-elasticsearch-lrw89              1/1     Running   1         1d
flu1-fluentd-elasticsearch-r6gnf              1/1     Running   1         1d
flu1-fluentd-elasticsearch-trlwh              1/1     Running   1         1d
kib1-kibana-58d5745cf-fnr4v                   1/1     Running   1         1d
[root@node-kubeadm-249 k8s-test]# kubectl get svc -n logs
NAME                  YPE        CLUSTER-IP    EXTERNAL-IP  PORT(S)        AGE
els1-elasticsearch-client  ClusterIP  10.101.21.74  <none>  9200/TCP  1d
els1-elasticsearch-discovery   ClusterIP  None     <none>   9300/TCP  1d
kib1-kibana         NodePort   10.99.212.228   <none>   443:31875/TCP   1d
[root@node-kubeadm-249 k8s-test]#
```

从以上示例代码中，可以看到 elasticsearch、fluentd、kibana 对应的 Pod 都已是启动状态，同时还可以看到 elasticsearch、kibana 对应的 Service 类型、IP 地址、端口等信息。至此，可以确认 EFK 已经安装完毕。

最后，通过 NodePort（请求节点）IP+节点端口来访问 Kibana 页面试试，图 8-2 和图 8-3 就是访问结果。

从图 8-2 中可以看到，Pod 的日志已经可以通过 Kibana 来查看，如果要筛选查看我们需要的 pod 的日志就可以参考图 8-3，添加筛选项然后进行查看即可。

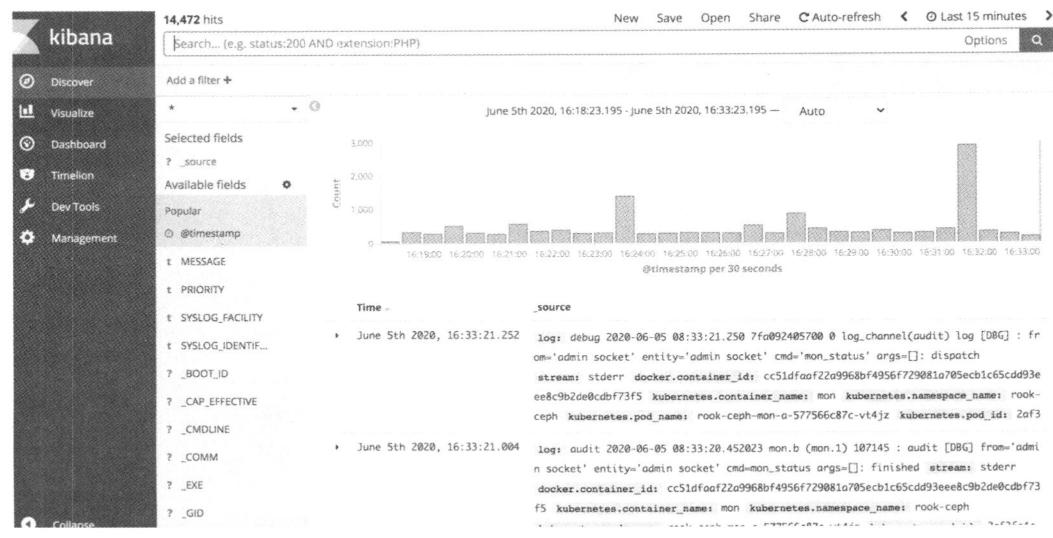

图 8-2 通过 kibana 查看日志数据

图 8-3 通过 kibana 筛选查看对应日志数据

8.4 本章小结

本章首先介绍了 Kubernetes 的相关实践，然后结合之前所介绍的微服务、Docker 以及 Kubernetes 从实践层面构建云原生应用，可以看到最开始的微商城单体应用一步步地过渡到了目前的状态，在这个过程中涉及的知识点较多，如果没有一次性全部掌握就需要慢慢地来消化这些知识。下一章将对微商城项目的云原生演进做一个总结，同时介绍云原生的价值以及对云原生未来的展望。

第 9 章　回首与展望：云原生心路历程

在前面的章节中已经进行了构建云原生应用的实践，我们的应用就这样一步一步地从单体应用到微服务，到最后演变为云原生应用，相信在这个过程中大家对于应用的变化会有很大的感触。

本章将基于微商城项目的云原生演进为大家做一个项目应用总结，以便于加深对整个变化过程的理解。在本章中还会介绍云原生的生态，以便于在构建了云原生应用之后对云原生更进一步的了解，另外就是我们对云原生未来的展望，相信这也是我们未来学习的方向。

9.1　微商城项目云原生演进总结

从第 2 章开始，我们通过 7 个章节的篇幅搭建了一个微商城的单体应用，并从 0 到 1 地将其改造成云原生应用。接下来让我们抽丝剥茧，以微商城项目为着眼点对项目云原生演进进行总结，和大家一起由实践再回到经验理论的梳理中。

在开始对项目云原生演进进行总结前，还需要说明的是，虽然微商城项目只是一个示例项目，不过在实际的工作中首先要清楚，如果项目是不断发展的，那么我们的项目就不可能永远使用最初设计的架构来满足项目需求。对于实际的项目来说，项目的架构肯定会随着时间的推移而产生变化，大家可以参考自己实际工作中的经历，如果我们一直做同一个项目，那么肯定会随着后期不断变化的用户量、新增的需求等而变化我们的架构。简单来说，项目不同需求阶段对应的项目架构一定也是不一样的，这也是我们项目会不断演进的原因。

接下来，对于项目云原生演进进行总结，首先回想下项目云原生的演进，我们的项目一共经历了三个不同的阶段：单体应用阶段、微服务阶段以及云原生阶段。接下来演进总结会从项目的这三个阶段状态入手，娓娓道来。

9.1.1　单体应用阶段

在微商城项目的单体应用阶段时，其实就是一个很简单的应用程序，主要目标就是实现对应的业务需求。这时直接采用符合高内聚，低耦合思想的三层分层原则即将我们的项目分为控制层、业务逻辑层、持久层，就可以很好地完成我们的应用。

在这个阶段中，我们的项目满足单体应用所具备的优点，也就是易于开发、部署方便、测试简单、容易扩展等。当然，如果应用程序规模逐渐变大，比如，应用程序功能越来越复杂、用户数量越来越多等。这时，项目也显现出单体应用所具备的缺点，也就是应用的不可靠、持续部署困难、复杂、阻碍技术创新等。抛开这些优缺点来说，我们的项目在这个阶段中其实完成了一个很重要的使命，也就是支撑了我们的业务。

总的来说，在单体应用阶段时项目架构就是在做支撑业务的事情，这对于我们来说，是项目演进的基石。在实际的工作中，当项目在单体应用阶段时，一定确保业务功能的健壮性；否则，对项目进行演进时，我们还得回退到基本业务功能的问题处理上。

9.1.2 微服务阶段

在微商城项目的微服务阶段时，除了要实现单体应用的主要目标之外，还要确保项目满足高可用、高性能、可伸缩、可扩展以及安全性等非业务功能方面的要求。这时做的最主要的事情就是拆分单体应用，同时应用微服务设计模式，通过这种方式将微商城项目进行了架构优化。

在这个阶段中，一定要清楚我们的项目从单体应用变化为微服务的整个过程，以及在项目的变化过程中我们所做的事情与注意事项。

（1）在动手将单体应用改造为微服务前，一定要先将服务划分清楚，对于服务的划分可以考虑从业务的维度来着手，这样便于形成单一职责的服务。

（2）将数据传输对象、公共属性以及 utils 放到 common 模块中，以便于后期处理各个服务之间的相互依赖，这也是将公共且独立的部分拆分出来。

（3）最开始服务划分时应该慎重考虑与设计，尽可能地避免须保持一致性的业务的拆分。如果实在避免不了，在选择使用分布式事务时，应该根据项目的实际情况以及业务场景来选择合适的解决方案。

（4）则开始最好是以相对稳妥的方式来拆分我们的服务，也就是在应用内分隔服务，不要直接进行拆分，因为直接进行拆分风险极大并且失败概率较高。

（5）应用内分隔服务后还需改造服务之间的相互依赖，这样可以确保真正拆分时干净利落且不会存在依赖报错等问题。

（6）实现微服务设计模式有利于我们解决微服务中普遍存在或者反复出现的各种问题，如服务间相互调用的问题、统一配置文件的问题、访问路由的问题等。

当项目从单体应用变化为微服务后，我们的项目也是满足了微服务的优点，那就是易于开发、按需伸缩、容错性好、易于创新等。当然，当我们引入微服务时，我们的项目也具有了微服务的缺点，也就是运维复杂度增加、调试困难等。当抛开这些优缺点，我们的项目在这个阶段中也完成了一个很重要的使命，就是快速支撑我们的业务。

总的来说，在微服务阶段时项目架构就是在做快速支撑业务的事情，这对于我们来说，是后面项目演进中不可或缺的一步。在实际的工作中，当项目从单体应用变化为微服务时，还需要注意的是，微服务并不是表示我们的服务就一定是微小的，我们的服务的大小应该根据合适的业务的颗粒度而来。

9.1.3　云原生阶段

在微商城项目的云原生阶段时，除了要实现微服务架构时的主要目标之外，还需要使项目应用具有“云”的特性，这时我们做的主要的事情就是加强与改善项目应用以及项目应用的运行环境，通过这种方式将微商城项目再次实现优化。

在这个阶段中，我们一定要清楚项目从微服务变化为云原生应用的整个过程，以及在项目的变化过程中我们所做的事情与注意事项。

（1）首先要明确的是应用会以云作为应用程序的基础架构，在这其中，微服务是作为应用架构，容器是作为应用的部署与打包格式。另外我们会对容器进行管理，也就是容器编排。

（2）应用在构建时需要注意 12 要素即基准代码、依赖、配置、后端服务、构建发布与运行、进程、端口绑定、并发、易处理、开发环境与线上环境等价、日志、管理进程等，这样子可以确保应用具备水平伸缩的弹性，另外可以提高开发效率以及应用的可移植性等

（3）对之前的微服务进行了容器化，应用程序只运行在自己的计算空间内，这样确保了应用是独立的和可移植的。

（4）通过容器编排引擎替换处理了之前微服务架构中的相关设计模式，这样使应用更轻量化。

当项目从微服务变化为云原生后，我们的项目也是满足云原生应用的优点，最直观的就是可以快速响应及部署业务。当然，当变更为云原生应用时，我们的项目也存在缺点，最直观的就是提高了应用开发的门槛。当我们抛开这些优缺点，我们的项目在这个阶段中也完成了一个很重要的使命，也就是加强与完善了我们快速支撑业务的能力，同时在某种程度上实现了引领业务。

需要注意的是，项目的云原生演进，主要是在项目应用层面的云原生改造上，我们应用了云原生思想，采用了微服务、容器、容器编排等技术进行构建，使得我们的应用具备云端部署、弹性、高可用、可移植性等特征，使其开始具备云的特性，可以适用于云环境下部署；但是对于我们的项目应用只能说这是云原生的一部分；在实际的工作中，我们的云原生应用还有很多的路要走，如加强 DevOps、提高持续交付的能力等。

在对微商城项目云原生演进进行总结后，接下来，我们为大家介绍下云原生的生态，以便于在构建了云原生应用之后对于云原生有更进一步的了解。

9.2　云原生的生态

云原生的生态非常繁荣，涉及的技术栈也特别多，当介绍云原生的生态时，就不得不说在 2016 年左右 CNCF 开始维护了一个名为 Cloud Native Landscape 的项目，这个项目可以帮助我们了解云原生体系的全貌。

关于 Cloud Native Landscape 项目，需要关注的是该项目的两个最重要的成果：路线图与全景图，接下来就以这两个成果为切入点介绍云原生的生态。

9.2.1　云原生路线图

简单来说，云原生路线图就是为云原生之路提供概览的图。

云原生路线图对云原生做了一个大体的梳理，同时也是对我们使用云原生技术的推荐过程。接下来，看下关于路线图的具体内容，如图 9-1 所示。

图 9-1　云原生路线图

从图 9-1 中可以看出，在云原生路线图中整个路线图一共分成以下的 10 个步骤：

（1）容器化；

（2）持续集成与发布；

（3）应用编排与定义；

（4）监控与分析；

（5）服务代理、发现与治理；

（6）网络、策略与安全；

（7）分布式数据库与存储；

（8）流与消息处理；

（9）容器镜像库与运行环境；

（10）软件发布。

在以上 10 个步骤中，每个步骤都是在进行云原生时需要思考与处理的问题，而在路线图的每个步骤中，也为我们推荐了相应的解决方案。

接下来，通过表 9-1 来了解 CNCF 对应的推荐。

表 9-1　云原生路线各步骤 CNCF 对应推荐

名　　称	CNCF 对应推荐
容器化	Docker
持续集成与发布	Argo
应用编排与定义	应用编排 Kubernetes，应用定义 Helm
监控与分析	监控 Prometheus，日志 Fluentd，应用调用链跟踪 Jaeger
服务代理、发现与治理	服务发现 CoreDNS，服务治理 Envoy、Linkerd
网络、策略与安全	网络 Calico、Flannel、Weave Net，策略 Open Policy Agent(OPA)，安全 Falco
分布式数据库与存储	数据库 Vitess、TiKV，存储 Rook、etcd
流与消息处理	RPC 框架 gRPC，消息系统 NATS，事件数据规范 CloudEvents
容器镜像库与运行环境	Harbor
软件发布	Notary

虽然说路线图的每个步骤对我们来说都很重要，但是，在具体落地云原生时也不一定要完全遵循路线图中的每一个步骤，最好是根据实际工作中的情况和需求来处理相应的步骤。

接下来，我们看下另一个重要的成果：云原生的全景图。

9.2.2　云原生全景图

云原生全景图与云原生的路线图相辅相成。在云原生中涉及的技术很多，解决方案也有很多，在路线图中看到 CNCF 为每个步骤都推荐了相应的解决方案，但是相应的解决方案不仅仅只有推荐的这么一个。全景图为我们从云原生的层次结构与不同功能上进行了归类总结，以便于我们了解云原生技术体系的整体生态，另外可以通过全景图来参考选择不同的解决方案。

接下来，看下关于全景图的具体内容，如图 9-2 所示。

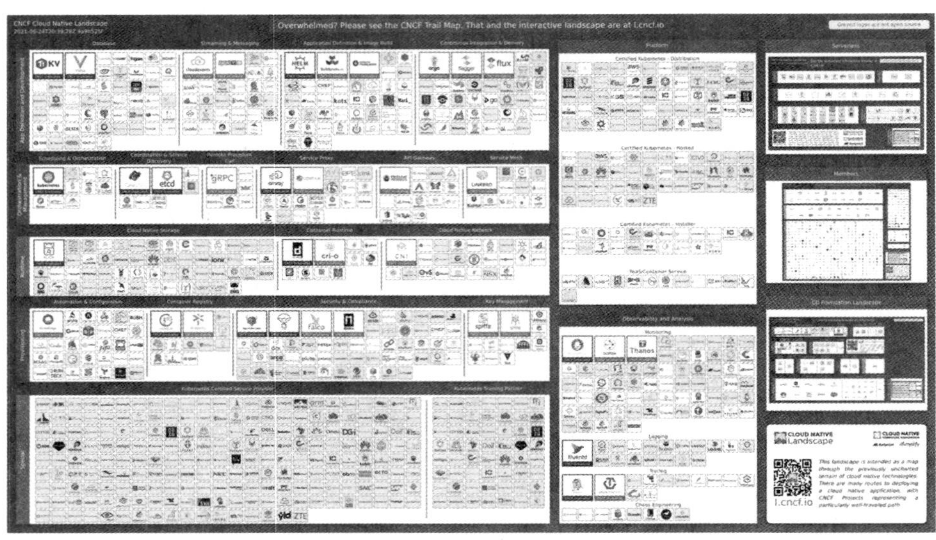

图 9-2　云原生全景图

从图 9-2 中可以看出，这张全景图划分了 6 个不同的层次结构，主要包括：

- 应用定义与开发（App Definition and Development）；
- 编排与管理（Orchestration & Management）；
- 运行环境（Runtime）；
- 配置（Provisioning）；
- 平台（Platform）；
- 监控分析（Observability and Analysis）。

除了以上列的这些层次结构之外，还有合作伙伴、成员构成等；对于这张全景图先主要关注以上列出的 6 个不同的层。

接下来，通过表 9-2 来了解各层的解释。

表 9-2　云原生全景图各层解释

名　　称	解　　释
应用定义与开发	容器平台上运行的具体应用与工具，可以将其理解为容器平台的应用商店，根据应用的不同类型大致分为数据库、流处理与消息队列、应用与镜像制作、持续集成与交付
编排与管理	容器平台的编排与调度，包括编排工具、服务发现与治理、远程调用、服务代理、微服务治理等组件
运行环境	容器运行环境，云原生核心的部分，包括存储、计算、网络
配置	为容器准备标准化的基础环境，包括自动化部署与配置容器运行平台和环境、容器镜像库、安全与合规性、容器平台中秘钥管理
平台	经过认证的平台供应商
监控分析	对应用平台进行监控分析，包括对运行系统和应用的状态进行观测与预警、日志采集、链路追踪、处理高复杂性的分布式系统内的系统性不确定因素建立值得信任的生产部署体系的混沌工程

在了解了全景图中不同层次结构的含义及包含的内容后，再细看全景图中不同层次结构中的每一列时，在对应类别中有很多软件和工具供我们选择，可以通过它们逐个具体地了解云原生下的生态。另外在实际工作中也可以根据具体情况来选择合适的软件和工具。需要注意的是，在全景图中带有灰色标识的软件和工具是非开源的。

因为云原生路线图与全景图的原图很大，所以可能会看得不太清晰，关于云原生路线图与全景图的清晰原图，可以参考 https://landscape.cncf.io/。

9.3　云原生未来的展望

云原生经过这些年的发展，越来越被认可，并且很多行业都开始了实践或者已经落地。在云原生时代构建一个系统比以往容易很多，并且云原生为我们提供了更多的灵活性，在如今不断发展的技术生态中，这是非常重要的能力。关于云原生未来的展望还是会从业务的角度出发，毕竟业务与技术永远是相辅相成的关系，没有业务我们的技术也就没有用武之地，没有技术我们的业务也实现不了。

关于云原生的未来展望，从业务的角度来看，我们能想到的与看到的发展趋势主要有两个：ServiceMesh 与 Serverless，也就是服务网格与无服务器。

9.3.1　服务网格

简单来说，可以将服务网格（ServiceMesh）理解为服务间相互通信的基础设施。

为什么说服务网格是云原生的发展趋势呢，主要是因为服务网格在云原生中为我们解决了两大问题，首先是解决了业务逻辑与非业务逻辑耦合的问题，其次是解决了微服务落地的技术门槛问题。

接下来，详细说下这两个问题。

首先，从传统企业开始说起，如果在实际的工作中接触过一些传统企业并且给一些传统企业做过相关的微服务解决方案，想必我们对传统企业的微服务转型感触比较大，比如有些企业会试图在微服务方面进行转型，但是当它们根据相关的微服务的解决方案进行实际落地时又会碰到一些问题，特别是服务治理方面，最直接的就是缺乏相关的技术、人才、经验以及开发流程等。简单来说就是技术门槛相对来说高了些，这时往往会导致相关的微服务方面的转型无法进行下去。

其次，我们再说一下微服务的服务治理，服务治理是什么呢，相信大家还记得我们在微服务中介绍过的服务发现、健康检查、断路器、分布式追踪、分布式事务等。这些在微服务中就是属于微服务的服务治理，对于微服务中的这些服务治理的问题，之前是通过开发框架如 Spring Cloud 进行解决，想必大家应该还有印象。

最后，再说一下服务网格做的事情。服务网格做的事情主要是将服务间的通信抽象为单独的一层，在这单独的一层中实现了服务发现、负载均衡、监控追踪、流量控制等功能。另外就是作为一个代理服务与我们的服务部署在一起，这样可以接管我们服务的流量，然后通过这个代理服务之间的通信完成我们服务之间的通信。

从以上几点可以发现，在云原生的道路上，之前主要是通过侵入式的微服务开发框架，如 Spring Cloud 来解决服务治理等问题。这时技术门槛相对会较高一些，同时也会导致部分传统企业在微服务转型方面碰到问题。

而服务网格的出现可以解决以上问题，因为服务网格将与业务无关的功能下沉到基础设施中，作为一个处理服务间通信的基础设施层，专门负责构建云原生应用传递可靠的网络请求等。一方面使我们摆脱这种侵入式的微服务开发框架的困扰，将业务应用的开发过程侵入降到最低，也就是将业务逻辑与非业务逻辑进行解耦，以便于我们将更多的精力放在业务逻辑上。另一方面是因此降低了服务治理的技术门槛，使得传统企业在微服务上顺利进行转型。

随着服务网格的不断发展，目前服务网格已经演变为集中式的控制面板，也就是之前所有的单机代理组件通过与控制面板的交互进行网络拓扑策略的更新与单机数据的上报等，这也为我们提供了一个统一的上层运维入口，使得可以在不关心业务的情况下即可进行有效的运维，以此确保应用的可靠性与可见性。

相信在看了以上解释后，大家也就明白了为什么关于云原生的未来展望我们会说到服务网格了，关于服务网格的主流组件，如果大家感兴趣，可以参考云原生全景图中相关 ServiceMesh 的内容，如图中 9-2 的开源项目 Linkerd、Istio 等。

9.3.2 无服务器

无服务器（Serverless）可以理解为一种云原生开发模型。

为什么说无服务器是云原生的发展趋势呢，主要是因为无服务器的出现让我们在云原生中可以更专注于构建与运行应用，而不需要管理服务器。

首先，不得不说 Serverless 这个英文，直译就是无服务器，需要注意的是在名字这一块，无服务器很容易让人产生误解，所以在刚刚接触 Serverless 时一定要记得无服务器并不是说不需要服务器，实际上还是需要服务器的，只不过服务器被抽象出来，服务器的管理、容量的规划等被隐藏了，对用户不可见了。我们不再需要关心这一层的基础架构。

其次，从 Serverless 的组成来说，一般包括 BaaS 与 FaaS，也就是后端即服务与函数即服务。后端即服务是指不需要自己编写、安装、管理服务端组件，可以通过 API 等形式来远程使用这些组件，如使用云厂商的鉴权、云数据库等来完成项目应用。函数即服务也称为功能即服务，是指不需要构建和维护开发启动应用相关的基础架构，可以直接以功能的形式直接构建、运行与管理应用程序，如使用阿里云的函数计算 FC、腾讯云的云函数 SCF、AWS 的 Lambda 等来完成项目应用。

无服务器并不是没有服务器，而是我们不需要再去关心服务器，也不需要像以往一样管理服务器，对于日常开发来说，不需要关注具体的部署与运行，只需根据项目业务来提交对应的业务代码即可。

关于无服务器的主流组件，如果大家感兴趣的话，可以参考云原生全景图中相关 Serverless 的内容，如图 9-2 中的开源项目 Knative 等。

技术永远是不断前进与发展的，云原生技术也是如此，在不断发展的过程中，相应的理念、工具等也应与时俱进。另外在追求新的技术的同时，也一定要记住万变不离其宗，千万不可忽略最基本的基础知识。

致　谢

当我回想本书的创作过程时，发现很多人帮助过我，如果没有大家的帮助，这本书是无法完成的。虽然不能一一列举，但是我依旧会铭记于心。在此我还是希望向一些人明确地表达我的感激之情。

感谢编辑荆波老师，为本书费心费力，为嫁衣之功，行不言之教，如果没有您的帮助，本书可能无法顺利出版。

感谢本书的合作者，如果没有你们的协助，本书的撰写进度会大大延迟。

感谢我的妻子，如果没有你的谅解、支持与鼓励，下班后的时间就不可能成为本书成型的黄金时刻。

感谢我的父母、岳父母，如果没有你们帮忙分担家庭事务，在背后默默的支持与付出，我就不会有更多的时间来写作。

感谢我的亲人、朋友们，正是因为有你们的期许与支持，才有本书的所思、所悟。

最初萌生创作本书的想法要从2020年春节武汉疫情防控升级开始说起，由于我在防控升级之前未回老家，防控升级之后的时间里我开启了长时间“与世隔绝”的独处生活。在这独处生活的时间里，我做得最多的一件事情就是读书，也就是在这个过程中萌生了自己创作一本书的想法。

从萌生想法开始，我内心就一直蠢蠢欲动，但是一直没有付诸行动。在之后的日子里，想到一句话“如果因为懒惰、困难而放弃想做的事情，那么人生一定会留下遗憾，而最大的遗憾一定是没做什么”。所以，从那之后我开始进行构思写作，从最初散乱的文字到经过编辑荆波老师的指点之后重新构思再写作以及后期的一次次修改，我在此过程中最真实的感受就是写书不易，每一本书的作者都令人钦佩。

另外，在写作过程中，我也曾出现过想要放弃的想法，不过有这种想法时就立刻被我掐断了，为了坚持下去，我告诉自己写书是对自己的磨炼，如果想要做成一件事，唯一的办法就只有努力与坚持。

看着本书即将完成，回想起这其中的经历，一切都历历在目，十分难忘，也十分感谢这段宝贵的经历，受益良多。

最后，再次衷心感谢所有关心我、支持我、鼓励我的人！

邹炎

2021年3月